医学高等教育战略新兴产教融合教材

Java Web 企业项目实战

（供计算机科学与技术、数据科学与大数据技术、人工智能专业用）

主　编　阚峻岭　彭飞

副主编　欧阳婷　沈文波　谷宗运

编　者　（以姓氏笔画为序）

叶　晨（科大讯飞股份有限公司）
杨银凤（安徽中医药大学）
束建华（安徽中医药大学）
谷宗运（安徽中医药大学）
沈文波（科大讯飞股份有限公司）
张家贺（科大讯飞股份有限公司）
陈国栋（科大讯飞股份有限公司）
欧阳婷（安徽中医药大学）
金　力（安徽中医药大学）
胡继礼（安徽中医药大学）
殷云霞（安徽中医药大学）
彭　飞（科大讯飞股份有限公司）
舒　悦（科大讯飞股份有限公司）
阚峻岭（安徽中医药大学）

中国健康传媒集团
中国医药科技出版社

内容提要

本教材是根据计算机科学与技术专业的Java Web课程教学大纲的基本要求和课程特点编写而成，内容上涵盖Java EE企业级项目集成开发环境IntelliJ IDEA的安装、配置与使用，项目管理工具Maven的使用，企业级框架技术（Spring、SpringMVC、MyBatis）的应用以及基于SSM框架的综合项目案例的设计与实现等。本教材具有学习性强、案例丰富、实用性高、易于理解并强化了学练结合、理论实践相结合等特点。

本教材主要供高等院校计算机科学与技术、数据科学与大数据技术、人工智能专业师生教学使用，还可供软件工程、网络工程、信息管理与信息系统等信息技术相关专业使用学习。另外，本教材对有一定Java语言基础的读者以及想要从事IT行业的Java软件开发类技术岗位的学习者也可以提供一定的帮助。

图书在版编目(CIP)数据

Java Web企业项目实战/阚峻岭，彭飞主编. —北京：中国医药科技出版社，2023.12

ISBN 978-7-5214-4332-5

Ⅰ. ①J… Ⅱ. ①阚… ②彭… Ⅲ. ①JAVA语言-程序设计-高等学校-教材 Ⅳ. ①TP312.8

中国国家版本馆CIP数据核字(2023)第244364号

美术编辑 陈君杞
版式设计 友全图文

出版 **中国健康传媒集团** | 中国医药科技出版社
地址 北京市海淀区文慧园北路甲22号
邮编 100082
电话 发行：010-62227427 邮购：010-62236938
网址 www.cmstp.com
规格 787×1092mm 1/16
印张 23 1/2
字数 512千字
版次 2023年12月第1版
印次 2023年12月第1次印刷
印刷 北京盛通印刷股份有限公司
经销 全国各地新华书店
书号 ISBN 978-7-5214-4332-5
定价 85.00元

获取新书信息、投稿、为图书纠错，请扫码联系我们。

前言

在这个快速变化的科技时代，Java Web作为一种重要的开发平台，为广大软件开发者提供了丰富的技术和工具，帮助人们构建高效、安全、可靠的企业级应用程序。本教材主要针对专业性的综合实践类课程，以案例贯穿的形式详细地阐明了Java Web企业项目开发实战过程中所需要的相关技术知识与应用。Java语言是当前编程语言中使用最多、应用最广的编程语言之一，技术应用比较成熟，是计算机科学与技术以及相关专业的核心课程。因此，编写一本适应本专业的教材显得尤为重要。

在编写本教材时，编写团队始终坚持理论与实践相结合的原则，经过反复讨论，精心选择了内容，力求使内容具有实用性和可操作性。为了达到这一目的，在每个章节中都设计了大量的练习题和实例，以帮助读者巩固所学知识，提高实际操作能力。此外，还通过举例和案例分析，将理论知识应用于实际问题的解决，使读者能够更好地理解和掌握相关知识。本教材采用通俗易懂的语言，结合图表和示例，力求使读者能够轻松理解和掌握相关知识。同时，还注重扩展读者的知识面和技能水平，为读者提供了进一步深入学习的方向和方法。无论是初学者还是有一定基础的读者，都可以从本教材中获得收益。

本教材的撰写旨在向读者介绍Java Web企业项目开发的核心概念和技术，并帮助读者掌握Java Web开发的基本方法和最佳实践。本教材内容共计6章，内容涵盖了Java Web企业项目集成开发环境搭建、企业级框架技术的应用以及综合案例的设计与实现等。通过本教材的学习，读者可以全面了解Java Web企业项目开发领域的基本知识、技术与原理，并深入了解Java EE企业框架技术的综合应用，能够运用所学知识技术解决实际问题。

本教材编写得到了编者所在单位及领导的大力支持和通力合作，他们的专业知识和丰富经验为本教材的编写提供了重要支持，使得本教材不仅具备全面性和系统性，还具有实用性和可操作性。在此，对所有支持和帮助教材编写的领导、专业同行表示衷心感谢！

限于水平与经验，书中难免有疏漏与不足之处，敬请广大读者提出宝贵的意见，以便我们不断修订完善。

编　者
2023年10月

目录

第一章 Java EE集成开发环境应用

学习目标

1.掌握Maven的基本概念和使用方法，包括项目依赖的管理、构建过程的配置和版本控制等。

2.熟悉IntelliJ IDEA的基本界面、功能和使用方法，包括项目的创建、代码的编写和调试等。

3.了解Java EE企业框架的概念、作用和常见的应用场景。

4.学会使用IntelliJ IDEA中的插件与Maven集成开发，提高开发效率。

5.能够利用IntelliJ IDEA和Maven进行项目构建、测试、打包和部署等操作。

情感目标

1.培养实践能力和创新思维。通过实际操作IntelliJ IDEA和Maven，培养解决实际问题的能力和创新思维。

2.强化团队合作和协作能力。IntelliJ IDEA和Maven通常在团队开发中使用，需学会如何协作、版本控制和沟通，培养团队合作精神。

3.培养自主学习和终身学习能力。重视使用IntelliJ IDEA和Maven进行自主学习，成为具备自主学习能力的开发者。

4.弘扬社会主义核心价值观。具备遵守软件开发的道德规范，培养注重用户隐私、数据安全和社会责任感的价值观。

5.培养沟通能力和表达能力。通过IntelliJ IDEA和Maven的应用实践，培养沟通能力和清晰表达技巧，提高团队协作效率。

第一节 IntelliJ IDEA的基本应用

一、IntelliJ IDEA的下载与安装

(一) IntelliJ IDEA的概述

IntelliJ IDEA简称为IDEA，由JetBrains公司开发，IDEA在业界被公认为是最好的Java开发工具，具有美观、高效等众多特点。在智能代码助手、代码自动提示、重构、

J2EE 支持、各类版本工具（Git、SVN 等）、JUnit、CVS 整合、代码分析、创新的 GUI 设计等方面都有很好的应用，可以帮助开发者更好地进行代码的重构管理。

1.优越的重构功能 IntelliJ IDEA有着丰富而复杂的重构技巧，是所有IDE中最早支持重构的，能够更好地帮助开发者进行代码的重构管理。更好地帮助用户进行代码结构与逻辑的组织，能够在代码过于复杂或冗长的情况下进行有效精简管理。

2.辅助进行编码 IDEA工具与 Eclipse开发工具比较类似，该工具也会对类中的toString（ ）、hashcode（ ）、equals（ ）及属性对应的getter和setter方法等都提供了快捷编码辅助，用户不进行任何输入就可以实现代码的自动生成，从基本方法的编码中解放出来。

3.丰富的快捷键 IntelliJ IDEA工具帮助开发人员提供了丰富的快捷键以帮助用户简化操作，开发人员在使用的时候可以根据需要自定义或重定义需要的快捷键，从而可以快速进行程序的定位、编辑与生成工作。

4.丰富的导航模式 是IntelliJ IDEA的一大特色，帮助开发人员可以在不同的位置、层次间进行自由移动。同时可以通过导航栏或快捷键，做到快速到达指定的文件与位置。

5.智能编辑与检查 IntelliJ IDEA可以在编码时智能检查类中的方法，当实现方法时可根据情况自动完成代码输入，从而减少代码的编写工作，或是检测开发人员的意图并提供建议，帮助开发人员快速完成代码的开发与编写工作，还能够对代码进行自动分析，检测不符合规范或存在风险的代码并予以显示和提示IntelliJ IDEA可以通过结合外部插件，更好地对项目和代码进行有效性检测，从而提升代码安全性并排除不安全或无效的操作。

6.完美支持版本控制 IntelliJ IDEA集成了目前市面上常见的所有版本控制工具插件，包括Git、SVN、Github，开发人员在编程工程中直接在IntelliJ IDEA里就能完成代码的提交、检查、解决冲突、查看版本控制服务器内容等。

（二）下载安装

IntelliJ IDEA是一款跨平台的开发工具，支持 Windows、Mac、Linux 等操作系统，用户可以根据需求下载对应的版本。下面介绍 IDEA 的下载安装方法，步骤如下。

首先，用户先通过浏览器进入IDEA官方下载页面（https://www.jetbrains.com/idea/），点击 Download，如图1-1所示。

然后在IntelliJ IDEA 提供了两个版本中，即 Ultimate（旗舰版）和 Community（社区版）。社区版是免费的，但它的功能较少。旗舰版是商业版，提供了一组出色的工具和特性，因此旗舰版的功能更加全面，这里选择下载旗舰版。然后点击 Download，如图1-2所示。

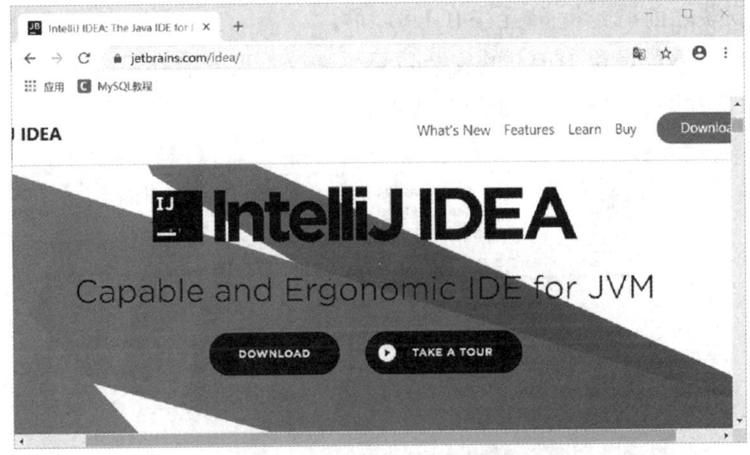

图1-1　IDEA官方下载页面

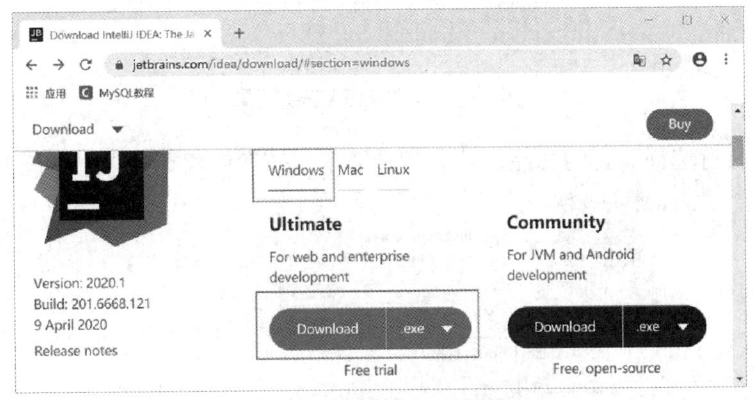

图1-2　选择操作系统页面

注意：点击下载后可能需要注册，一般情况下，不用理会，浏览器会自动进行下载，等待下载完成即可。

接着，下载完成后，会得到一个IntelliJ IDEA安装包，双击打开下载的安装包，选择 Next，正式开始安装，如图1-3所示。

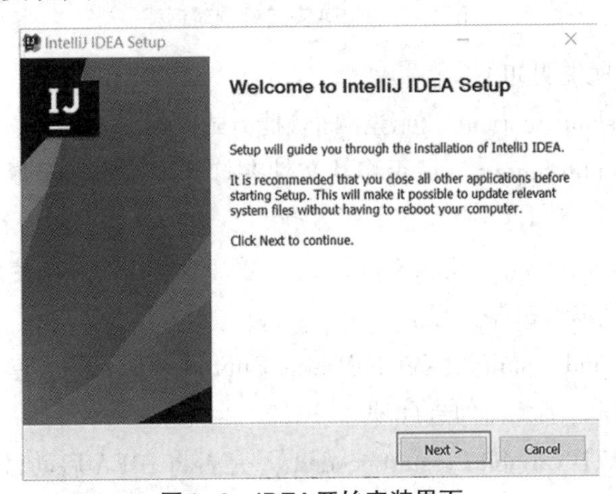

图1-3　IDEA开始安装界面

注意：安装之前请安装jdk至少在1.8以后。

下载之后，需要设置 IDEA 的安装目录，建议不要安装在系统盘（通常 C 盘是系统盘），这里选择安装到 D 盘，如图1-4所示。

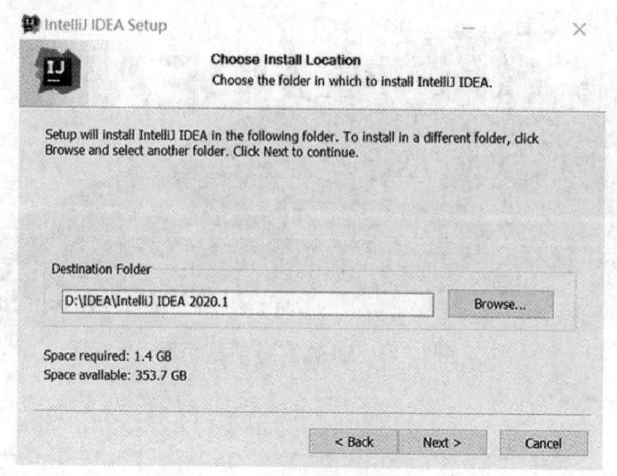

图1-4 设置IDEA安装目录

然后，自行选择需要的功能，若无特殊需求，按图中勾选即可，如图1-5所示。

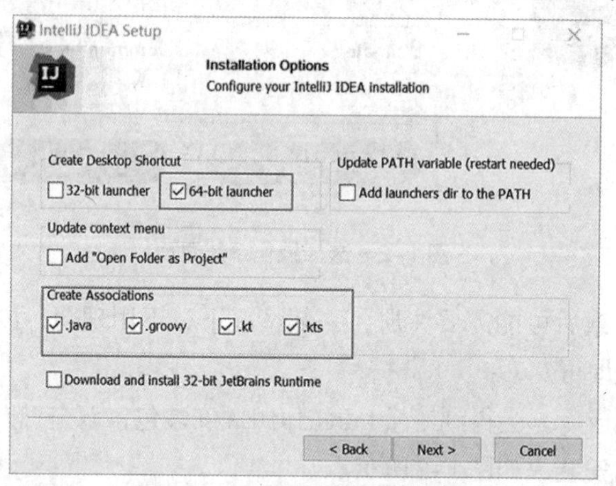

图1-5 IDEA安装设置对话框

对图1-5中选项说明如下。

（1）Create Desktop Shortcut　创建桌面快捷方式图标，建议勾选 64-bit launcher。

（2）Update context menu　是否将从文件夹打开项目添加至鼠标右键，根据需要勾选。

（3）Create Associations　关联文件格式，可以不推荐勾选，使用如 Sublime Text、EditPlus 等轻量级文本编辑器打开。

（4）Download and install 32-bit JetBrains Runtime　下载并安装 JetBrains 的 JRE。如果已经安装了JRE，则无需勾选此项。

（5）Update PATH variable（restart needed）　是否将 IDEA 启动目录添加到环境变量中，即可以从命令行中启动 IDEA，根据需要勾选。

选择好具体的安装项之后，选择开始菜单文件夹后，点击 Install 等待安装，如图1-6所示。

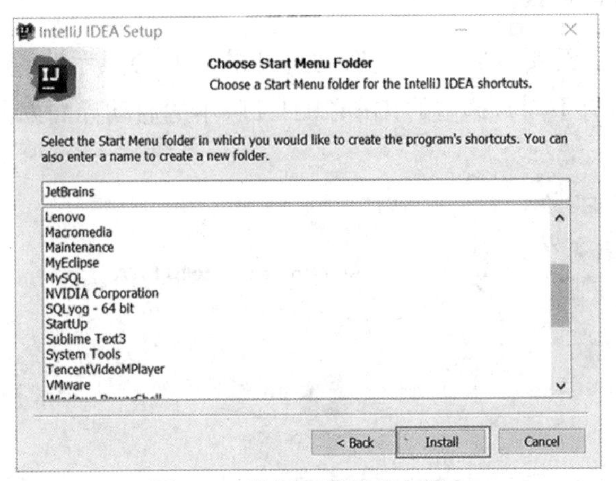

图1-6　选择开始菜单文件夹

最后，安装进度条达到100%后，点击Finish，IntelliJ IDEA就安装完成了。选择Run IntelliJ IDEA选项，表示关闭此窗口后运行IDEA，如图1-7所示。

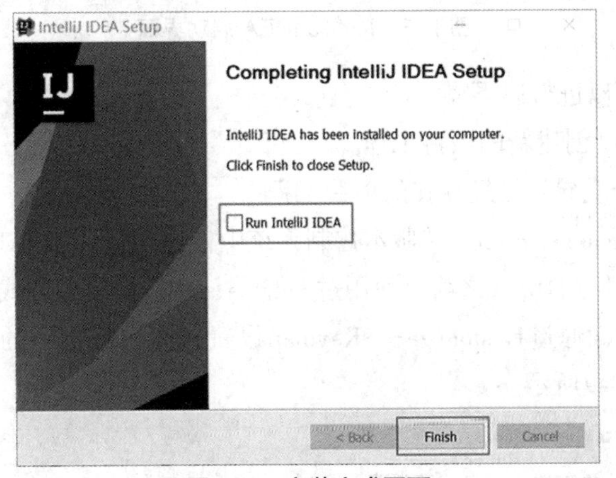

图1-7　安装完成页面

首次打开旗舰版 IDEA 时，会让用户激活，有3种选择。①利用JetBrains账号登录激活；②利用IDEA激活码激活；③许可证服务器地址激活。

当然也可以选择 Evaluate for free，它有30天的试用期，只需要在这 30 天之内激活即可，否则30天之后将会弹窗不可用

注意：首次启动，会自动进行配置 IntelliJ IDEA 的过程（选择 IntelliJ IDEA界面显示风格等），读者可根据自己的喜好进行配置，由于配置过程非常简单，这里不再给出具体图示。用户也可以直接退出，即表示全部选择默认配置。

二、IntelliJ IDEA的使用介绍

如果想要很好地了解一个开发工具，那么最好的方式就是使用它。在IntelliJ IDEA

下创建项目是十分简单高效的，IntelliJ IDEA为开发者进行了全面细致地考虑。

（一）IDEA欢迎界面

IntelliJ IDEA在无项目或第一次启动打开的时候会显示欢迎界面，不同版本的IDEA启动的界面略有不同，这里的IDEA2021.1版本的启动界面如图1-8所示。

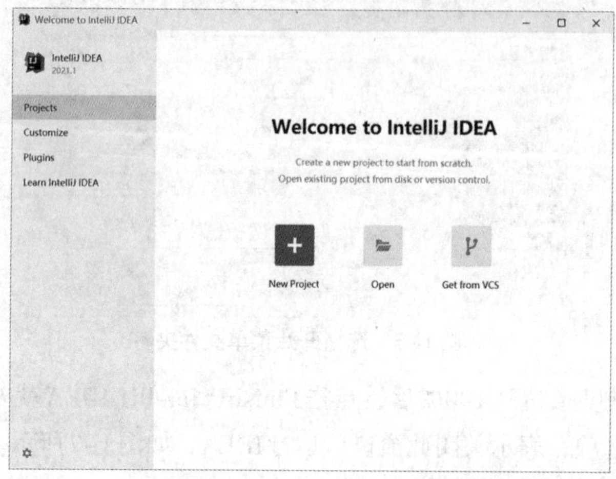

图1-8　IntelliJ IDEA 启动界面

在当前界面可以进行以下操作。

1. New Project　创建新的项目工程。

2. Open　打开或导入已经存在的项目工程。

3. Get from Version Control　从版本控制系统中检出项目，Git、CVS等。

一般开发者在使用IDEA之前，使用过Eclipse，对其快捷键方式比较熟悉，那么用户还可以在当前界面通过Customize—>Keymap设置快捷为Eclipse的快捷键，然后重启IDEA即可，如图1-9所示。

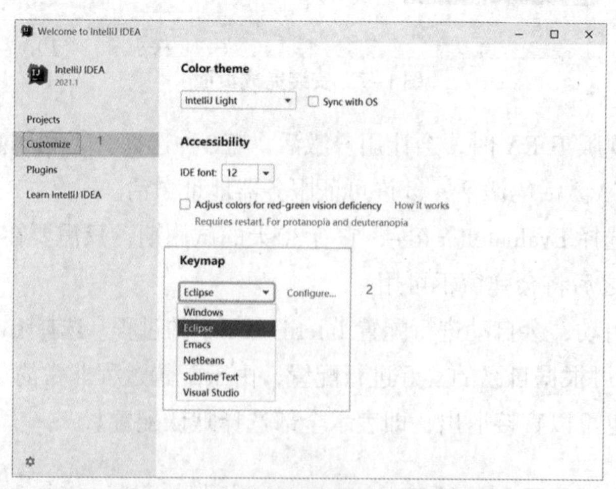

图1-9　设置快捷为Eclipse的快捷键

（二）第一个示例程序

IntelliJ IDE支持多种类型的项目结构。为了更好地照顾初学者，此处先创建一个基础的Java示例项目。在欢迎界面单击New Projec按钮，打开如图1-10所示。

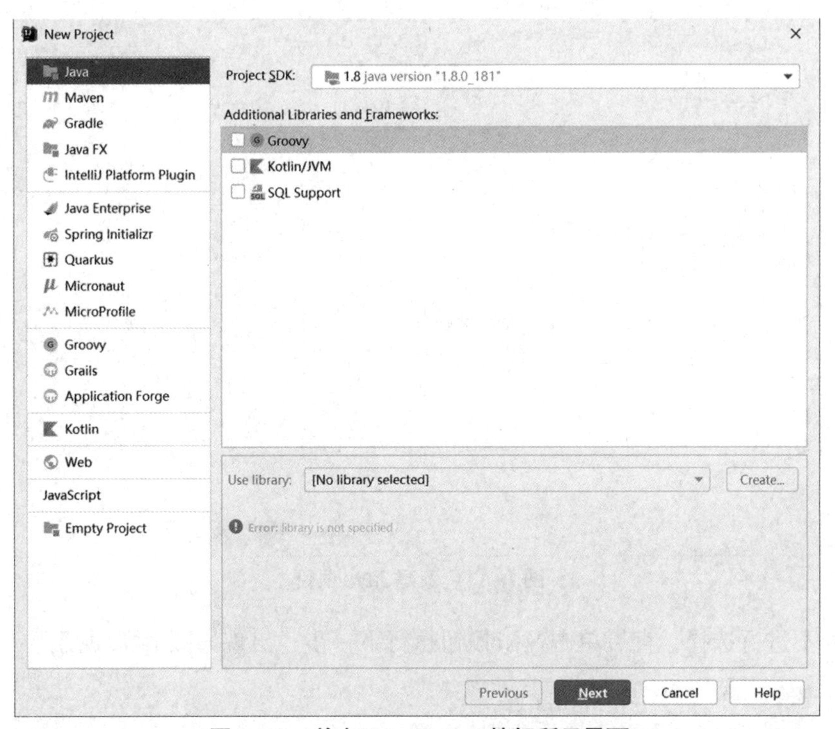

图1-10　单击New Project按钮所示界面

IntelliJ IDEA对工程类型的支持十分全面，左侧列表里包含了多种工程视图，开发者可以根据需要选择合适的工程类型。

先来观察Java类型的工程，列表里展示了Java与Java Enterprise两种工程视图，它们的区别主要是适用的场景不同。

其中，Java类型视图代表普通的Java程序，可以直接运行，而Java Enterprise类型视图主要是针对JavaEE项目的，旨在帮助用户开发和部署可移植、健壮、可伸缩且安全的服务器端Java应用程序，所以Web项目大多在这个视图中进行开发，功能较前者多一些。

以简单Java工程为例，选择图1-11中左侧列表的Java视图选项，右侧区域即可展示可用的组件与模板。

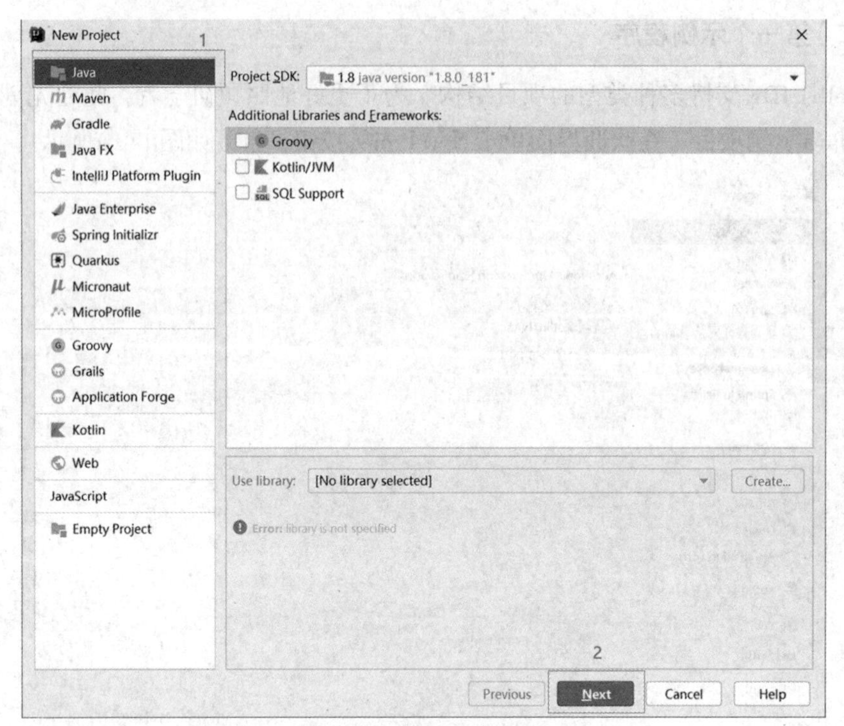

图1-11　新建Java项目

此处不进行选择，直接单击Next按钮执行下一步，出现如图1-12所示。

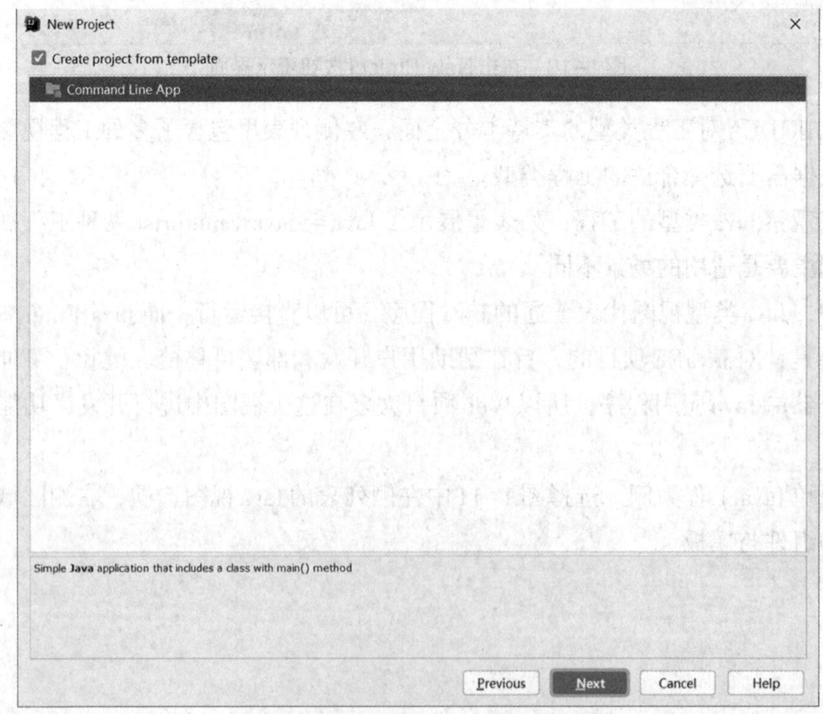

图1-12　新建Java项目

此窗口增加了从模板创建工程的能力。如果要快速创建工程，则可以直接勾选Create project from template选项并选择模板。单击Next按钮执行下一步，出现如图1-13所示的界面。

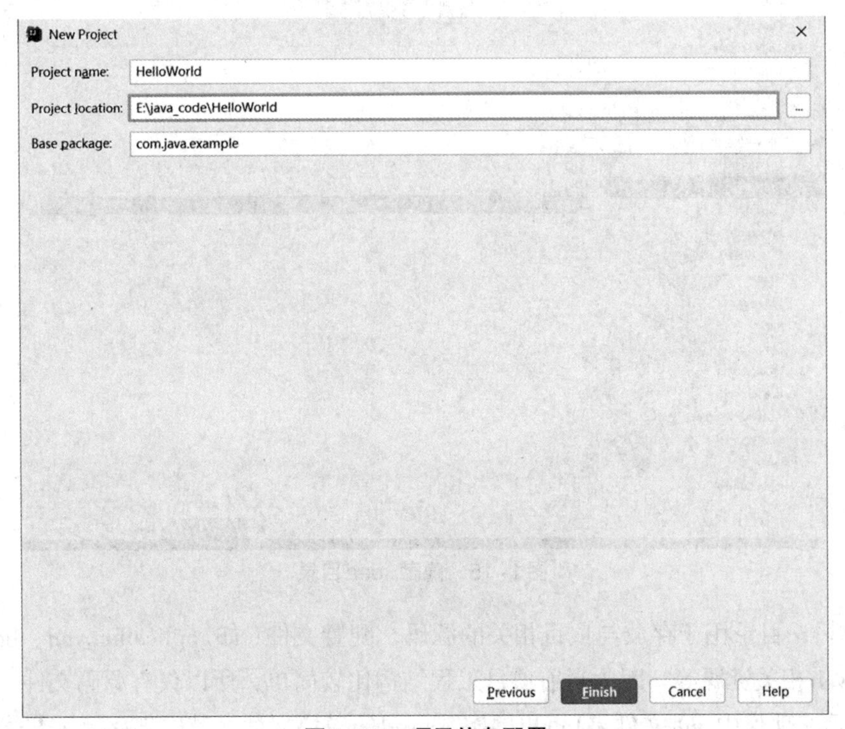

图1-13　项目信息配置

输入工程名称HelloWorld并为其指定工程存放的位置，也就是本地磁盘中的某个目录，点击Finish，即可完成创建。

创建完毕之后的项目结构界面如图1-14所示。

图1-14　项目结构

当前项目结构主要有.idea、src目录组成。其中.idea目录主要用于存放项目的配置，如项目字符编码、模块信息、版本控制信息等。当使用IntelliJ IDEA时，项目的特定设置是存储在.idea文件夹下的一组xml文件。如果指定了默认项目设置，则这些设置将自动用于每个新创建的项目。

也可以将.idea目录隐藏起来。执行菜单File→Settings命令打开配置窗 口，找到Editor选项卡下的File Types设置，在右下角的Ignore files and folders中添加.idea目录标识即可实现隐藏，如图1-15所示。

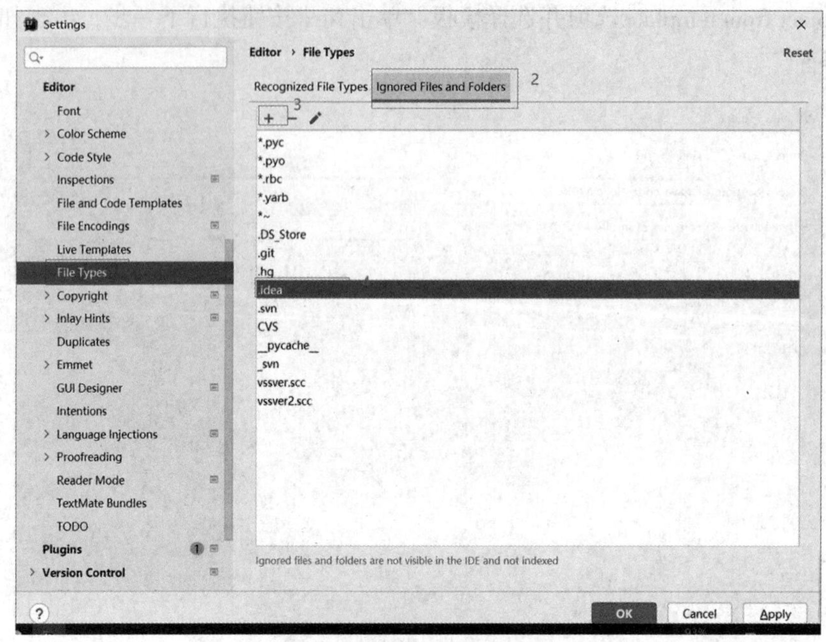

图1-15 隐藏.idea目录

另外src目录用于存放与项目相关的源码、配置文件（如application.yml、bootstrap.yml）、web相关资源等。因为当前项目工程结构比较简单，所以仅有源码文件。

最后，项目中.iml文件是IntelliJ IDEA创建的模块文件，其内部存储了与模块相关的配置、依赖等相关信息。通常每个模块下都有对应的.iml文件。如果缺少了.iml文件，IntelliJ IDEA就无法准确地识别项目。

注意：Eclipse或MyEclipse中创建工程时需要提前指定工作空间（Workspace），但是在IntelliJ IDEA中不需要这么做。在IntelliJ IDEA中以更好更自由的方式来对工程进行管理，用户可以将工程放置在任意位置而不需要对工作空间进行划分，不过依然建议对项目位置进行集中化管理。

（三）配置JDK

在IDEA中进行配置JDK的前提是本地系统已经配置好将要使用的JDK并添加了对应的环境变量。

要配置SDK，执行菜单File→Project Structure命令打开工程结构窗口，如图1-16所示。

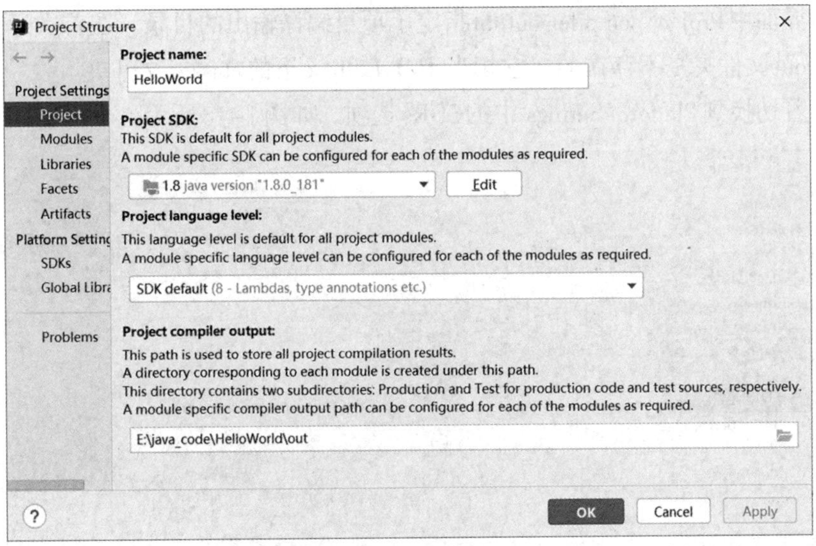

图1-16　工程结构界面

Project选项卡中指定了工程名称、全局SDK版本及编译级别等信息，未配置JDK的工程如图1-17所示。注意Project SDK下面的一段话："This SDK is default for all project modules"。如果一个工程包含多个模块，则默认所有模块使用的都是相同版本的SDK，这样做的目的是保持项目工程编译版本的一致性。当然，也可以为每个模块单独指定SDK。

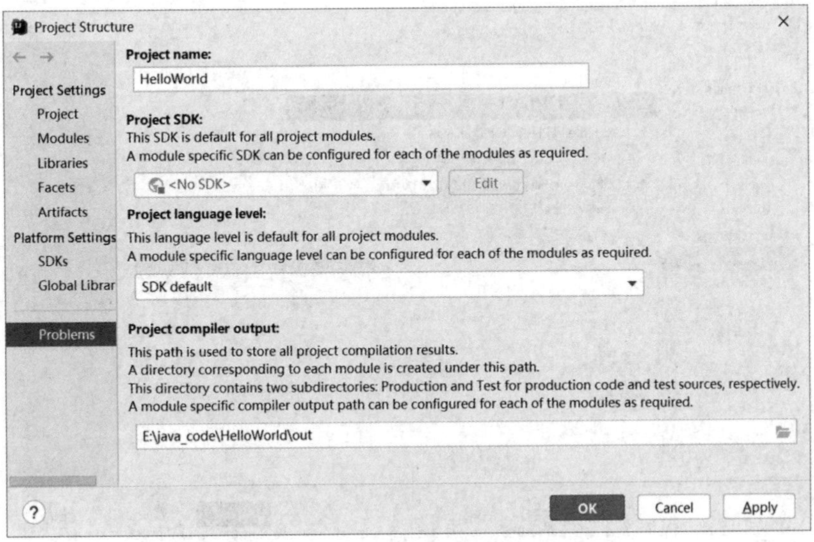

图1-17　未配置SDK

在选择完SDK版本之后，就可以指定项目编译的语言级别了。这样做是因为SDK一直处于更新的状态，如果使用的SDK版本过高，则无法向前兼容旧版本的SDK环境下开发出来的项目，也就无法按照低版本级别进行编译并保持版本功能的一致性。

当前界面中Project compiler output指定了项目编译输出的目录。在首次运行程序之前，这个out文件夹是不存在的，它相当于MyEclipse下的classes文件夹。

紧接着切换到Platform Setings 中的SDKs选项，如图1-18所示。

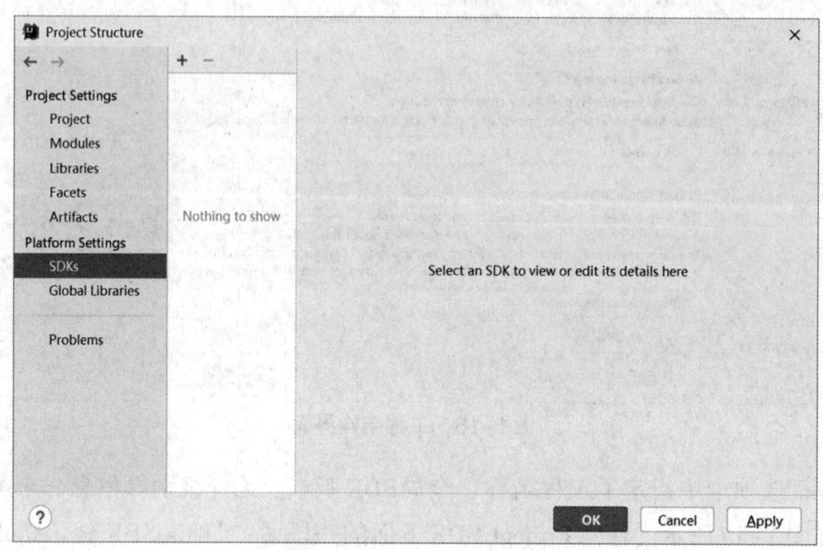

图1-18 SDKs选项界面

此时可以进行平台级SDK的安装，无论项目建立与否。单击SDK列表上方的按钮并选择Add JDK菜单，如图1-19所示。

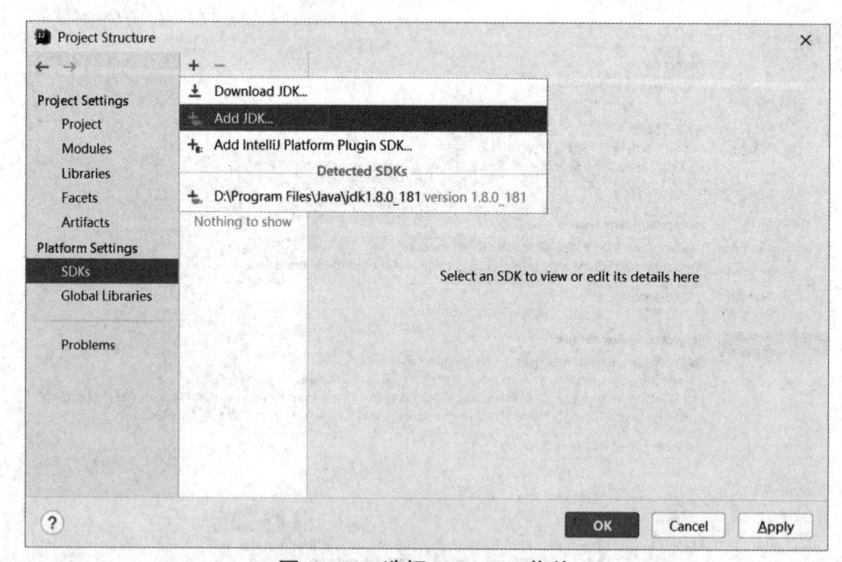

图1-19 选择Add JDK菜单

浏览目录并选择本地JDK，如图1-20所示。

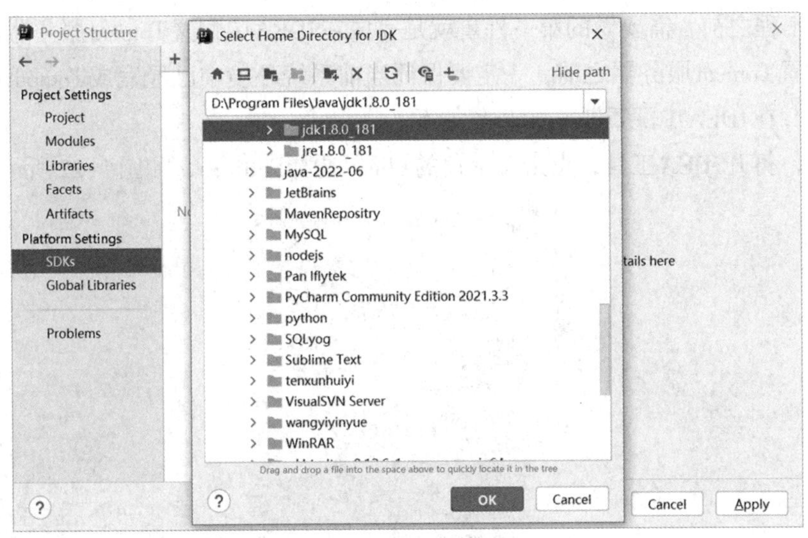

图1-20 选择本地JDK

接着，单击OK按钮确认并返回SDK列表，如图1-21所示。

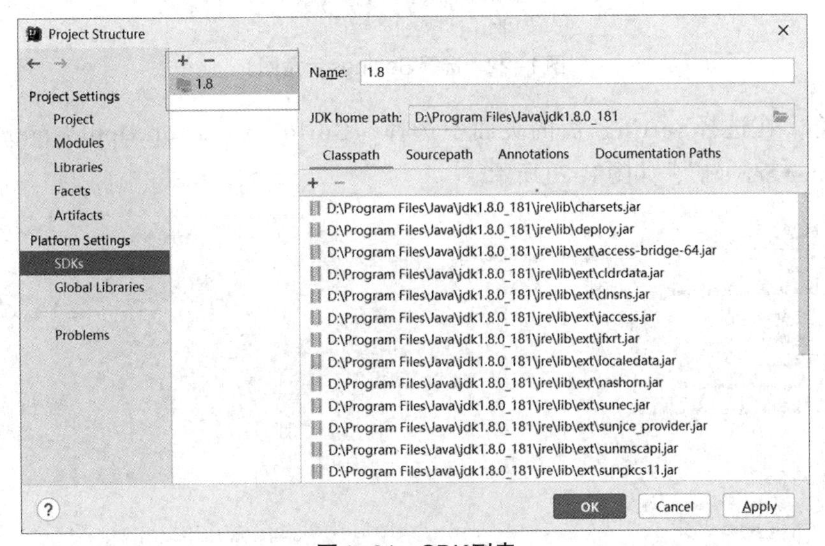

图1-21 SDK列表

单击Apply按钮保存配置，最后单击OK按钮完成安装。

注意：JDK与SDK的概念初学者可能混淆，SDK是Software DevelopmentKit的缩写，指的是应用软件开发工具的集合，而JDK是Java方向使用最广泛的SDK，是SDK的一个子集，所以可以这样理解，在进行Java相关开发的时候，SDK通常指的就是JDK。

三、创建和发布Java Web工程

（一）配置Tomcat服务器

Tomcat服务器是Java Web程序开发的主流服务器，应用广泛。在使用IDEA创建

Java Web工程之前，需要做的第一件事就是完成在IDEA中配置Tomcat服务器。

在配置Tomcat服务器之前，一定要保证当前系统环境中已经完成Tomcat服务器的安装配置，在IDEA中配置Tomcat步骤如下。

首先，打开IDEA工具，点击左上角的File，选择Settings，如图1-22所示。

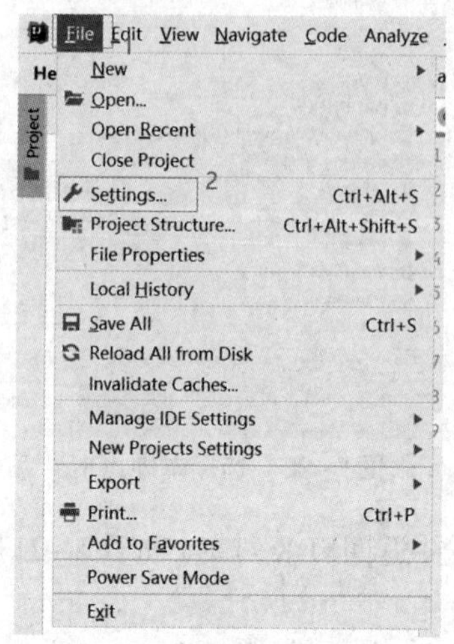

图1-22 选择Settings示意图

接着，在选择Settings后的页面中选择“Build,Execution,Deployment”中的“Application Servers”，如图1-23所示。

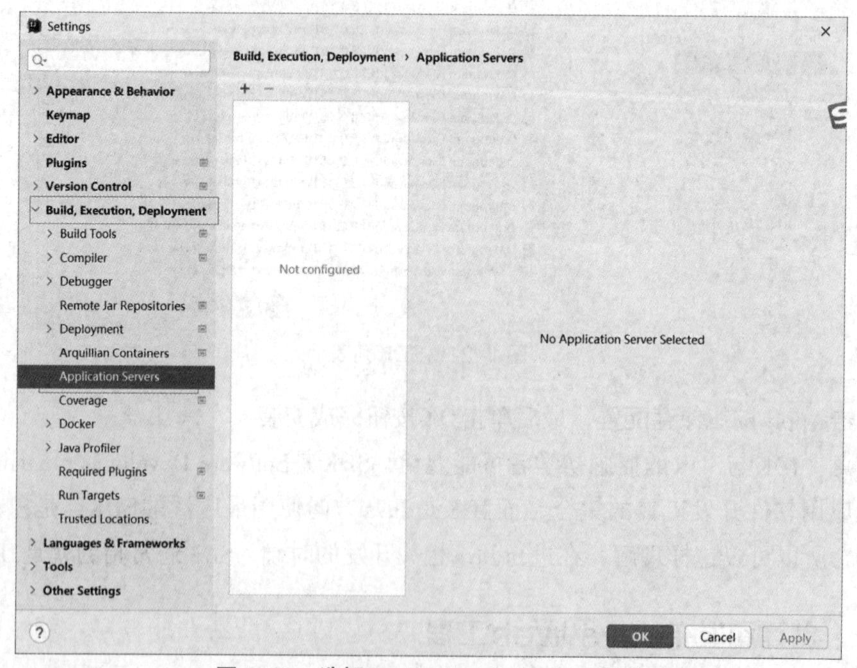

图1-23 选择Application Servers示意图

点击"+"，选择Tomcat Server，如图1–24所示。

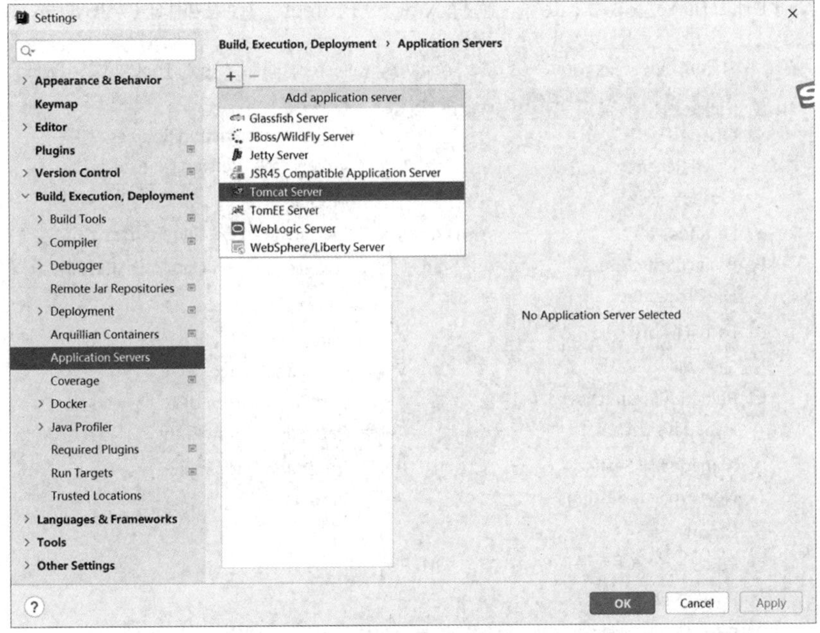

图1–24　选择Tomcat Server示意图

最后，地址选择Tomcat的安装路径即可，导入后点OK，如图1–25所示。

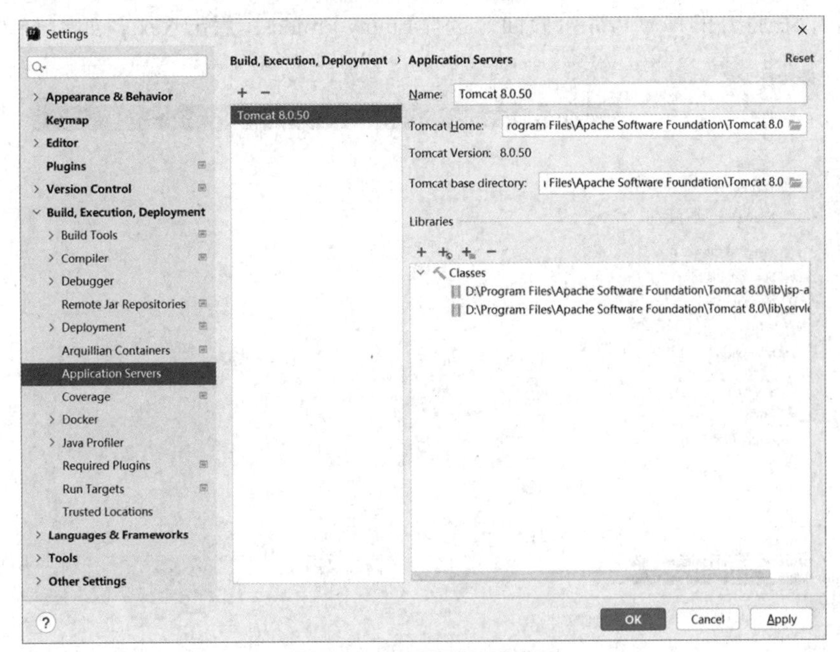

图1–25　配置成功示意图

（二）IDEA中的Java Web项目

在完成Tomcat配置之后，接下来就可以进行在IDEA中的第一个Java Web项目的创建。

首先，打开IDEA选择“File”，选择New→Project，结果如图1-26所示。

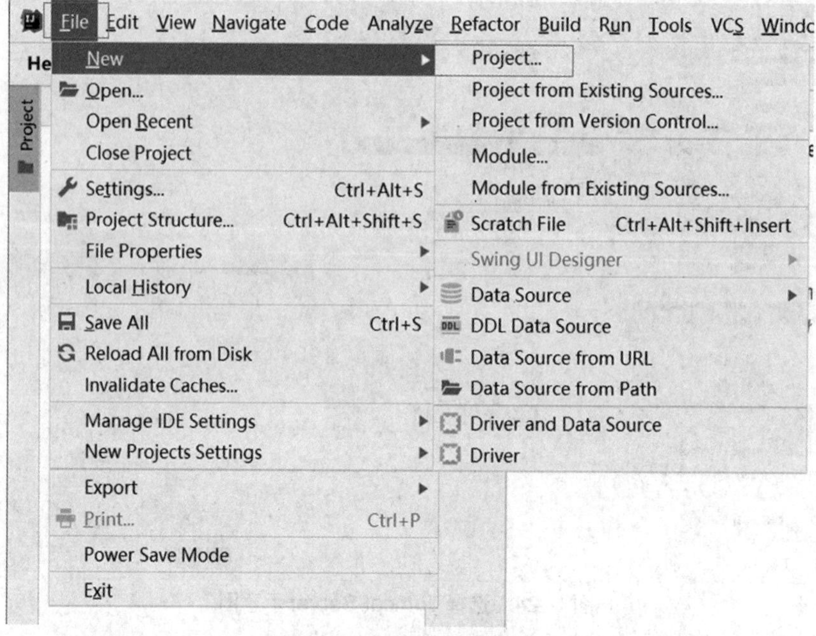

图1-26　第一步示意图

然后，在打开的New Project界面，选择Empty Project，点击Next，如图1-27所示。

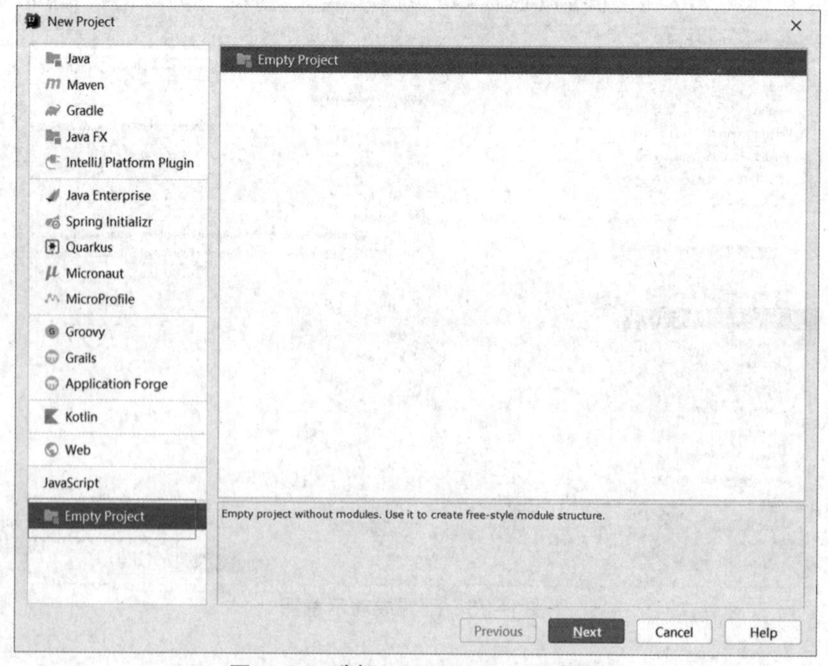

图1-27　选择Empty Project示意图

接着，在选择Next之后的界面，输入项目名称和项目路径，点击Finish即可，如图1-28所示。

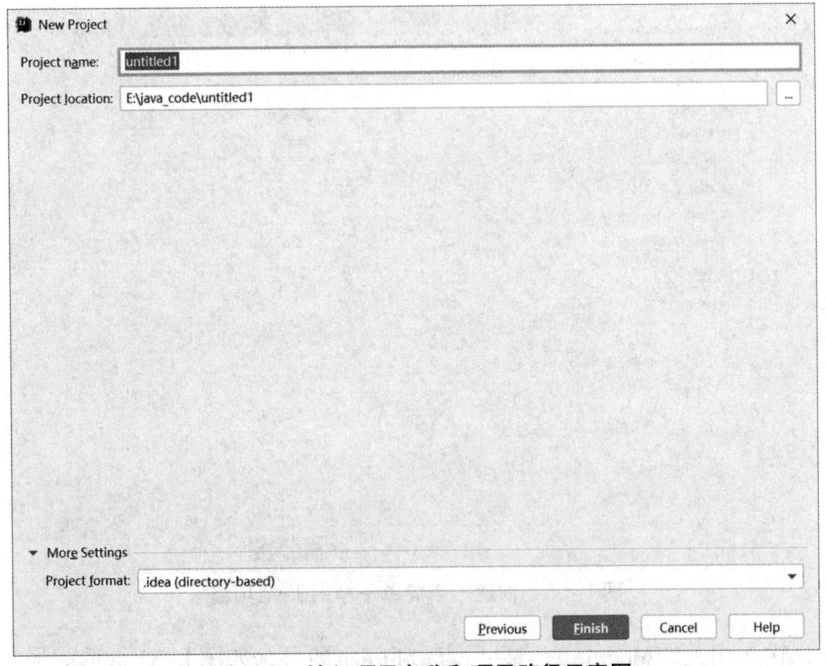

图1-28 输入项目名称和项目路径示意图

在左侧Modules选项后点击“+”号，选择New Module，如图1-29所示。

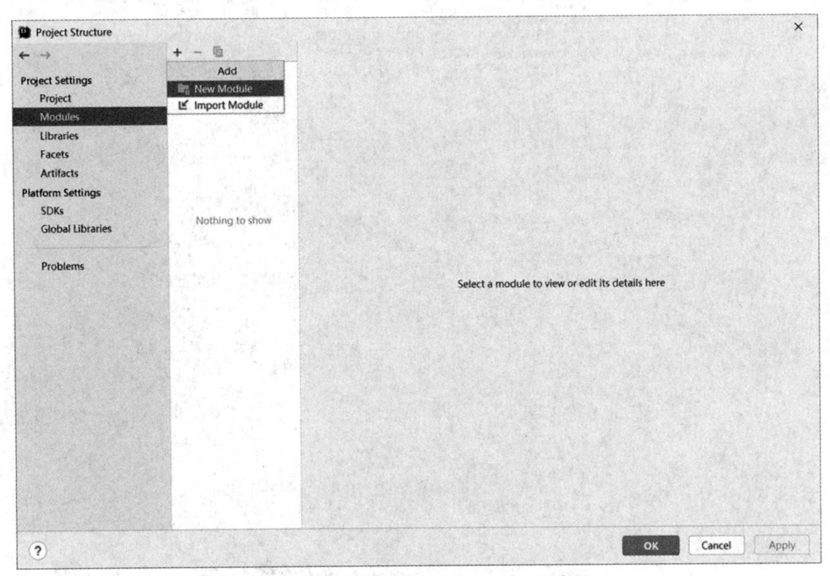

图1-29 选择New Module示意图

在New Module页面，先创建一个简单干净的Java项目，如图1-30所示。

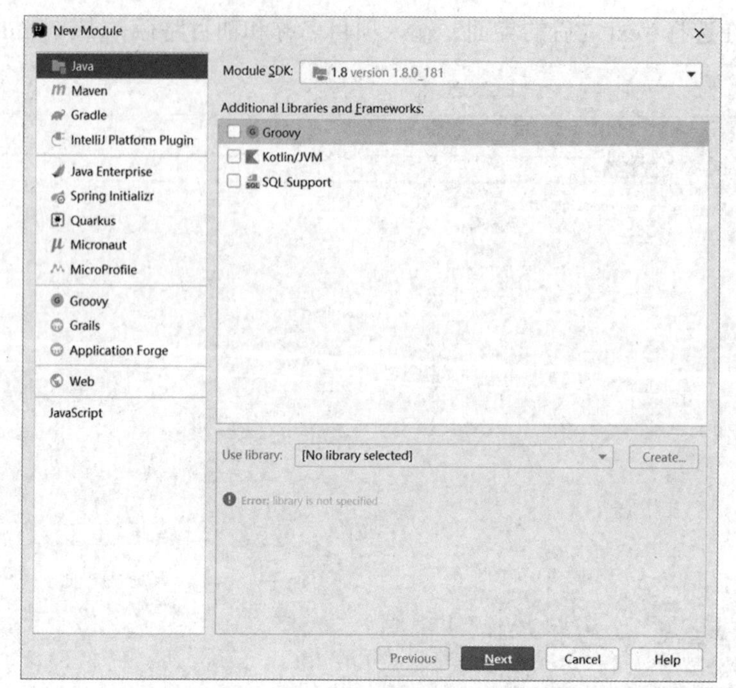

图1-30　创建一个简单干净的Java项目

接着，输入相关的Module的信息后点击Finish即可，如图1-31所示。

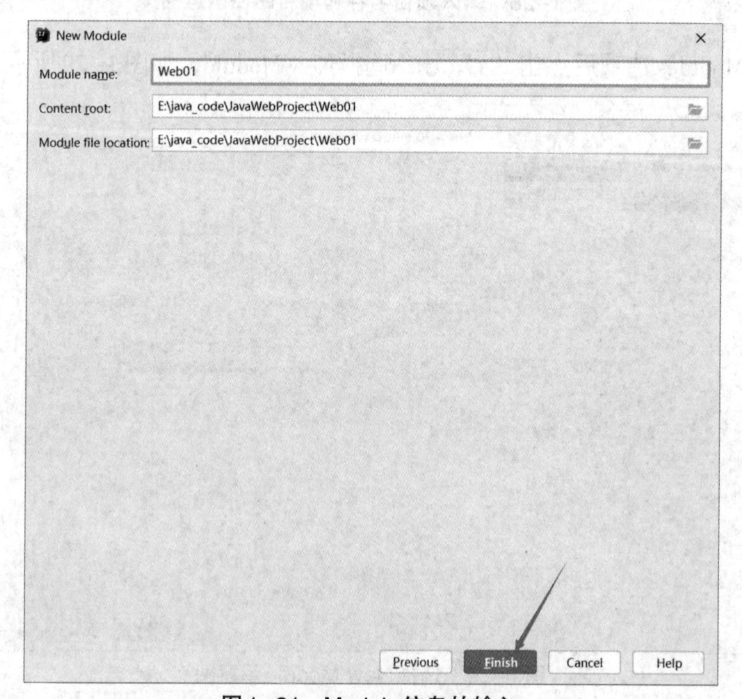

图1-31　Module信息的输入

右键项目，然后点击Add Framework Support->勾选Web Application->勾选Create web.xml，最后选择OK，如图1-32所示。

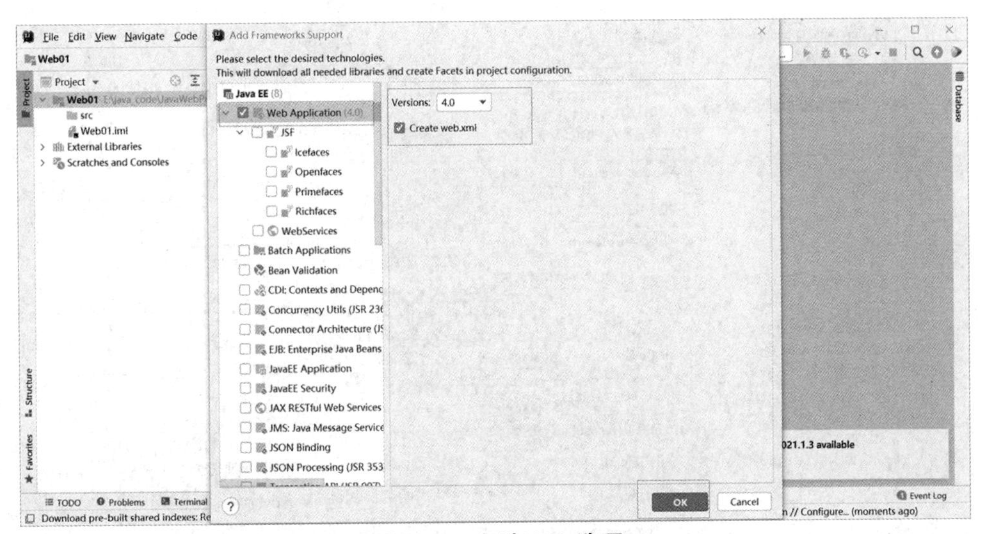

图1-32　勾选Web选项

最后，项目结构如图1-33所示。

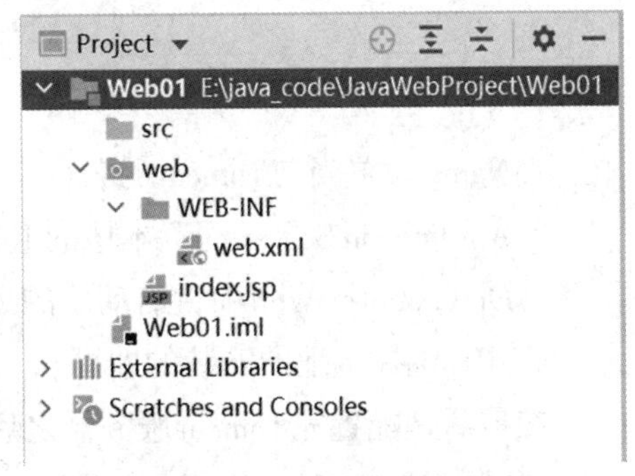

图1-33　项目结构如图

（三）Java Web项目的部署发布

在完成第一个Java Web项目创建之后，接下来，需要把创建好的项目Web01进行部署发布。

在IDEA中点击Add Configuration然后点击加号添加本地的Tomcat服务器，点击OK，如图1-34所示。

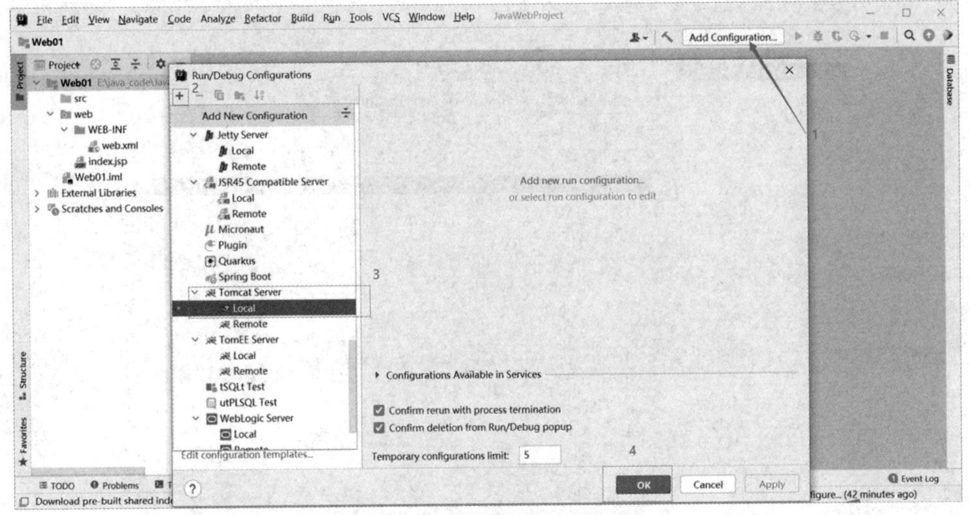

图1-34　添加Tomcat服务器

然后，在打开的Tomcat Server配置页面完成本地Tomcat的配置即可（图1-35）。

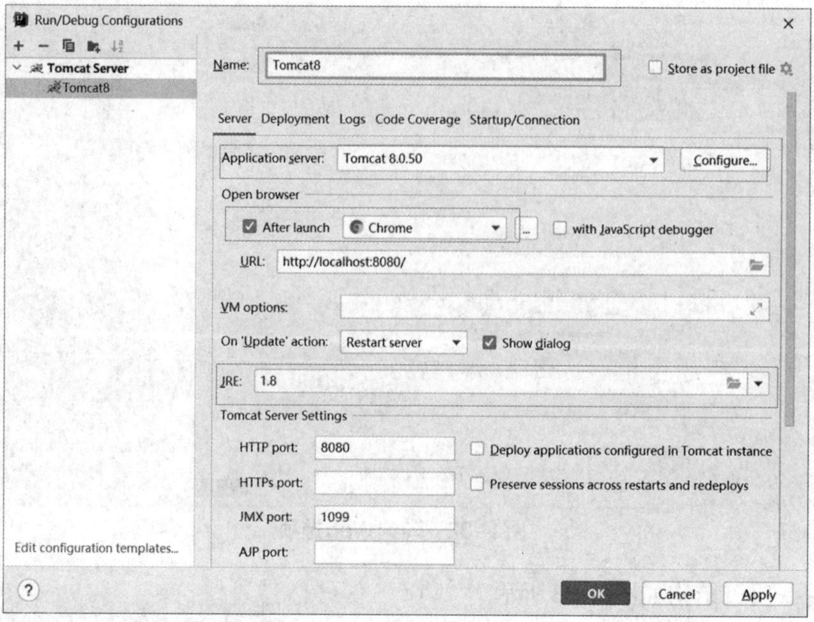

图1-35　配置Tomcat服务器

1. Name 设置当前Tomcat的名称。

2. Application Server 配置本地的Tomcat Server路径即可。

3. Open brower Web项目启动后的浏览器选择。

4. JRE 选择本地的安装的即可。

在最后，配置完Tomcat服务器之后，接下来需要在图1-36中选择Deployment，再选择“+”—》Artifact..进行web项目的添加部署。

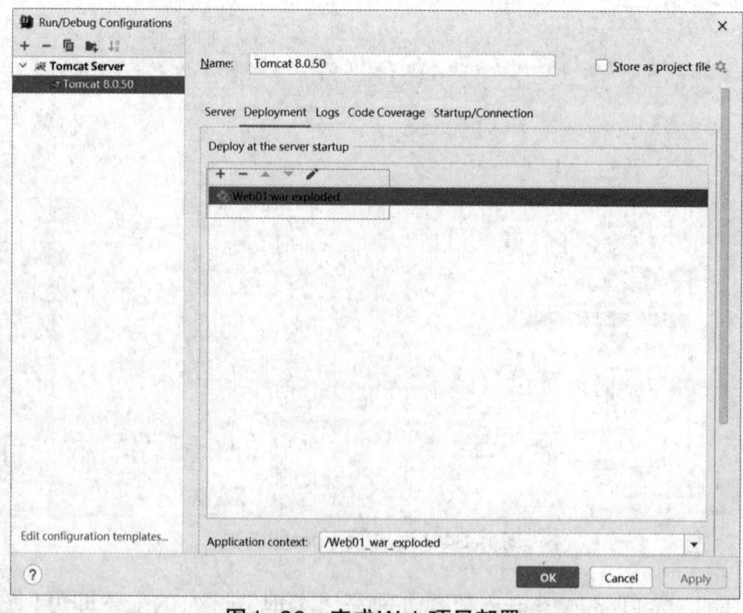

图1-36　完成Web项目部署

第二节　Maven的基本应用

程序员在进行软件开发的过程中，无论什么项目，采用何种技术，使用何种编程语言，都要重复相同的开发步骤：编码、测试、打包、发布、文档。实际上这些步骤是完全重复性的工作。开发人员的主要任务应该是关注商业逻辑并去实现它，而不是把时间浪费在学习如何在不同的环境中去打包与发布。Maven正是为了将开发人员从这些任务中解脱出来而诞生的。

一、Maven的下载与安装

Maven是一种Java项目管理工具，它可以帮助开发人员自动化构建、测试和部署Java应用程序。Maven使用一个中央仓库来管理依赖，并根据一个项目的配置文件（pom.xml）构建项目。在pom.xml文件中定义了项目的依赖、插件、构建过程和其他相关信息。

Maven提供了一系列的命令行工具和插件，使得开发人员能够快速构建和发布Java应用程序。同时，Maven还提供了一种标准化的项目结构，使得开发人员能够更容易地理解和维护项目代码。

当使用Maven时，通过一个自定义的项目对象模型，pom.xml 可详细描述自己的项目。

Maven有两大核心。①依赖管理：对jar的统一管理（Maven 提供了一个 Maven 的中央仓库，https://mvnrepository.com/，当用户在项目中添加完依赖之后，Maven 会自动去中央仓库下载相关的依赖，并且解决依赖的依赖问题）。②项目构建：对项目进行编译、测试、打包、部署、上传到私服等。

（一）Maven的下载安装

在准备进行Maven的下载安装之前，需要知道的是Maven是Java项目，因此必须先安装JDK。

首先，在进行Maven的下载时候，需要进入Maven的官网，网址为https://maven.apache.org，点击打开后选择左侧的Download的按钮，显示页面如图1-37所示。

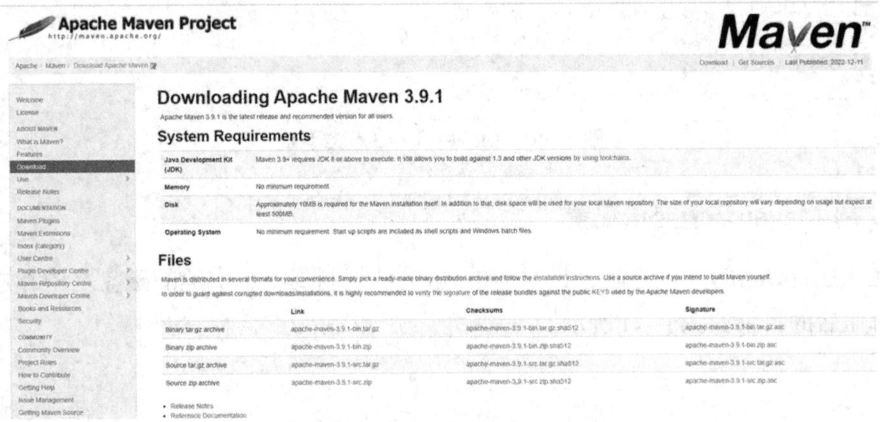

图1-37　Maven官网下载页面

注意：Maven版本与IDEA版本存在兼容性问题，版本不兼容就会报无法导入Maven项目的问题，本教材中使用的IDEA版本是2021.1，对应的Maven版本为Maven 3.8.1及之前的所用版本。

然后，在打开的下载页面，找到Older Previous Releases，点击archives进入Maven历史版本下载页面（图1-38）。

Older Previous Releases

It is strongly recommended to use the latest release version of Apache Maven to take advantage of newest features and bug fixes.

If you still want to use an old version you can find more information in the Maven Releases History and can download files from the archives for versions 3.0.4+ and legacy archives for earlier releases.

图1-38 选择打开Maven历史版本

接着，在打开的Maven历史版本下载页面中，选择当前IDEA兼容的Maven版本进行下载，本教材中选择3.6.3版本，点击版本号，进入3.6.3版本的页面（图1-39）。

Index of /dist/maven/maven-3/3.6.3

Name	Last modified	Size	Description
Parent Directory		-	
binaries/	2022-06-17 11:16	-	
source/	2022-06-17 11:16	-	

图1-39 Maven3.6.3版本页面

最后，在当前的版本页面，点击binaries，进入binaries目录页面，这里使用的是windows操作系统，所以选择点击apache-maven-3.6.3-bin.zip链接进行下载即可，具体如图1-40所示。

Index of /dist/maven/maven-3/3.6.3/binaries

Name	Last modified	Size	Description
Parent Directory		-	
apache-maven-3.6.3-bin.tar.gz	2019-11-19 21:50	9.1M	
apache-maven-3.6.3-bin.tar.gz.asc	2019-11-19 21:50	235	
apache-maven-3.6.3-bin.tar.gz.sha512	2019-11-19 21:50	128	
apache-maven-3.6.3-bin.zip	2019-11-19 21:50	9.2M	
apache-maven-3.6.3-bin.zip.asc	2019-11-19 21:50	235	
apache-maven-3.6.3-bin.zip.sha512	2019-11-19 21:50	128	

图1-40 Maven3.6.3点击下载

（二）Maven环境变量配置

在完成Maven的下载之后，把对应的zip文件复制到一个本地的磁盘之中，进行解压，解压后的目录如图1-41所示。

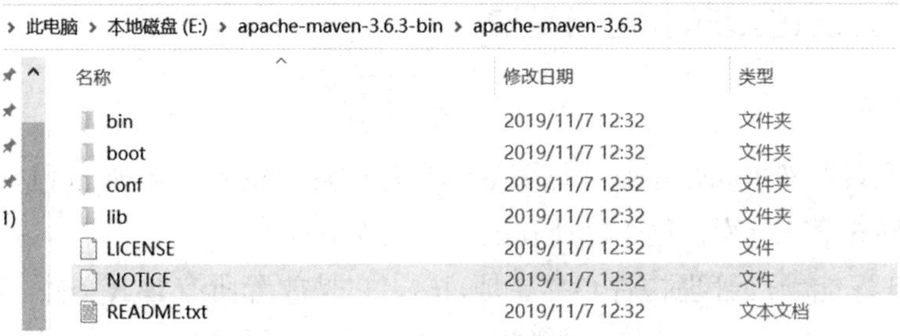

图1-41 解压目录

（1）bin目录 可执行程序。

（2）boot目录 放的是引导程序。

（3）conf目录 Maven的配置文件。

（4）lib目录 Maven的程序Jar包。

在解压完成之后，接下来需要进行环境变量的配置，整体的配置思路和在进行JDK的环境配置基本一致，打开电脑的系统属性，选择环境变量，点击新建名称MAVEN_HOME，如图1-42所示。

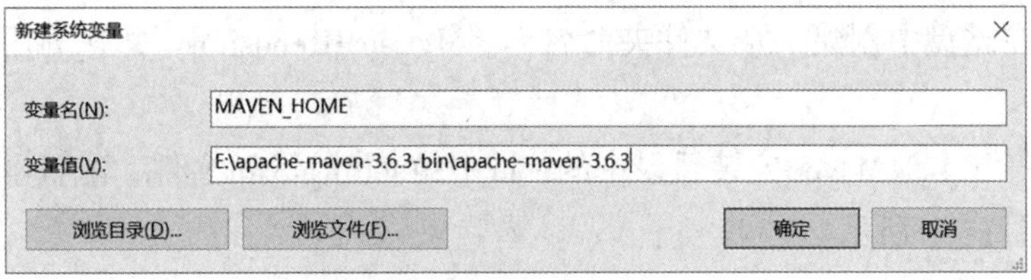

图1-42 配置MAVEN_HOME

然后选择path进行配置环境变量，如图1-43所示。

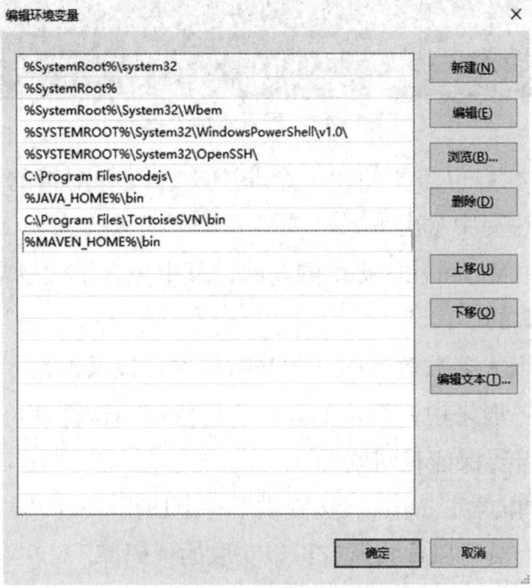

图1-43 配置path变量

二、Maven的相关概念与配置

（一）仓库

仓库，顾名思义主要是用来存储资源，在这里资源主要是各种jar包。Maven 仓库是项目中依赖的第三方库，这个库所在的位置叫作仓库。

Maven仓库能帮助管理构件（主要是jar），它是放置所有JAR文件（WAR、ZIP、POM等）的地方。Maven 仓库有三种类型。

1.本地仓库 在安装Maven后并不会创建，它是在第一次执行 maven命令的时候才被创建。

在开发过程中，指的是开发者自己电脑上存储资源的仓库。

默认情况下，不管Linux还是Windows，每个用户在自己的用户目录下都有一个路径名为.m2/repository/的仓库目录。

由于本地仓库的默认位置是在用户的家目录下，而家目录往往是在C 盘，也就是系统盘。将来Maven 仓库中jar包越来越多，仓库体积越来越大，可能会拖慢C盘运行速度，影响系统性能。所以建议将Maven的本地仓库放在其他盘符下。配置方式如下。

首先，在磁盘中创建一个文件夹命名为“MyLocalRepository”，作为用户的本地仓库所在。

然后，打开本地Maven安装目录中的conf中的settings.xml文件，配置本地仓库的路径即可，如图1-44所示。

```
 |-->
<settings xmlns="http://maven.apache.org/SETTINGS/1.0.0"
          xmlns:xsi="http://www.w3.org/2001/XMLSchema-instance"
          xsi:schemaLocation="http://maven.apache.org/SETTINGS/1.0.0 http://maven.apache.org/xsd/settings-1.0.0.xsd">
  <!-- localRepository
   | The path to the local repository maven will use to store artifacts.
   |
   | Default: ${user.home}/.m2/repository
  <localRepository>/path/to/local/repo</localRepository>
  -->
<localRepository>E:/MyLocalRepository</localRepository>
```

图1-44 配置本地仓库

注意：本地仓库本身也需要使用一个非中文、没有空格的目录，其次一定要把localRepository标签从注释中拿出来。

2.中央仓库 是由Maven社区提供的仓库，其中包含了大量常用的仓库，Maven团队自身维护，属于开源的。

中央仓库包含了绝大多数流行的开源Java构件，以及源码、作者信息、SCM、信息、许可证信息等。一般来说，简单的Java项目依赖的构件都可以在这里下载到，不需要做任何配置，只需要保证有网就行。

要浏览中央仓库的内容，maven社区提供了一个URL：http://search.maven.org/#browse。使用这个仓库，开发人员可以搜索所有可以获取的代码库。

3.远程仓库 在中央仓库中也找不到依赖的文件，它会停止构建过程并输出错误信息到控制台。为避免这种情况，Maven提供了远程仓库的概念，它是开发人员自己定制仓库，包含了所需要的代码库或者其他工程中用到的jar文件，也可以称之为私服。

私服是各公司/部门等小范围内存储资源的仓库，私服也可以从中央仓库获取资源。私服的作用如下。

（1）保存具有版权的资源，包含购买或自主研发的jar。

（2）一定范围内共享资源，能做到仅对内不对外开放。

在开发过程中使用Maven下载 jar 包默认访问境外的中央仓库，而国外网站速度很慢。一般情况下习惯性改成阿里云提供的镜像仓库，访问国内网站，可以让Maven下载 jar 包的时候速度更快。配置的方式如下。

首先在本地的Maven安装目录中，找到settings.xml文件，打开后，找到文件中的mirrors标签，在该标签内容进行配置，具体如图1-45所示。

```
<mirrors>
  <!-- mirror
   | Specifies a repository mirror site to use instead of a given repository. The repository that
   | this mirror serves has an ID that matches the mirrorOf element of this mirror. IDs are used
   | for inheritance and direct lookup purposes, and must be unique across the set of mirrors.
   |
  <mirror>
    <id>mirrorId</id>
    <mirrorOf>repositoryId</mirrorOf>
    <name>Human Readable Name for this Mirror.</name>
    <url>http://my.repository.com/repo/path</url>
  </mirror>
   -->
   <mirror>
    <id>nexus-aliyun</id>
    <mirrorOf>central</mirrorOf>
    <name>Nexus aliyun</name>
    <url>http://maven.aliyun.com/nexus/content/groups/public</url>
  </mirror>

</mirrors>
```

图1-45 配置阿里云镜像仓库

最后，还需要进行JDK版本的配置，如果按照默认配置运行，Java 工程使用的默认JDK 版本较低，而熟悉和常用的是JDK 1.8 版本。修改配置的方式是将profile标签整个复制到settings.xml文件的 profiles 标签内。示例代码如下。

```
<profile>
  <id>jdk-1.8</id>
  <activation>
    <activeByDefault>true</activeByDefault>
    <jdk>1.8</jdk>
  </activation>
  <properties>
    <maven.compiler.source>1.8</maven.compiler.source>
```

```
        <maven.compiler.target>1.8</maven.compiler.target>
        <maven.compiler.compilerVersion>1.8</maven.compiler.compilerVersion>
    </properties>
</profile>
```

（二）坐标

数学中的坐标使用 *x*、*y*、*z* 三个『向量』作为空间的坐标系，可以在『空间』中唯一的定位到一个『点』。

Maven 中的坐标使用三个『向量』在『Maven 的仓库』中唯一的定位到一个『jar』包。

（1）groupId　公司或组织的 id，即公司或组织域名的倒序，通常也会加上项目名称。例如，groupId：com.anzyy.maven。

（2）artifactId　一个项目或者是项目中的一个模块的 id，即模块的名称，将来作为 Maven 工程的工程名。例如，artifactId：auth。

（3）version 版本号　例如，version：1.0.0。

（三）pom.xml

POM（Project Object Model），项目对象模型。和 POM 类似的是 DOM（Document Object Model），文档对象模型。它们都是模型化思想的具体体现。

POM 表示将工程抽象为一个模型，再用程序中的对象来描述这个模型。这样就可以用程序来管理项目了。在开发过程中，最基本的做法就是将现实生活中的事物抽象为模型，然后封装模型相关的数据作为一个对象，这样就可以在程序中计算与现实事物相关的数据。

POM 理念集中体现在 Maven 工程根目录下 pom.xml 这个配置文件中。所以这 pom.xml 配置文件就是 Maven 工程的核心配置文件。其实学习 Maven 就是学这个文件怎么配置，各个配置有什么用。

POM 中可以指定以下配置：①项目依赖；②插件；③执行目标；④项目构建 profile；⑤项目版本；⑥项目开发者列表；⑦相关邮件列表信息。

（四）依赖

Maven 中最关键的部分，使用 Maven 最主要的就是使用它的依赖管理功能。当 A jar 包用到了 B jar 包中的某些类时，A 就对 B 产生了依赖，那么就可以说 A 依赖 B。依赖管理中要解决的具体问题如下。

1. jar 包的下载　使用 Maven 之后，jar 包会从规范的远程仓库下载到本地。

2. jar 包之间的依赖　通过依赖的传递性自动完成。

3. jar 包之间的冲突　通过对依赖的配置进行调整，让某些 jar 包不会被导入。

使用Maven最主要的就是使用它的依赖管理功能，引入依赖存在一个范围，maven的依赖范围包括compile、provide、runtime、test、system。

（1）compile　表示编译范围，指A在编译时依赖 B，该范围为默认依赖范围。编译范围的依赖会用在编译、测试、运行，由于运行时需要，所以编译范围的依赖会被打包。

（2）provided　provied依赖只有当jdk或者一个容器已提供该依赖之后才使用。provide依赖在编译和测试时需要，在运行时不需要。例如，servlet api被Tomcat容器提供了。

（3）runtime　runtime依赖在运行和测试系统时需要，但在编译时不需要。例如，jdbc的驱动包。由于运行时需要，所以runtime范围的依赖会被打包。

（4）test　test范围依赖在编译和运行时都不需要，只在测试编译和测试运行时需要。例如，Junit。由于运行时不需要，所以test范围依赖不会被打包。

（5）system　system范围依赖与 provide类似，但是必须显示提供一个对于本地系统中jar文件的路径。一般不推荐使用。

依赖范围如表1-1所示。

表1-1　依赖范围介绍

依赖范围	编译	测试	运行时	是否会被打入jar包
compile	√	√	√	√
provided	√	×	×	×
runtime	×	√	√	√
test	×	√	×	×
system	√	√	×	√

而在实际开发中，常用的就是 compile、test、provided。

三、IntelliJ IDEA中配置集成Maven环境

在实际工作中，会采用集成开发工具去进行代码的开发，而IDEA中在使用的时候，需要考虑和Maven的结合使用，其实IDEA中集成有Maven环境，可以使用IDEA自带的集成环境，但是建议使用本地个人配置好的Maven环境。

首先，打开IDEA，点击IDEA中左上角的File，选择Settings进入设置，如图1-46所示。

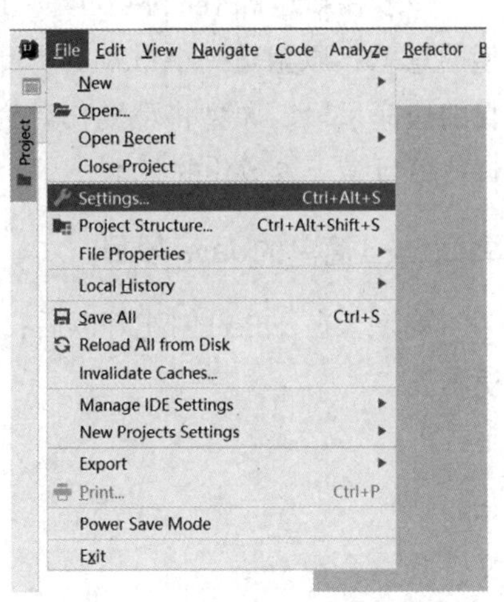

图1-46　进入Settings设置界面

然后，点击“Build,Execution,Deployment”，选择“Build Tools”，选择“Maven”。选择解压的

Maven文件的地址，选择Mavne文件中conf文件夹下的settings.xml配置文件，指定本地仓库的存储地址。点击OK保存修改，IDEA集成Maven完成，如图1-47所示。

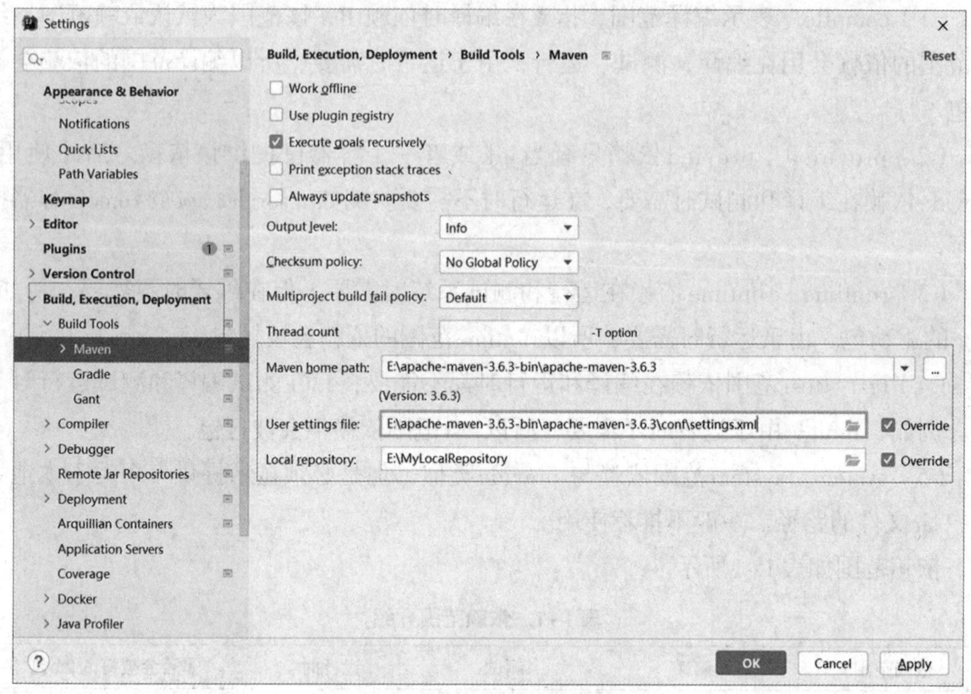

图1-47　IDEA中Maven设置界面

（1）Moven home path　本地maven的解压目录。

（2）User settings file　本地maven中配置好的settings.xml文件。

（3）Local repository　本地仓库目录。

四、第一个Maven项目程序

一般在新建Maven project项目时，需要选择archetype。archetype的意思就是模板原型的意思，原型是一个Maven项目模板工具包。该原型主要提供了一种生成Maven项目的快速手段。原型将帮助作者为用户创建Maven项目模板，并为用户提供了产生的这些项目模板参数化的版本。

（一）简单的Java项目

首先，在project创建好以后，选择创建module，打开New Module页面，如图1-48所示。

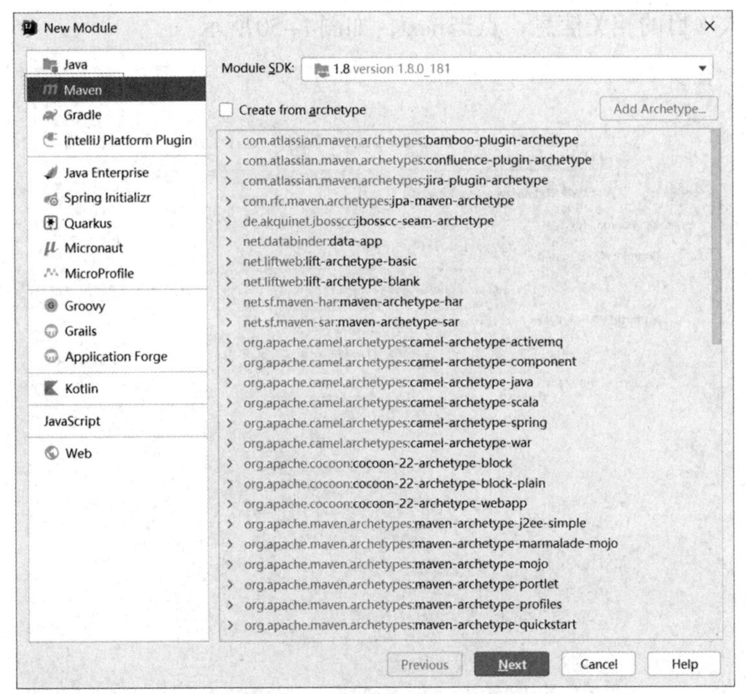

图1-48　New Module界面

然后，在打开New Module页面，勾选Create from archetype，并选择quickstart选项，点击Next，具体如图1-49所示。

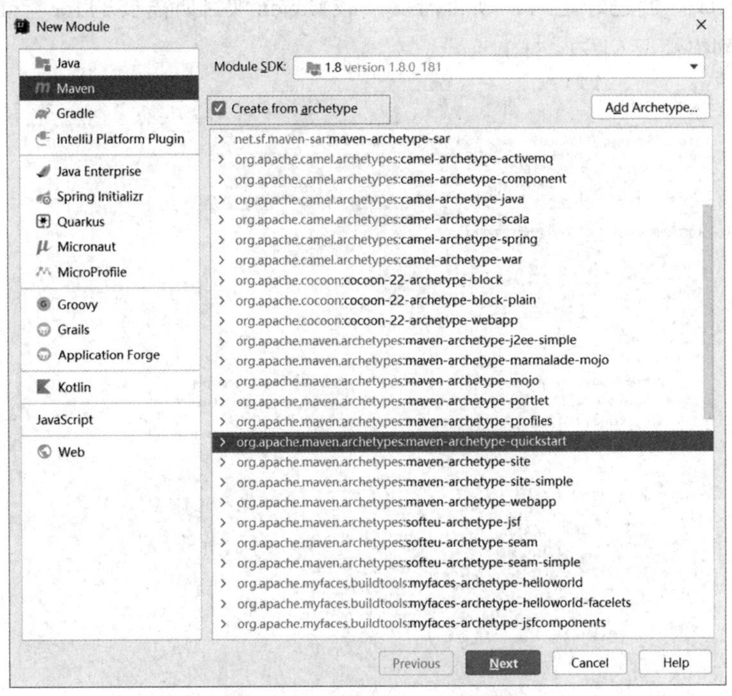

图1-49　选择archetype界面

之后输入项目的相关信息，点击next，如图1-50所示。

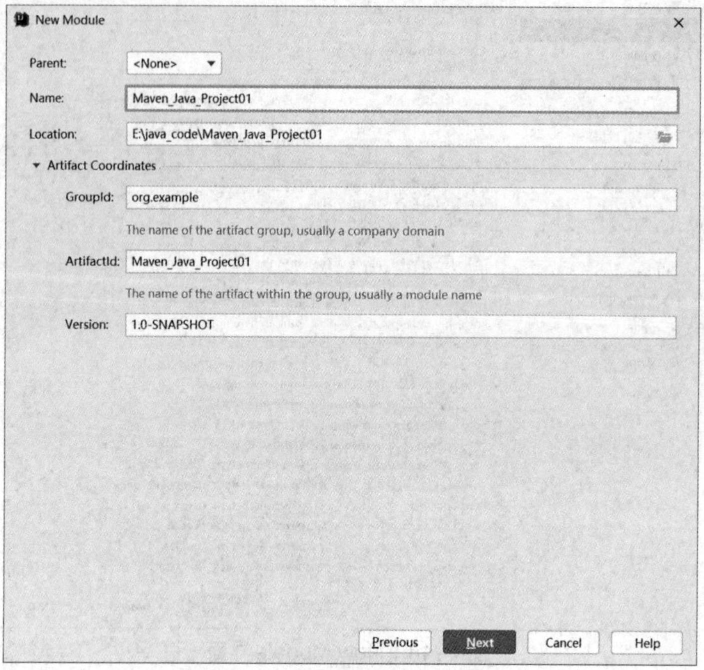

图1-50 编辑项目信息界面

接着，需要进一步确认配置的Maven信息是否有误，没有问题的话，直接点击Finish即可完成。创建好之后，项目需要下载Maven项目所需要的Jar与插件，此时需保持良好的网络情况（图1-51）。

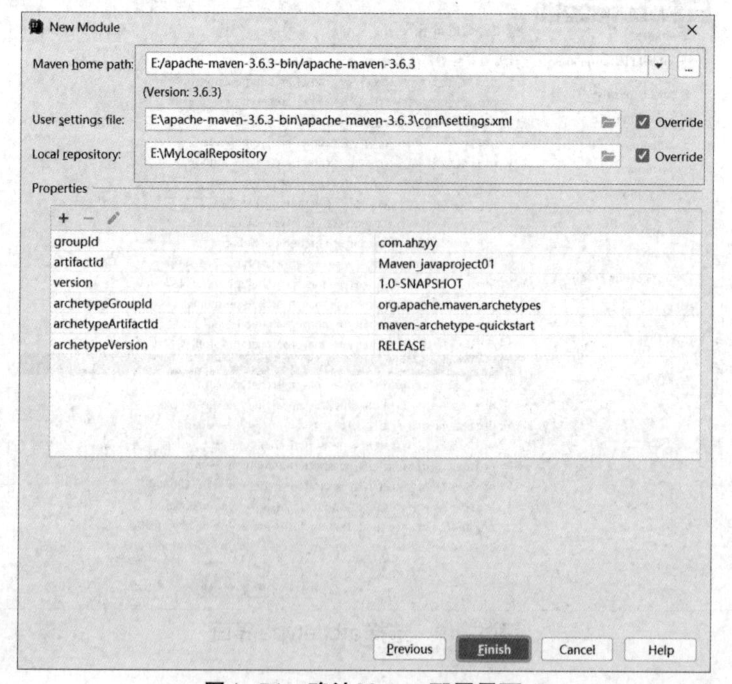

图1-51 确认Maven配置界面

注意：下图1-52是对maven项目目录的介绍。

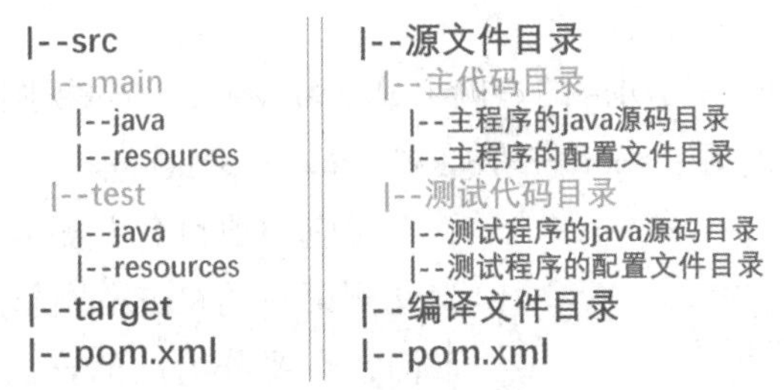

图1-52　Maven目录结构图

在创建的项目中，如果没有resources目录，可以手动创建文件夹，右击main，选择New Directory，选择resources即可，如图1-53所示。

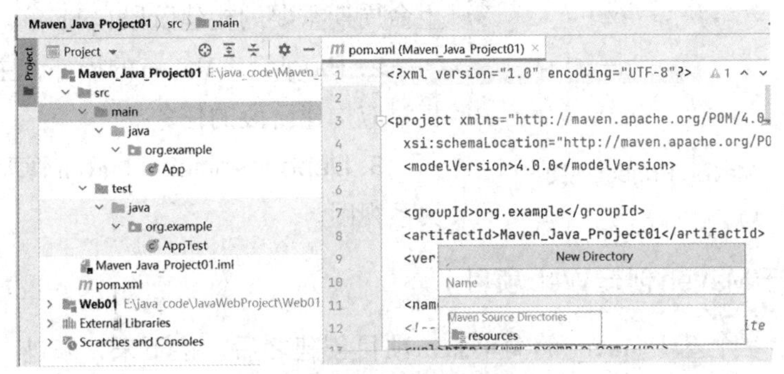

图1-53　手动选择resources

当然也可以手动创建一个普通的Directory，右击创建好的文件夹选择Mark Directory as，点击对应的类型即可（图1-54）。

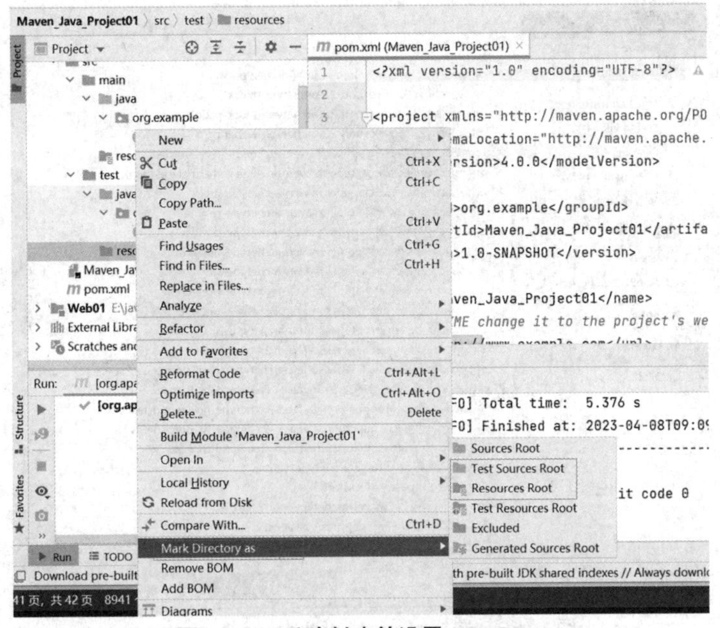

图1-54　手动创建并设置resources

目录中的target目录是项目运行编译时生成的用来存放编译文件的目录。在项目运行时，会根据默认的路径生成。

在Maven项目创建后，IDEA的右侧会显示Maven Project视图也就是工具栏，也可以通过IDEA的菜单栏打开：View—>Tool Windows—>Maven。

对应的项目名上侧为快捷工具栏，常用的为左侧第一的Maven刷新旋钮；对应的项目名下面，主要分为三部分：Lifecycle、Plugins和Dependencies（图1-55）。

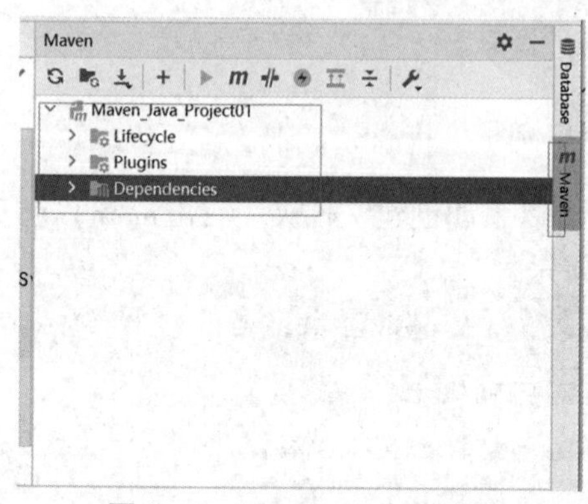

图1-55　Maven Project视图

1. Lifecycle　展示Maven项目构建生命周期中常用的命令，方便快速执行。Maven默认生命周期重要的构建阶段（phase）。

2. Plugins　Maven的插件，主要用于执行相对应构建阶段的任务。

3. Dependencies　Maven管理jar包的依赖关系视图。

（二）基于Maven创建Web项目

在完成第一个基于Maven的简单Java项目创建之后，接下来，来进一步完成Web项目的创建，前期步骤基本一致，使用项目模板（archetype）进行创建即可，具体的模板为maven-archetype-webapp（图1-56）。

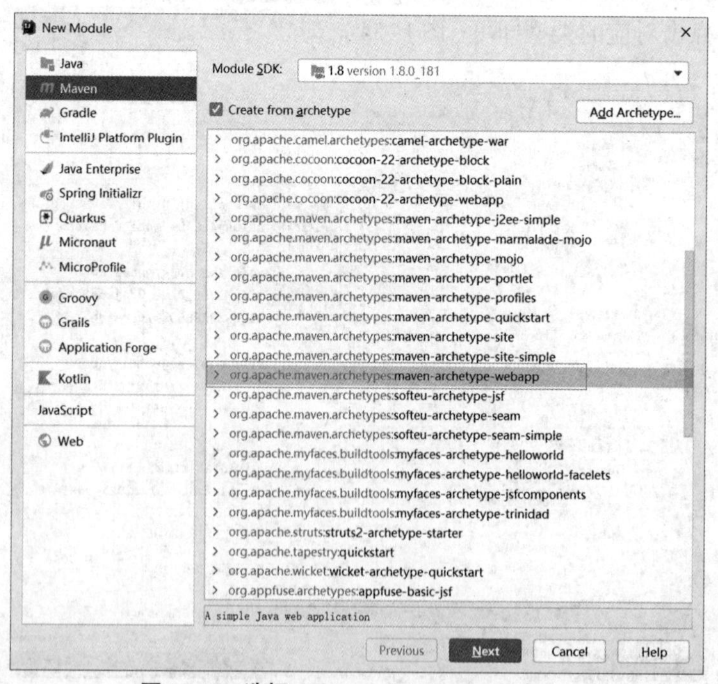

图1-56　选择maven-archetype-webapp

接着，设置好项目相关信息，确认Maven配置信息之后，即可完成创建。同样第一次创建，也要保持良好的网络情况。创建好的项目如图1-57所示。

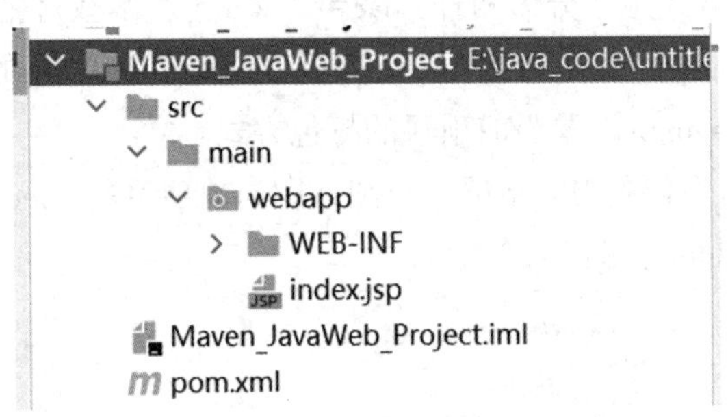

图1-57　初步创建好的Web项目结构

很明显，可以发现项目的结构相较于上一个Java项目多了一个Web项目专属的目录webapp，但是缺少了java的源码、test的单元测试以及resources等目录，那么，需要仿照上一个Java项目的目录，手动创建并完善当前的Web目录，分别创建对应的缺少目录即可，并通过右击选择New Directory，然后分别点击缺少的目录即可，如下图1-58所示。

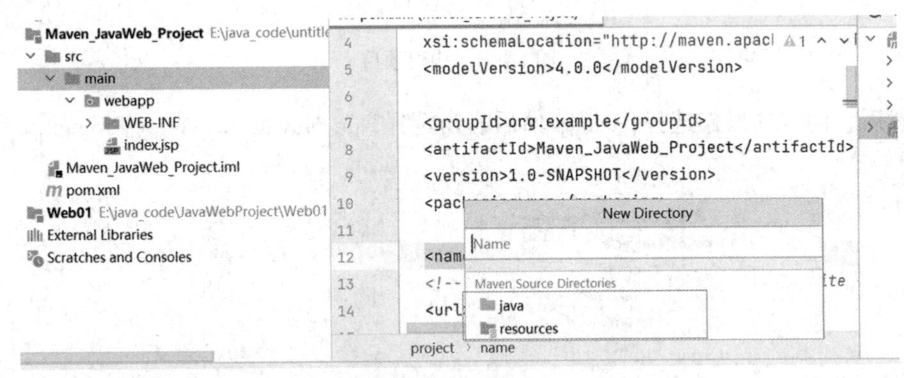

图1-58　New Directory

如此往复上述创建操作，最终完成的Web项目目录结构如图1-59所示。

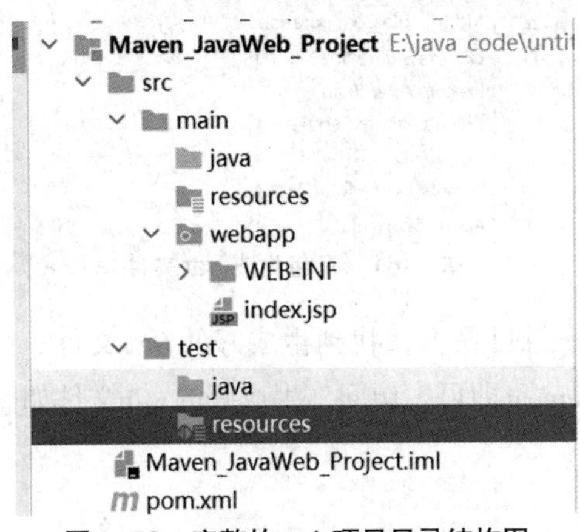

图1-59　完整的web项目目录结构图

五、Maven工程的打包发布

关于项目的打包方式主要分为两种：jar包和war包。本教材主要介绍war包。

一般情况下war包对应的是web项目，需要在项目的pom.xml中通过<packaging>war</packaging>设置当前项目的打包方式。

首先，打开IDEA右侧的Maven项目视图，即当前项目的Lifecycle，右击package命令，选择Run Maven Build（图1-60）。

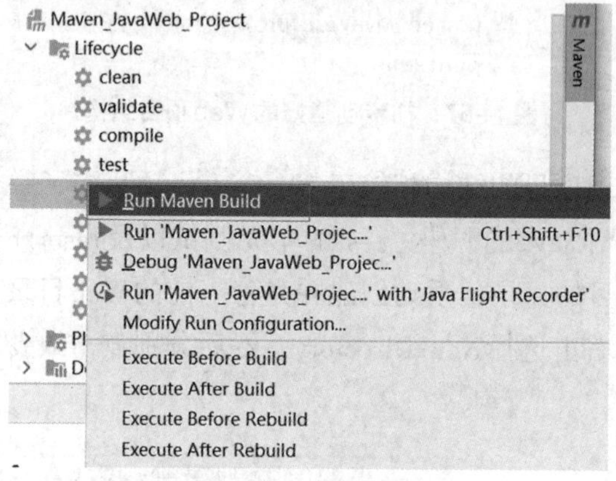

图1-60 构建项目

然后，同样的操作选择package然后右击选择Run Maven_JavaWeb_Project...，如图1-61所示。

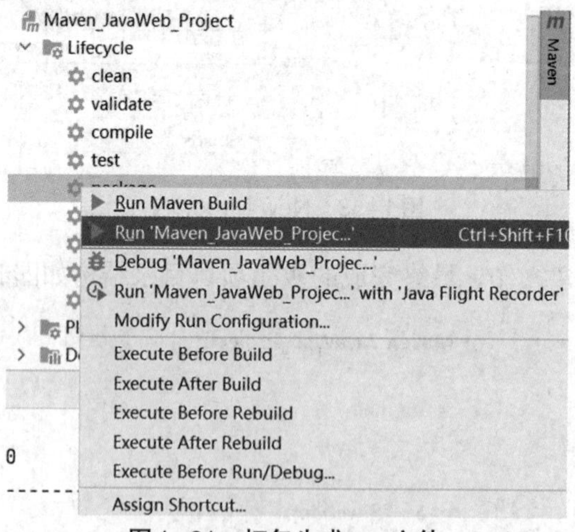

图1-61 打包生成war文件

最后，在项目的target目录下，找到生成好的war文件，放到部署好的tomcat的webapps目录下，重启Tomcat即可，访问，生成好的war文件如图1-62所示。

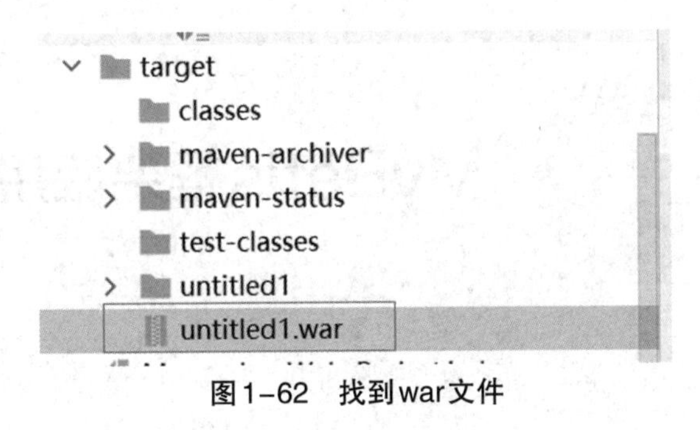

图1-62 找到war文件

本章小结

本章集中学习了IDEA开发工具的下载安装，进一步实现了基于IDEA完成Java开发环境的配置与项目的创建。最后介绍了Maven工具的使用及相关概念，手动的基于IDEA集成Maven环境实现了JavaWeb集成开发环境的配置。整体知识的讲授中提倡学练结合，以便更好地掌握本章内容。

第二章 MyBatis框架应用

学习目标

1.掌握MyBatis的基本配置和使用，包括配置数据源、映射文件和SQL语句的编写等。

2.熟悉MyBatis的高级特性，如分页查询、缓存机制、事务管理等。

3.了解MyBatis框架的概念、作用和优势，以及其在Java EE企业框架中的应用。

4.学会MyBatis框架的基本原理，包括SQL映射文件、动态SQL、对象关系映射等。

5.能够使用MyBatis进行数据库操作，包括增删改查等常用操作。

情感目标

1.培养实践能力和创新精神。通过学习MyBatis框架的应用，培养解决实际问题的能力，激发创新思维。

2.强化团队合作意识和协调能力。MyBatis框架常用于多人协作的项目中，需要通过合作完成任务，培养团队合作和沟通的能力。

3.培养改革意识和持续学习能力。MyBatis框架不断更新和演进，需要持续学习和掌握最新的技术，培养改革意识和持续学习的能力。

4.弘扬社会主义核心价值观。在MyBatis框架应用中注重数据安全、信息保密等价值观，培养责任意识和社会责任感。

第一节 MyBatis基本应用

一、MyBatis的概述

MyBatis是一款持久层框架，它支持自定义 SQL、存储过程以及高级映射。MyBatis免除了几乎所有的 JDBC 代码以及设置参数和获取结果集的工作。MyBatis 可以通过简单的 XML 或注解来配置和映射原始类型、接口和 Java POJO（Plain Old Java Objects，普通老式 Java 对象）为数据库中的记录。

（一）MyBatis框架的优缺点

1.优点 ①简单易学，容易上手；②提供了很多第三方插件；③能够与Spring很好的集成；④与JDBC相比，消除了JDBC大量冗余的代码；⑤提供XML标签，支持编写动态SQL语句；⑥提供映射标签，支持对象与数据库的ORM字段关系映射；⑦提供对象关系映射标签，支持对象关系组建维护。

2.缺点　①SQL语句的编写工作量较大，对开发人员编写SQL语句的功底有一定要求；②SQL语句依赖于数据库，导致数据库移植性差，不能随意更换数据库。

（二）MyBatis框架使用场景

MyBatis框架主要专注于SQL本身，是一个足够灵活的DAO层解决方案。适用于性能要求高，需求变化较多的项目，例如电商项目、金融类、旅游类、售票类项目等。

（三）MyBatis的工作原理

为了更好地让读者能够清晰地理解MyBatis的程序，应先了解MyBatis程序的工作原理，如图2-1所示。

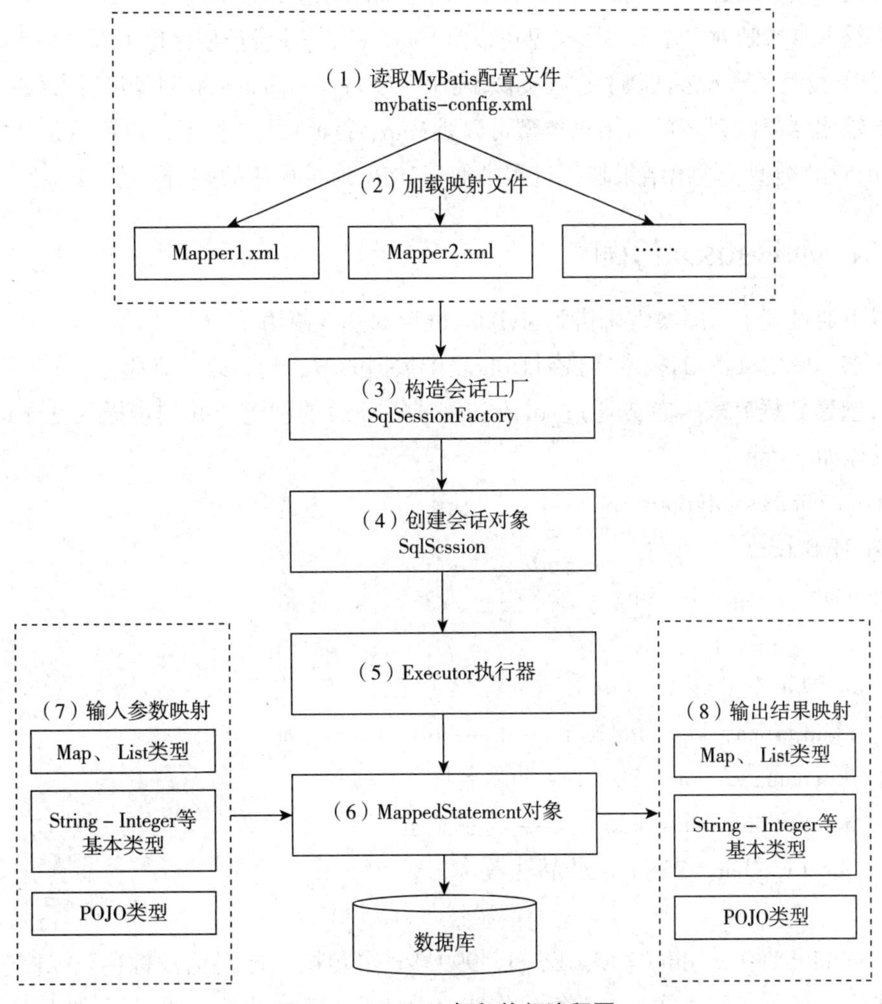

图2-1　MyBatis框架执行流程图

图2-1中所示流程就是MyBatis内部核心流程，每一步流程的详细说明如下。

1.读取MyBatis的配置文件 MyBatis-config.xml为MyBatis的全局配置文件，用于配置数据库连接信息。

2.加载映射文件 映射文件即SQL映射文件，该文件中配置了操作数据库的SQL语句，需要在MyBatis配置文件MyBatis-config.xml中加载。MyBatis-config.xml文件可以加载多个映射文件，每个文件对应数据库中的一张表。

3.构造会话工厂 通过MyBatis的环境配置信息构建会话工厂SqlSessionFactory。

4.创建会话对象 由会话工厂创建SqlSession对象，该对象中包含了执行SQL语句的所有方法。

5. Executor执行器 MyBatis底层定义了一个Executor接口来操作数据库，它将根据SqlSession传递的参数动态地生成需要执行的SQL语句，同时负责查询缓存的维护。

6. MappedStatement对象 在Executor接口的执行方法中有一个MappedStatement类型的参数，该参数是对映射信息的封装，用于存储要映射的SQL语句的ID、参数等信息。

7.输入参数映射 输入参数类型可以是Map、List等集合类型，也可以是基本数据类型和POJO类型。输入参数映射过程类似于JDBC对preparedStatement对象设置参数的过程。

8.输出结果映射 输出结果类型可以是Map、List等集合类型，也可以是基本数据类型和POJO类型。输出结果映射过程类似于JDBC对结果集的解析过程。

二、MyBatis入门程序

以下通过一个入门案例来讲解MyBatis框架的基本使用。

需求：使用MyBatis技术实现对Drug表中数据的增、删、改、查操作。

1.创建数据库表 首先通过sql语句完成durg表的创建，并同步插入几条测试数据，具体如下所示。

```
create database MyBatis;
use MyBatis;
drop table if exists tb_drug;

create table tb_drug (
    id int primary key auto_increment, -- id
    drugname varchar (20), -- 药品名称
    description varchar (255), -- 药品描述
    effect varchar (255)-- 药品功效
);
```

INSERT INTO tb_durg VALUES (1, '999感冒灵颗粒', '本品为浅棕色至深棕色的颗粒，味甜、微苦。每盒含9包，每包袋装10g', '解热镇痛功效，用于因感冒引起的头

痛、发热、鼻塞、流涕、咽痛等症状')。

INSERT INTO tb_durg VALUES (2, '芬必得布洛芬缓释胶囊', '芬必得布洛芬缓释胶囊是芬必得止痛系列产品之一', '用于缓解轻至中度疼痛如关节痛、肌肉痛、神经痛、头痛、偏头痛、牙痛、痛经，也用于普通感冒或流行性感冒引起的发热')。

INSERT INTO tb_durg VALUES (3, '阿司匹林', '又名乙酰水杨酸，是一种有机化合物，化学式为$C_9H_8O_4$，为白色结晶性粉末，溶于乙醇、乙醚，微溶于水', '主要用作解热镇痛、非甾体抗炎药，抗血小板聚集药，经近百年的临床应用，证明对缓解轻度或中度疼痛，如牙痛、头痛、神经痛、肌肉酸痛及痛经效果较好，亦用于感冒、流感等发热疾病的退热，治疗风湿痛等，能阻止血栓形成，临床上用于预防短暂脑缺血发作、心肌梗死、人工心脏瓣膜和静脉瘘或其他手术后血栓的形成')。

2. 创建项目工程　首先创建一个项目命名为Mybatis_Demo作为入门程序，并完成基本结构搭建，如图2-2所示。

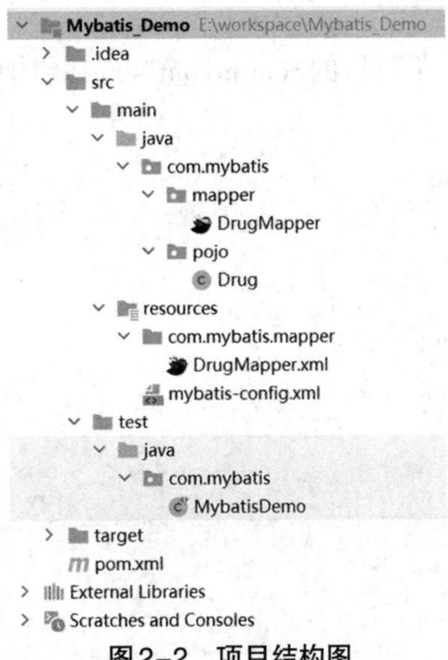

图2-2　项目结构图

3.导入项目依赖　在项目的pom.xml中导入，MyBatis所需的核心Java文件对应的依赖。

```
<dependencies>
  <!--MyBatis 依赖 -->
  <dependency>
    <groupId>org.MyBatis</groupId>
    <artifactId>MyBatis</artifactId>
    <version>3.5.1</version>
  </dependency>
  <!--mysql 驱动 -->
```

```
    <dependency>
      <groupId>mysql</groupId>
      <artifactId>mysql-connector-java</artifactId>
      <version>5.1.37</version>
    </dependency>
    <!--junit 单元测试-->
    <dependency>
      <groupId>junit</groupId>
      <artifactId>junit</artifactId>
      <version>4.12</version>
      <scope>test</scope>
    </dependency>
  </dependencies>
```

4. 创建Drug实体类 在项目的com.mybatis.pojo包中创建Drug类，描述相关的属性。

```
package com.mybatis.pojo;
public class Drug {
  private Integer id;
  private String drugName;
  private String description;
  private String effect;

  public Integer getId() {
    return id;
  }

  public void setId(Integer id) {
    this.id = id;
  }

  public String  getDrugName() {
    return drugName;
  }

  public void setDrugName(String  drugName) {
```

```
        this.drugName = drugName;
    }

    public String  getDescription() {
        return description;
    }

    public void setDescription(String  description) {
        this.description = description;
    }

    public String  getEffect() {
        return effect;
    }

    public void setEffect(String  effect) {
        this.effect = effect;
    }
    @Override
    public String  toString() {
        return "Drug{" +
                "id=" + id +
                ", drugName='" + drugName + '\'' +
                ", description='" + description + '\'' +
                ", effect='" + effect + '\'' +
                '}';
    }
}
```

5. 创建主配置文件　在项目的中创建mybatis-config.xml，编写mybatis相关配置。

```
<?xml version="1.0" encoding="UTF-8" ?>
<!DOCTYPE configuration
    PUBLIC "-//MyBatis.org//DTD Config 3.0//EN"
    "https://MyBatis.org/dtd/MyBatis-3-config.dtd">
<configuration>
    <environments default="development">
```

```
        <environment id="development">
            <transactionManager type="JDBC"/>
            <dataSource type="POOLED">
                <!--数据库连接信息-->
            <property name="driver" value="com.mysql.jdbc.Driver"/>
            <property name="url" value="jdbc:mysql:///MyBatis?characterEncoding=utf-8"/>
            <property name="username" value="root"/>
            <property name="password" value="123456"/>
            </dataSource>
        </environment>
    </environments>
    <mappers>
        <package name="com.mybatis.mapper"/>
    </mappers>
</configuration>
```

6. 创建DrugMapper接口 在com.mybatis.mapper层中创建DrugMapper接口，编写相关方法。

```
package com.mybatis.mapper;
import com.mybatis.pojo.Drug;
import java.util.List;

public interface DrugMapper {
 //查询所有药品信息
 List<Drug> selectAll( );
 //添加药品
 int addDrug(Drug drug);
 //修改药品
 int updateDrug(Drug drug);
 //删除药品
 int deleteDrug(int id);

}
```

7. 创建DrugMapper配置文件 在项目的com.mybatis.mapper包中创建DrugMapper.xml类，编写mapper映射文件中对应的sql配置。

```
<?xml version="1.0" encoding="UTF-8" ?>
<!DOCTYPE mapper
```

```
    PUBLIC "-//MyBatis.org//DTD Mapper 3.0//EN"
    "https://MyBatis.org/dtd/MyBatis-3-mapper.dtd">
<mapper namespace="com.mybatis.mapper.DrugMapper">
    <!-- 添加药品信息 -->
    <insert id="addDrug">
        insert into tb_drug(drugname,description,effect) values(#{drugName},#{description},#
{effect})
    </insert>
    <!-- 修改药品信息 -->
    <update id="updateDrug">
        update  tb_drug set drugname =#{drugName},description=#{description},effect=#{effe
ct}  where id=#{id};
    </update>
    <!-- 删除药品信息 -->
    <delete id="deleteDrug">
      delete from tb_drug where id=#{id};
    </delete>
    <!-- 查询药品信息 -->
    <select id="selectAll" resultType="com.mybatis.pojo.Drug">
        select * from tb_drug;
    </select>
</mapper>
```

在上述映射文件中，<mapper>元素是配置文件的根元素，它包含了一个namespace属性，该属性值通常设置为“包名＋ SQL 映射文件名”，指定了唯一的命名空间；子元素<select>、<insert>、<update>以及<delete>中的信息是用于执行查询、添加、修改以及删除操作的配置。在定义的SQL 语句中，“# {}”表示一个占位符，相当于“？”而“# {id}”表示该占位符待接收参数的名称为id。

注意：配置文件DrugMapper.xml要与DrugMapper .xml接口的包路径保持一致，否则maybatis 找不到对应的配置文件。

8. 创建 MyBatisDemo 测试类　在test文件中创建MyBatisDemo测试类，测试相关方法。

```
package com.mybatis;

import com.mybatis.mapper.DrugMapper;
import com.mybatis.pojo.Drug;
import org.apache.ibatis.io.Resources;
```

```
import org.apache.ibatis.session.SqlSession;
import org.apache.ibatis.session.SqlSessionFactory;
import org.apache.ibatis.session.SqlSessionFactoryBuilder;
import org.junit.Test;
import java.io.IOException;
import java.io.InputStream;
import java.util.List;

public class MyBatisDemo {
    @Test
    public void testSelectAll() throws IOException {
        //1. 加载MyBatis的核心配置文件，获取 SqlSessionFactory
        String resource = "MyBatis-config.xml";
        InputStream inputStream = Resources.getResourceAsStream(resource);
        SqlSessionFactory sqlSessionFactory = new SqlSessionFactoryBuilder().build(inputStream);
        //2. 获取SqlSession对象，用它来执行sql
        SqlSession sqlSession =  sqlSessionFactory.openSession();
        //3. 获取DrugMapper接口的代理对象
        DrugMapper drugMapper =  sqlSession.getMapper(DrugMapper.class);
        //4. 执行Sql
        List<Drug> drugList = drugMapper.selectAll();
        //5. 处理结果
        System.out.println(drugList);
        //6. 释放资源
        sqlSession.close();
    }
    @Test
    public void testAdd() throws IOException {
        //测试数据
        String drugName =" 连花清瘟胶囊 ";
        String description =" 本品为胶囊剂，内容物为棕黄色至黄褐色的颗粒和粉末：气微
香，味微苦";
        String effect = " 清瘟解毒，宣肺泄热。用于治疗流行性感冒属热毒袭肺证，症
见：发热或高热，恶寒，肌肉酸痛，鼻塞流涕，咳嗽，头痛，咽干咽痛，舌偏红，苔
黄或黄腻等";
```

```
        //封装数据
        Drug drug = new Drug();
        drug.setDrugName(drugName);
        drug.setDescription(description);
        drug.setEffect(effect);

        //1. 加载MyBatis的核心配置文件，获取 SqlSessionFactory
        String resource = "MyBatis-config.xml";
        InputStream inputStream = Resources.getResourceAsStream(resource);
          SqlSessionFactory sqlSessionFactory = new SqlSessionFactoryBuilder().
build(inputStream);

        //2. 获取SqlSession对象，用它来执行sql
        SqlSession sqlSession =  sqlSessionFactory.openSession();

        //3. 获取DrugMapper接口的代理对象
        DrugMapper drugMapper =  sqlSession.getMapper(DrugMapper.class);

        //4. 执行Sql
        int count = drugMapper.addDrug(drug);

        //5. 处理结果
        System.out.println(count);

        //6. 释放资源
        sqlSession.close();

    }

    @Test
    public void testUpdate() throws IOException {
        //测试数据
        int id = 2;
        String drugName ="连花清瘟胶囊";
        String description ="本品为胶囊剂，内容物为棕黄色至黄褐色的颗粒和粉末：
气微香，味微苦";
```

```
        String effect = "清瘟解毒，宣肺泄热。用于治疗流行性感冒属热毒袭肺证，症见：发热或高热，恶寒，肌肉酸痛，鼻塞流涕，咳嗽，头痛，咽干咽痛，舌偏红，苔黄或黄腻等";

        //封装数据
        Drug drug = new Drug();
        drug.setDrugName(drugName);
        drug.setDescription(description);
        drug.setEffect(effect);

        //1. 加载MyBatis的核心配置文件，获取 SqlSessionFactory
        String resource = "MyBatis-config.xml";
        InputStream inputStream = Resources.getResourceAsStream(resource);
        SqlSessionFactory sqlSessionFactory = new SqlSessionFactoryBuilder().build(inputStream);
        //2. 获取SqlSession对象，用它来执行sql
        SqlSession sqlSession = sqlSessionFactory.openSession();
        //3. 获取DrugMapper接口的代理对象
        DrugMapper drugMapper =  sqlSession.getMapper(DrugMapper.class);

        //4. 执行Sql
        int count = drugMapper.addDrug(drug);
        //5. 处理结果
        System.out.println(count);
        //6. 释放资源
        sqlSession.close();


    }
    @Test
    public void testDelete() throws IOException {
        //测试数据
        String drugName ="连花清瘟胶囊";
        String description ="本品为胶囊剂，内容物为棕黄色至黄褐色的颗粒和粉末：气微香，味微苦";
        String effect = "清瘟解毒，宣肺泄热。用于治疗流行性感冒属热毒袭肺证，症见：发热或高热，恶寒，肌肉酸痛，鼻塞流涕，咳嗽，头痛，咽干咽痛，舌偏红，苔
```

```
黄或黄腻等";
        //封装数据
        Drug drug = new Drug();
        drug.setDrugName(drugName);
        drug.setDescription(description);
        drug.setEffect(effect);

        //1. 加载MyBatis的核心配置文件，获取 SqlSessionFactory
        String  resource = "MyBatis-config.xml";
        InputStream inputStream = Resources.getResourceAsStream(resource);
          SqlSessionFactory sqlSessionFactory = new SqlSessionFactoryBuilder().
build(inputStream);
        //2. 获取SqlSession对象，用它来执行sql
        SqlSession sqlSession =  sqlSessionFactory.openSession();
        //3. 获取DrugMapper接口的代理对象
        DrugMapper drugMapper =  sqlSession.getMapper(DrugMapper.class);

        //4. 执行Sql
        int count = drugMapper.addDrug(drug);
        //5. 处理结果
        System.out.println(count);
        //6. 释放资源
        sqlSession.close();

      }
    }
```

9. 运行MyBatisDemo测试类　查看测试相关方法是否通过，如图2-3所示。

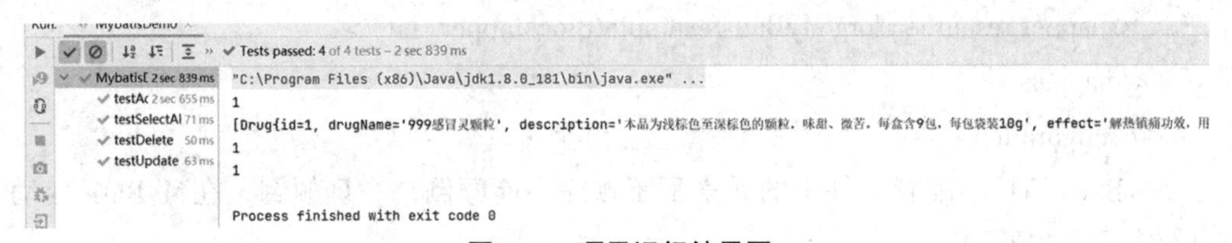

图2-3　项目运行结果图

通过上面的步骤，就完成MyBatis的入门案例。

第二节　配置文件

一、MyBatis配置文件概述

MyBatis的核心配置文件配置了很多影响MyBatis行为的信息，这些信息通常只会配置在一个文件中，并且不会轻易改动。另外，与Spring 框架整合后，MyBatis的核心配置文件信息将配置到Spring 的配置文件中。因此，在实际开发中需要编写或修改MyBatis的核心配置文件的情况不多。本节只是大致了解MyBatis的核心配置文件中的主要元素。

MyBatis的核心配置文件的模板代码如下。

```xml
<?xml version="1.0" encoding="UTF-8" ?>
<!DOCTYPE configuration
 PUBLIC "-//MyBatis.org//DTD Config 3.0//EN"
 "https://MyBatis.org/dtd/MyBatis-3-config.dtd">
<configuration>
 <environments default="development">
  <environment id="development">
   <transactionManager type="JDBC"/>
   <dataSource type="POOLED">
    <property name="driver" value="${driver}"/>
    <property name="url" value="${url}"/>
    <property name="username" value="${username}"/>
    <property name="password" value="${password}"/>
   </dataSource>
  </environment>
 </environments>
 <mappers>
  <mapper resource="org/MyBatis/example/BlogMapper.xml"/>
 </mappers>
</configuration>
```

MyBatis的核心配置文件中的元素配置顺序不能颠倒，一旦颠倒，在MyBatis启动时将发生异常错误。

二、核心元素

MyBatis的配置文件包含了会深深影响MyBatis行为的设置和属性信息。MyBatis配置文件中，在标签configuration下有很多个子标签，均为MyBatis配置的核心元素，其层次结构如下。

```
<?xml version="1.0" encoding="utf-8"?>
<!DOCTYPE configuration PUBLIC "-//MyBatis.org//DTD Config 3.0//EN"
"http://MyBatis.org/dtd/MyBatis-3-config.dtd">
<configuration><!-- 配置 -->
  <properties /><!-- 属性 -->
  <settings /><!-- 设置 -->
  <typeAliases /><!-- 类型命名 -->
  <typeHandlers /><!-- 类型处理器 -->
  <objectFactory /><!-- 对象工厂 -->
  <plugins /><!-- 插件 -->
  <environments><!-- 配置环境 -->
    <environment><!-- 环境变量 -->
      <transactionManager /><!-- 事务管理器 -->
      <dataSource /><!-- 数据源 -->
    </environment>
  </environments>
  <databaseIdProvider /><!-- 数据库厂商标识 -->
  <mappers /><!-- 映射器 -->
</configuration
```

三、<properties>元素

MyBatis可以使用properties来引入外部properties配置文件或资源文件中的内容。

properties标签有两个属性。①resource：引入类路径下的资源；②url：引入网络路径或者磁盘路径下的资源。

（一）配置方式

外部配置信息是可以动态替换的，既可以在典型的Java属性文件中配置，亦可通过properties元素的子元素来配置。

```
<properties>
  <property name="driver"  value="com.mysql.jdbc.Driver" />
  <property name="url"  value="jdbc:mysql://localhost:3306/ssm" />
  <property name="username" value="root" />
  <property name="password" value="123456" />
</properties>
<environments default="development">
```

```
    <environment id="development">
      <transactionManager type="JDBC"/>
      <dataSource type="POOLED">
        <property name="driver" value="com.mysql.jdbc.Driver"/>
        <property name="url" value="jdbc:mysql://localhost:3306/MyBatis"/>
        <property name="username" value="root"/>
        <property name="password" value="123456"/>
      </dataSource>
    </environment>
  </environments>
```

（二）动态获取

properties的作用不仅是这样，也可以在外面创建一个资源文件，名为jdbc.properties的文件，将四个连接字符串的数据在资源文件中通过键值对{key=value}的方式放置，不用任何符号，一条占一行。

首先，创建数据库配置文件：dbconfig.properties。

```
jdbc.driver=com.mysql.jdbc.Driver
jdbc.url=jdbc:mysql://localhost:3306/MyBatis
jdbc.username=root
jdbc.password=123456
```

然后，在配置文件中使用properties标签引入。

```
<!-- 1、MyBatis 可以使用 properties 来引入外部 properties 配置文件的内容。
  resource：引入类路径下的资源
  url：引入网络路径或者磁盘路径下的资源 -->
<properties resource="dbconfig.properties"/>
```

最后，找到environment元素的子元素DataSource在其中为其动态设置。

```
<!-- 数据库连接环境的配置 -->
<environments default="development">
  <environment id="development">
    <transactionManager type="JDBC" />
    <dataSource type="POOLED">
      <property name="driver"  value="${jdbc.driver}" />
      <property name="url"  value="${jdbc.url}" />
      <property name="username"  value="${jdbc.username}" />
      <property name="password"  value="${jdbc.password}" />
    </dataSource>
```

</environment>

</environments>

注意：如果属性在不止一个地方进行了配置，那么MyBatis将按照下面的顺序来加载。

（1）在properties元素体内指定的属性首先被读取。

（2）然后根据properties元素中的 resource属性读取类路径下属性文件或根据 url属性指定的路径读取属性文件，并覆盖已读取的同名属性。

（3）最后读取作为方法参数传递的属性，并覆盖已读取的同名属性。

四、<settings>元素

<settings>标签主要用于改变MyBatis运行时的行为，如开启二级缓存，开启延迟加载等。虽然不配置<settings>标签也可以正常运行MyBatis，但是熟悉<settings>的配置内容以及他们的作用还是十分必要的。

表2-1描述了设置中部分设置的含义、默认值等，详细可见官网提供。

表2-1　settings 配置项说明

配置项	描述	配置选项	默认值
cacheEnabled	全局性地开启或关闭所有映射器配置文件中已配置的任何缓存	true | false	true
lazyLoadingEnabled	延迟加载的全局开关。当开启时，所有关联对象都会延迟加载。特定关联关系中可通过设置 fetchType 属性来覆盖该项的开关状态	true | false	false
aggressiveLazyLoading	开启时，任一方法的调用都会加载该对象的所有延迟加载属性。否则，每个延迟加载属性会按需加载（参考 lazyLoadTriggerMethods）	true | false	false（在 3.4.1 及之前的版本中默认为 true）
multipleResultSetsEnabled	是否允许单个语句返回多结果集（需要数据库驱动支持）	true | false	true
useGeneratedKeys	允许 JDBC 支持自动生成主键，需要数据库驱动支持。如果设置为 true，将强制使用自动生成主键。尽管一些数据库驱动不支持此特性，但仍可正常工作（如 Derby）	true | false	False
autoMappingBehavior	指定 MyBatis 应如何自动映射列到字段或属性。NONE 表示关闭自动映射；PARTIAL 只会自动映射没有定义嵌套结果映射的字段。FULL 会自动映射任何复杂的结果集（无论是否嵌套）	NONE, PARTIAL, FULL	PARTIAL

续表

配置项	描述	配置选项	默认值
autoMappingUnknownColumnBehavior	指定发现自动映射目标未知列（或未知属性类型）的行为。 NONE: 不做任何反应 WARNING: 输出警告日志（'org.apache.ibatis.session.AutoMappingUnknownColumnBehavior' 的日志等级必须设置为 WARN） FAILING: 映射失败(抛出 SqlSessionException)	NONE, WARNING, FAILING	NONE

```
<!-- 设置 -->
<settings>
  <setting name="cacheEnabled" value="true" />
  <setting name="lazyLoadingEnabled" value="true" />
  <setting name="multipleResultSetsEnabled" value="true" />
  <setting name="useColumnLabel" value="true" />
  <setting name="useGeneratedKeys" value="false" />
  <setting name="autoMappingBehavior" value="PARTIAL" />
  <setting name="autoMappingUnknownColumnBehavior" value="WARNING"/>
</settings>
```

五、<typeAliases>元素

typeAliases别名处理器：可以为Java类型起别名（别名不区分大小写），类型别名是Java类型设置一个短的名字，可以方便引用某个类。

```
<typeAliases>
<!--  为类型设置类型别名
   type：指定的要起别名类型的全类名，若只设置type，默认的别名就是类名小写，且别名不区分大小写
   alias：指定新的别名 -->
  <typeAlias type="com.mybatis.pojo.Drug"  alias="drug"/>
</typeAliases>
```

类很多的情况下，可以通过上述方式批量设置别名为某个包下的每一个类创建一个默认的别名，就是简单类名小写。

```
<typeAliases>
<!--  package：为某个包下的所有类批量起别名
    name：指定包名（为当前包以及下面所有的后代包的每一个类都起一个默认别名（类名小写））-->
```

```
    <package name="com.mybatis.pojo"/>
</typeAliases>
```

注意：如果没有指定别名，默认的别名就是该类的类名，且不区分大小写；批量设置包下的类的别名，无法指定别名，默认就是类名；可以在其他地方引用这个类（如：mapper 映射文件）。

```
<mapper namespace="com.mybatis.mapper.DrugMapper">
<!--  <select>:定义查询语句
  id：设置SQL语句的唯一标识
  resultType：结果类型，即实体类的全限定名-->
<!--<select id="selectAll"  resultType="com.mybatis.pojo.Drug"> -->
   <!-- 查询药品信息   -->
   <select id="selectAll" resultType="drug">
      select * from tb_drug;
   </select>
</mapper>
```

注意：MyBatis已经为许多常见的 Java 类型内建了相应的类型别名，它们都是大小写不敏感的，在起别名时不要占用已有的别名。

六、<typeHandler>元素

无论是MyBatis在预处理语句（PreparedStatement）中设置一个参数时，还是从结果集中取出一个值时，都会用类型处理器将获取的值以合适的方式转换成Java类型。

MyBatis中提供的类型处理器，如表2-2所示。

表2-2　类处理器

类型处理器	Java 类型	JDBC 类型
BooleanTypeHandler	Boolean，boolean	任何兼容的布尔值
ByteTypeHandler	Byte，byte	任何兼容的数字或字节类型
ShortTypeHandler	Short，short	任何兼容的数字或短整型
IntegerTypeHandler	Integer，int	任何兼容的数字和整型
LongTypeHandler	Long，long	任何兼容的数字或长整型
FloatTypeHandler	Float，float	任何兼容的数字或单精度浮点型
DoubleTypeHandler	Double，double	任何兼容的数字或双精度浮点型
BigDecimalTypeHandler	BigDecimal	任何兼容的数字或十进制小数类型
StringTypeHandler	String	CHAR 和 VARCHAR 类型

日期和时间的处理，JDK1.8以前一直是个头疼的问题。通常使用JSR310规范领导者Stephen Colebourne创建的Joda-Time来操作。JDK1.8已经实现全部的JSR310规范。

日期时间处理上，可以使用MyBatis基于JSR310（Data and Time API）编写的各种日期时间类型处理器。

MyBatis3.4以前的版本需要手动注册这些处理器，以后的版本都是自动注册。如需注册，需要下载 MyBatistypehandlers-jsr310，并通过如图2-4的方式注册。

```
<typeHandlers>
  <typeHandler handler="org.apache.ibatis.type.InstantTypeHandler" />
  <typeHandler handler="org.apache.ibatis.type.LocalDateTimeTypeHandler" />
  <typeHandler handler="org.apache.ibatis.type.LocalDateTypeHandler" />
  <typeHandler handler="org.apache.ibatis.type.LocalTimeTypeHandler" />
  <typeHandler handler="org.apache.ibatis.type.OffsetDateTimeTypeHandler" />
  <typeHandler handler="org.apache.ibatis.type.OffsetTimeTypeHandler" />
  <typeHandler handler="org.apache.ibatis.type.ZonedDateTimeTypeHandler" />
  <typeHandler handler="org.apache.ibatis.type.YearTypeHandler" />
  <typeHandler handler="org.apache.ibatis.type.MonthTypeHandler" />
  <typeHandler handler="org.apache.ibatis.type.YearMonthTypeHandler" />
  <typeHandler handler="org.apache.ibatis.type.JapaneseDateTypeHandler" />
</typeHandlers>
```

图2-4 日期类型处理器

七、<mappers>元素

在配置文件中，<mappers>元素用于指定MyBatis映射文件的位置，一般可以使用以下4种方法引入映射器文件，具体如下所示。

```
<!—方式一：使用相对于类路径的资源引用 -->
<mappers>
<mapper resource="com/MyBatis/mapper/DrugMapper.xml"/>
</mappers>
<!--方式二：使用完全限定资源定位符（URL）-->
<mappers>
 <mapper url="file:///D:/com/MyBatis/mapper/DrugMapper.xml"/>
</mappers>
<!--方式三：使用映射器接口实现类的完全限定类名 -->
<mappers>
<mapper class="com.mybatis.mapper.DrugMapper"/>
</mappers>
<!--方式四：将包内的映射器接口实现全部注册为映射器 -->
<mappers>
 <package name="com.mybatis.mapper"/>
</mappers>
```

上述4种引入方式非常简单，读者可以根据实际项目需要选取使用。

第三节 映射文件

一、映射文件

映射文件是MyBatis框架中十分重要的文件，可以说，MyBatis框架的优势体现在映射文件编写上。映射文件中的<mapper> 元素是映射文件的根元素，其他元素都是子元素。这些元素及其作用如图2-5所示。

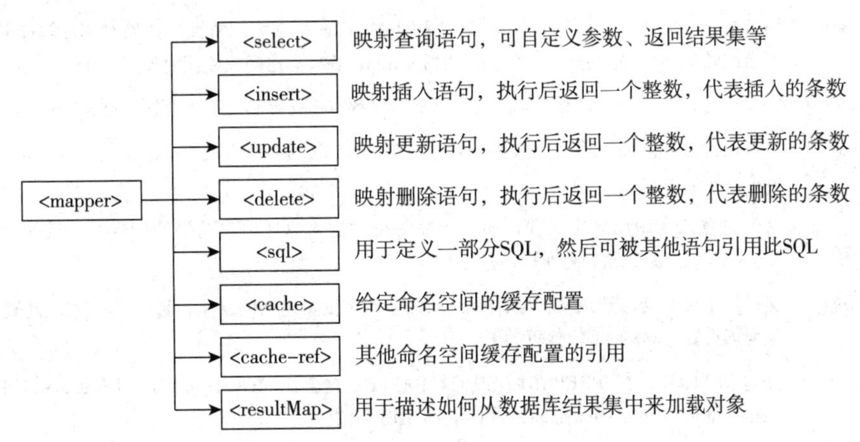

图2-5 映射文件中的主要元素

二、<select>元素

在 MyBatis 中，select标签是最常用也是功能最强大的SQL语言，用于执行查询操作。select示例语句如下。

```
<!-- 根据药品名称模糊查询药品信息 -->
<select id="selectByDrugName" resultType="com.mybatis.pojo.Drug" parameterType=
"String">
    select * from tb_drug where drugname like CONCAT ('%',#{drugname},'%')
</select>
```

以上是一个id为 selectByDrugName的映射语句，参数类型为string，返回结果类型为 Drug。

执行 SQL 语句时可以定义参数，参数可以是一个简单的参数类型，例如 int、float、String；也可以是一个复杂的参数类型，例如JavaBean、Map等。MyBatis提供了强大的映射规则，执行SQL后，MyBatis会将结果集自动映射到JavaBean中。

（一）select标签常用属性

表2-3介绍了select标签中常用的属性。

表2-3 <select>标签的常用属性

属性	描述
id	在命名空间中唯一的标识符，可以被用来引用这条语句
parameterType	将会传入这条语句的参数的类全限定名或别名。这个属性是可选的，因为 MyBatis 可以通过类型处理器（TypeHandler）推断出具体传入语句的参数，默认值为未设置（unset）
resultType	期望从这条语句中返回结果的类全限定名或别名。注意，如果返回的是集合，那应该设置为集合包含的类型，而不是集合本身的类型。resultType 和 resultMap 之间只能同时使用一个
resultMap	对外部 resultMap 的命名引用。结果映射是 MyBatis 最强大的特性，如果对其理解透彻，许多复杂的映射问题都能迎刃而解。resultType 和 resultMap 之间只能同时使用一个
flushCache	将其设置为 true 后，只要语句被调用，都会导致本地缓存和二级缓存被清空，默认值：false
useCache	将其设置为 true 后，将会导致本条语句的结果被二级缓存缓存起来，默认值：对 select 元素为 true
timeout	这个设置是在抛出异常之前，驱动程序等待数据库返回请求结果的秒数。默认值为未设置（unset）（依赖数据库驱动）
fetchSize	这是一个给驱动的建议值，尝试让驱动程序每次批量返回的结果行数等于这个设置值。默认值为未设置（unset）（依赖驱动）
statementType	可选 STATEMENT、PREPARED 或 CALLABLE。这会让 MyBatis 分别使用 Statement、Prepared Statement 或 CallableStatement，默认值：PREPARED
resultSetType	FORWARD_ONLY，SCROLL_SENSITIVE, SCROLL_INSENSITIVE 或 DEFAULT（等价于 unset）中的一个，默认值：unset（依赖数据库驱动）
databaseId	如果配置了数据库厂商标识（databaseIdProvider），MyBatis 会加载所有不带 databaseId 或匹配当前 databaseId 的语句；如果带和不带的语句都有，则不带的会被忽略
resultOrdered	这个设置仅针对嵌套结果 select 语句：如果为 true，将会假设包含了嵌套结果集或是分组，当返回一个主结果行时，就不会产生对前面结果集的引用。这就使得在获取嵌套结果集时不至于内存不够用。默认值：false
resultSets	这个设置仅适用于多结果集的情况。它将列出语句执行后返回的结果集并赋予每个结果集一个名称，多个名称之间以逗号分隔

（二）传递多个参数

需要根据 drugname和description模糊查询药品信息，显然这涉及两个参数。给映射器传递多个参数分为以下三种方法：使用Map传递参数、使用注解传递参数、使用JavaBean传递参数。下面依次介绍。

1. 使用Map传递参数 在DrugMapper.xml中，通过map的方式传递参数。

```
<!-- 根据drugname和description模糊查询药品信息 -->
<select id="selectDurgByMap" resultType="com.mybatis.pojo.Drug" parameterType=
"map">
```

```
SELECT id,drugname,description,effect FROM tb_drug WHERE drugname LIKE CO
NCAT ('%',#{drugname},'%') AND description LIKE CONCAT ('%',#{description},'%')
</select>
```

在DrugMapper类中，添加模糊查询的方法并用Map的方式传递参数。

```
//根据drugname和description模糊查询药品信息
public List<Drug> selectDurgByMap(Map<String, String> params);
```

使用Map传递参数虽然简单易用，但是由于这样设置参数需要键值对应，业务关联性不强，开发人员需要深入程序中看代码，造成可读性下降。

2.使用注解传递参数　在 DrugMapper.xml，通过注解的方式传递参数。

```
<!-- 根据drugname和description模糊查询药品信息 -->
<select id="selectDurgByAn" resultType="com.mybatis.pojo.Drug">
    SELECT id,drugname,description,effect FROM tb_drug
    WHERE drugname LIKE CONCAT ('%',#{drugname},'%')
    AND description LIKE CONCAT ('%',#{description},'%')
</select>
```

在DrugMapper类中，添加模糊查询的方法并用注解的方式传递参数。

```
//根据drugname和description模糊查询药品信息
public List<Drug> selectDurgByAn(@Param("drugname") String drugname, @Param("des
cription") String description);
```

当把参数传递给后台时，MyBatis 通过 @Param 提供的名称就会知道 #{name} 代表 name 参数，提高了参数可读性。但是如果这条 SQL 拥有 10 个参数的查询，就会造成可读性下降，增强了代码复杂性。

3.使用JavaBean传递参数　在参数过多的情况下，MyBatis允许组织一个JavaBean，通过简单的setter和 getter方法设置参数，会提高可读性。如根据drugname和description模糊查询药品信息。在DrugMapper.xml中，通过JavaBean的方式传递参数。

```
<!-- 根据drugname和description模糊查询药品信息 -->
<select id="selectDurg" resultType="com.mybatis.pojo.Drug">
  SELECT id,drugname,description,effect FROM tb_drug
  WHERE drugname LIKE CONCAT ('%',#{drugname},'%')
  AND description LIKE CONCAT ('%',#{description},'%')
</select>
```

在DrugMapper类中，添加模糊查询的方法并用JavaBean的方式传递参数。

```
//根据drugname和description模糊查询药品信息
public List<Drug> selectDurg(Drug drug);
```

以上 3 种方式的区别如下：①使用 Map 传递参数会导致业务可读性的丧失，继而导致后续扩展和维护的困难，所以在实际应用中应该果断废弃该方式。②使用 @Param 注解传递参数会受到参数个数的影响。当n≤5时，它是最佳的传参方式，因为它更加直观；当n>5时，多个参数将给调用带来困难。③当参数个数大于5个时，建议使用 JavaBean 方式。

三、<insert>元素

MyBatis中的insert标签用来定义插入语句，执行插入操作。当MyBatis执行完一条插入语句后，就会返回其影响数据库的行数。

insert标签中常用的属性如表2-4所示。

表2-4 insert标签常用属性

属性	描述
id	在命名空间中唯一的标识符，可以被用来引用这条语句
parameterType	将会传入这条语句的参数的类全限定名或别名。这个属性是可选的，因为 MyBatis 可以通过类型处理器（TypeHandler）推断出具体传入语句的参数，默认值为未设置（unset）
flushCache	将其设置为 true 后，只要语句被调用，都会导致本地缓存和二级缓存被清空，默认值：（对 insert、update 和 delete 语句）true
timeout	这个设置是在抛出异常之前，驱动程序等待数据库返回请求结果的秒数。默认值为未设置（unset）（依赖数据库驱动）
statementType	可选 STATEMENT、PREPARED 或 CALLABLE。这会让 MyBatis 分别使用 Statement、Prepared Statement 或 CallableStatement，默认值：PREPARED
useGeneratedKeys	（仅适用于 insert 和 update）这会令 MyBatis 使用 JDBC 的 getGeneratedKeys 方法来取出由数据库内部生成的主键（比如，像MySQL 和 SQL Server 这样的关系型数据库管理系统的自动递增字段），默认值：false
keyProperty	（仅适用于 insert 和 update）指定能够唯一识别对象的属性，MyBatis 会使用 getGeneratedKeys 的返回值或 insert 语句的 selectKey 子元素设置它的值，默认值：未设置（unset）。如果生成列不止一个，可以用逗号分隔多个属性名称
keyColumn	（仅适用于 insert 和 update）设置生成键值在表中的列名，在某些数据库（像 PostgreSQL）中，当主键列不是表中第一列时，是必须设置的。如果生成列不止一个，可以用逗号分隔多个属性名称
databaseId	如果配置了数据库厂商标识（databaseIdProvider），MyBatis 会加载所有不带 databaseId 或匹配当前 databaseId 的语句；如果带和不带的语句都有，则不带的会被忽略

下面通过一个示例演示insert标签的具体用法。

首先，在DrugMapper.xml中添加药品信息配置。

```
<!-- 添加药品信息 -->
<insert id="addDrug">
    insert into tb_drug(drugname,description,effect) values(#{drugName},#{description},#{eff
ect})
</insert>
```

然后，在DrugMapper接口类中添加药品方法。

```
//添加药品
int addDrug(Drug drug);
```

接着，在MybatisDemo测试类中，编写测试代码。

```
//测试数据
String drugName ="连花清瘟胶囊";
String description ="本品为胶囊剂，内容物为棕黄色至黄褐色的颗粒和粉末：气微香，味微苦";
String effect = "清瘟解毒，宣肺泄热。用于治疗流行性感冒属热毒袭肺证，症见：发热或高热，恶寒，肌肉酸痛，鼻塞流涕，咳嗽，头痛，咽干咽痛，舌偏红，苔黄或黄腻等";
//封装数据
Drug drug = new Drug();
drug.setDrugName(drugName);
drug.setDescription(description);
drug.setEffect(effect);
//执行Sql
int count = drugMapper.addDrug(drug);
//打印结果
System.out.println(count);
```

最后，在MybatisDemo测试类中，测试运行结果，如图2-6所示。

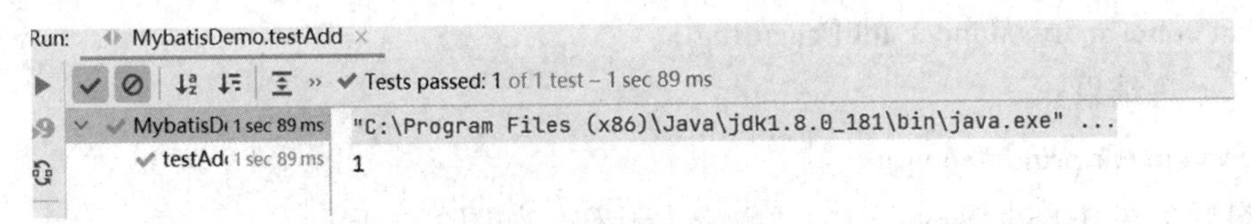

图2-6　insert运行结果

四、<update>与<delete>元素

（一）update标签使用

MyBatis update标签用于定义更新语句，执行更新操作。当MyBatis执行完一条更新语句后，会返回一个整数，表示受影响的数据库记录的行数。

下面通过一个示例演示 update 标签的用法。

首先，在 DrugMapper.xml中，添加修改药品信息的sql。

```
<!-- 修改药品信息 -->
<update id="updateDrug">
```

```
update  tb_drug set drugname =#{drugName},description=#{description},effect=#{effect} where id=#{id};
</update>
```

然后，在DrugMapper类中，添加修改药品信息的方法。

```
//修改药品
int updateDrug(Drug drug);
```

接着，在MybatisDemo类中，编写更新测试代码。

```
//测试数据
int id = 2;
String drugName ="连花清瘟胶囊";
String description ="本品为胶囊剂，内容物为棕黄色至黄褐色的颗粒和粉末：气微香，味微苦";
String effect = "清瘟解毒，宣肺泄热。用于治疗流行性感冒属热毒袭肺证，症见：发热或高热，恶寒，肌肉酸痛，鼻塞流涕，咳嗽，头痛，咽干咽痛，舌偏红，苔黄或黄腻等";
//封装数据
Drug drug = new Drug();
drug.setDrugName(drugName);
drug.setDescription(description);
drug.setEffect(effect);
//执行Sql
int count = drugMapper.addDrug(drug);
// 处理结果
System.out.println(count);
```

最后，在MybatisDemo类中，测试运行代码，如图2-7所示。

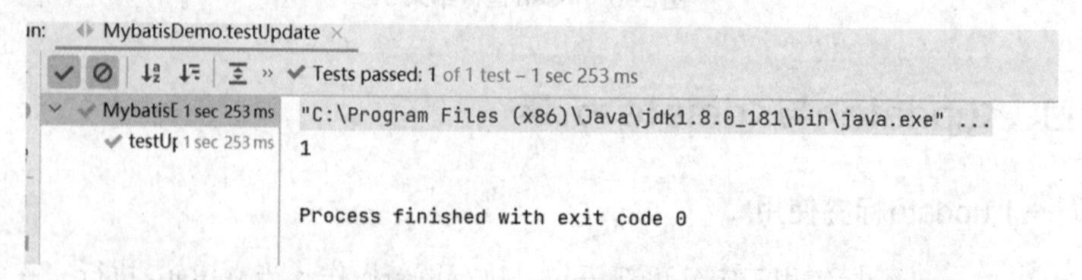

图2-7 update运行结果

（二）delete标签使用

MyBatis delete标签用于定义 delete 语句，执行删除操作。当 MyBatis 执行完一条更新语句后，会返回一个整数，表示受影响的数据库记录的行数。

下面通过一个示例演示 delete 标签的用法。

首先，在 DrugMapper.xml 中，添加删除药品信息的sql。

```
<!-- 删除药品信息 -->
<delete id="deleteDrug">
  delete from tb_drug where id=#{id};
</delete>
```

然后，在DrugMapper类中，添加删除药品信息的方法。

```
int deleteDrug(int id);//删除药品
```

接着，在MybatisDemo类中，编写删除测试代码。

```
//测试数据
int id = 2;
//执行Sql
int count = drugMapper.deleteDrug(id);
//处理结果
System.out.println(count);
```

最后，在MybatisDemo类中，测试运行代码，如图2-8所示。

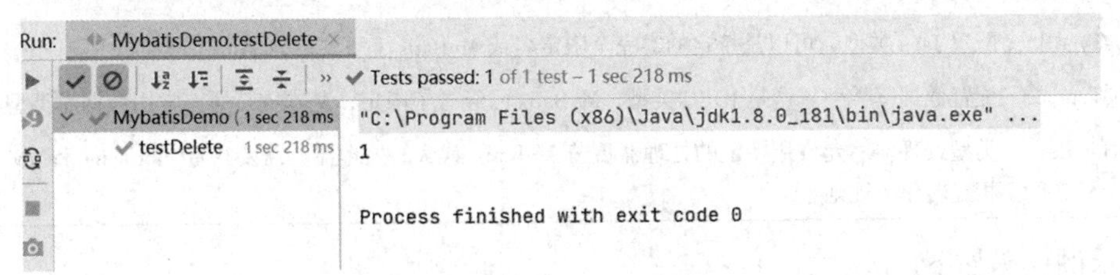

图2-8　delete运行结果

五、<sql>元素

MyBatis 的sql标签一般是用来封装sql语句，或者复用语句，然后用<include>标签来调用。例如在查询药品信息时：

```
<sql id="select">
  select * from tb_drug;
</sql>
<!-- 查询药品信息 -->
<select id="selectAll" resultType="com.mybatis.pojo.Drug">
  <include refid="select"></include>
</select>
```

注意：最好基于单表来定义SQL标签；不要存在where标签。

六、<resultMap>元素

resultMap是MyBatis中最复杂的元素，主要用于解决实体类属性名与数据库表中字段名不一致的情况，可以将查询结果映射成实体对象。resultMap元素还可以包含以下子元素。

1.<resultMap>元素的type属性表示需要的POJO，id属性是resultMap 的唯一标识。

2.子元素<constructor>用于配置构造方法。当一个POJO没有无参数构造方法时使用。

3.子元素<id>用于表示哪个列是主键。允许多个主键，多个主键称为联合主键。

4.子元素<result>用于表示POJO和SQL列名的映射关系。

5.子元素<association>、<collection>和<discriminator>用在级联的情况下。

6.id 和 result 元素都有以下属性，见表2-5。

表2-5 id和result元素属性

元素	说明
property	映射到列结果的字段或属性。如果 POJO 的属性和 SQL 列名（column元素）是相同的，那么 MyBatis 就会映射到 POJO 上
column	对应 SQL 列
javaType	配置 Java 类型。可以是特定的类完全限定名或 MyBatis 上下文的别名
jdbcType	配置数据库类型。这是 JDBC 类型，MyBatis 已经做了限定，基本支持所有常用数据库类型
typeHandler	类型处理器。允许用特定的处理器覆盖 MyBatis 默认的处理器。需要指定 jdbcType 和 javaType 相互转化的规则

示例代码如下。

```
<resultMap id="" type="">
  <constructor><!-- 类再实例化时用来注入结果到构造方法 -->
    <idArg/><!-- ID参数，结果为ID -->
    <arg/><!-- 注入构造方法的一个普通结果 -->
  </constructor>
  <id/><!-- 用于表示哪个列是主键 -->
  <result/><!-- 注入字段或JavaBean属性的普通结果 -->
  <association property=""/><!-- 用于一对一关联 -->
  <collection property=""/><!-- 用于一对多、多对多关联 -->
  <discriminator javaType=""><!-- 使用结果值来决定使用哪个结果映射 -->
    <case value=""/><!-- 基于某些值的结果映射 -->
  </discriminator>
</resultMap>
```

一条SQL查询语句执行后会返回结果集，结果集有两种存储方式，即使用Map存储和使用POJO存储。

七、关联映射

MyBatis的关联映射是指将数据库中多张表之间的关联关系，映射成Java对象之间的关联关系的一种技术。

在实际应用中，数据库通常包含有多张表，这些表之间往往存在着各种复杂的关系，例如一对多、多对多、一对一等关系。在传统的JDBC编程中，需要使用多个SQL语句查询出相关联的数据，并将这些数据转化为Java对象，并手动将这些Java对象之间的关系联系起来。这个过程非常繁琐而且易错。而 MyBatis 的关联映射技术则能够帮助快捷地完成这个过程，MyBatis提供了以下几种关联映射方式。①一对一（one-to-one）映射：指数据库中两张表之间的一对一的关系。②一对多（one-to-many）映射：指数据库中两张表之间的一对多的关系。③多对多（many-to-many）映射：指数据库中两张表之间的多对多的关系。

通过使用 MyBatis 的关联映射技术，可以将复杂的数据库关系转化为Java对象之间的关系，从而简化了程序开发并减少了出错的可能。

（一）一对一映射

MyBatis 中一对一关联映射的实现方法，以药品信息为例：假设有两张数据表，一个是药品表 drug，另一个是药品厂商表 manufacturer，一个药品只能对应一个药品厂商，一个药品厂商也只能对应一个药品，这就构成了一对一关联关系。

首先，创建Drug、Manufacturer实体类，在 Drug 实体类中添加一个Manufacturer 类型的属性，表示一个 Drug 对象对应一个药品厂商。

```
public class Drug {
    private Integer id;
    private String name;
    private Double price;
    private Manufacturer manufacturer; // 一个药品对应一个药品厂商，这里使用
Manufacturer 类型
    // 省略其他属性及 getter/setter 方法
}
```

然后，在 Manufacturer 实体类中添加一个 Drug 类型的属性，表示一个 Manufacturer 对象对应一个药品。

```
public class Manufacturer {
    private Integer id;
    private String name;
    private String address;
```

```
    private Drug drug; // 一个药品厂商对应一个药品，这里使用 Drug 类型
    // 省略其他属性及 getter/setter 方法
}
```

接着，编写mapper层，DrugMapper.xml 文件中进行映射。

```
<select id="getDrugWithManufacturer" resultMap="drugMap">
    SELECT d.*, m.*
    FROM drug d
    INNER JOIN manufacturer m ON d.manufacturer_id = m.id
    WHERE d.id = #{id}
</select>
```

在这个 SQL 语句中，使用了 INNER JOIN 连接两张表，查询出了药品信息以及所属的药品厂商信息。

ResultMap映射配置，在 DrugMapper.xml 文件中添加一个 ResultMap，将 SQL 查询结果映射成 Drug 对象。

```
<resultMap id="drugMap" type="com.example.Drug">
    <id property="id" column="id"/>
    <result property="name" column="name"/>
    <result property="price" column="price"/>
    <association property="manufacturer" javaType="com.example.Manufacturer" >
        <id column="id" property="id"/>
        <result column="name" property="name"/>
        <result column="address" property="address"/>
    </association>
</resultMap>
```

在这个 ResultMap 中，定义了一个 Manufacturer 的映射关系，使用 <association> 标签表示一对一的映射关系。在 DrugMapper 接口中添加查询方法。

```
public interface DrugMapper {
    Drug getDrugWithManufacturer(Integer id);
}
```

最后，在业务代码中就可以使用这个查询方法来查询药品信息及其所属药品厂商信息。

```
Drug drug = drugMapper.getDrugWithManufacturer(1);
```

这样就可以获取药品的完整信息，包括它所属的厂商信息。

（二）一对多映射

MyBatis 中一对多关联映射的实现方法，仍以药品信息为例。

假设有两个数据表，一个是药品表 drug，另一个是药品类别表category，一个药品属于一个药品类别，一个药品类别可以对应多个药品，这就构成了一对多关联关系。

首先，创建Category、Drug实体类，需要在Category实体类中添加一个 List<Drug>类型的属性，表示一个 Category 对象对应多个药品。

```
public class Category {
    private Integer id;
    private String name;
// 一个药品类别对应多个药品，这里使用 List<Drug> 类型
    private List<Drug> drugs;    // 省略其他属性及 getter/setter 方法
}
```

然后，在 Drug 实体类中添加一个 Category 类型的属性，表示一个 Drug 对象属于一个药品类别。

```
public class Drug {
    private Integer id;
    private String name;
    private Double price;
 // 一个药品属于一个药品类别，这里使用 Category 类型
    private Category category;   // 省略其他属性及 getter/setter 方法
}
```

最后，在DrugMapper.xml文件添加映射。

```
<select id="getCategoryWithDrugs" resultMap="categoryMap">
    SELECT c.*, d.*
    FROM category c
    INNER JOIN drug d ON c.id = d.category_id
    WHERE c.id = #{id}
</select>
```

在这个 SQL 语句中，使用了 INNER JOIN 连接两张表，查询出了药品类别信息以及所属的药品信息。

ResultMap 映射配置，在DrugMapper.xml 文件中添加一个ResultMap，将SQL查询结果映射成 Category 对象。

```
<resultMap id="categoryMap" type="com.example.Category">
    <id property="id" column="id"/>
    <result property="name" column="name"/>
    <collection property="drugs" ofType="com.example.Drug" >
        <id column="id" property="id"/>
```

```
    <result column="name" property="name"/>
    <result column="price" property="price"/>
  </collection>
</resultMap>
```

在这个 ResultMap 中，定义了一个 List<Drug> 的映射关系，使用 <collection> 标签表示一对多的映射关系。在 DrugMapper 接口中添加查询方法。

```
public interface DrugMapper {
  Category getCategoryWithDrugs(Integer id);
}
```

接着，在业务代码中就可以使用这个查询方法来查询药品类别及其所属药品信息。

```
Category category = drugMapper.getCategoryWithDrugs(1);
```

这样就可以获取药品类别的完整信息，包括它所属的药品信息了。

（三）多对多映射

MyBatis中多对多关联映射的实现方法，仍以药品信息为例。

假设有三个数据表，一个是药品表 drug，一个是药品类别表 category，另一个是药品和药品类别的关联表 drug_category，一个药品可以对应多个药品类别，一个药品类别也可以对应多个药品，这就构成了多对多关联关系。

在多对多关联关系中，需要使用一个中间表来保存两张表之间的关联关系，这就是 drug_category 表。这个表中通常只包含两个字段，分别是药品和药品类别的id。下面是具体操作。

首先，在数据库中创建drug_category表。

```
CREATE TABLE drug_category (
  drug_id INT(11) NOT NULL,
  category_id INT(11) NOT NULL,
  PRIMARY KEY (drug_id, category_id),
  CONSTRAINT FK_drug_category_drug FOREIGN KEY (drug_id) REFERENCES drug (id),
  CONSTRAINT FK_drug_category_category FOREIGN KEY (category_id) REFERENCES category (id)
);
```

然后，创建Drug 、Category 实体类，在 Drug 实体类中添加一个 List<Category> 类型的属性，表示一个 Drug 对象对应多个药品类别。

```
public class Drug {
  private Integer id;
  private String name;
```

```
    private Double price;
// 一个药品属于一个药品类别，这里使用 Category 类型
    private Category category;    // 省略其他属性及 getter/setter 方法
}
```

接着，在 Category 实体类中也添加一个 List<Drug> 类型的属性，表示一个 Category 对象对应多个药品。

```
public class Category {
    private Integer id;
    private String name;
// 一个药品类别对应多个药品，这里使用 List<Drug> 类型
    private List<Drug> drugs;    // 省略其他属性及 getter/setter 方法
}
```

最后，在 DrugMapper.xml 文件中添加查询映射。

```
<select id="getDrugWithCategories" resultMap="drugMap">
    SELECT d.*, c.*
    FROM drug d
    INNER JOIN drug_category dc ON d.id = dc.drug_id
    INNER JOIN category c ON c.id = dc.category_id
    WHERE d.id = #{id}
</select>
```

在这个SQL语句中，使用了两个 INNER JOIN 连接三张表，查询出了药品信息以及所属的药品类别信息。

ResultMap 映射配置，在 DrugMapper.xml 文件中添加一个 ResultMap，将SQL查询结果映射成 Drug 对象。

```
<resultMap id="drugMap" type="com.example.Drug">
    <id property="id" column="id"/>
    <result property="name" column="name"/>
    <result property="price" column="price"/>
    <collection property="categories" ofType="com.example.Category" >
        <id column="id" property="id"/>
        <result column="name" property="name"/>
    </collection>
</resultMap>
```

在这个 ResultMap 中，定义了一个 List<Category> 的映射关系，使用 <collection> 标签表示多对多的映射关系。在 DrugMapper 接口中添加查询方法。

```
public interface DrugMapper {

    Drug getDrugWithCategories(Integer id);
}
```

最后在service层中就可以使用这个查询方法来查询药品及其所属药品类别信息了。

```
Drug drug = drugMapper.getDrugWithCategories(1);
```

这样就可以获取药品的完整信息，包括它所属的药品类别信息了。

第四节　动态SQL

一、<if>元素

<if> 元素是 MyBatis 中用于动态SQL语句生成的元素之一，它可以根据条件来动态地生成SQL语句的一部分。在查询药品信息时，有时候需要根据用户的查询条件来动态生成SQL语句，这就可以使用 <if> 元素来实现。

下面以根据药品名称和价格范围查询药品信息为例，来介绍 <if> 元素的用法。假设有一个名为 findDrugByNameAndPriceRange 的查询方法，它接受两个参数：name 和 priceRange。

```
public List<Drug> findDrugByNameAndPriceRange(String name, PriceRange priceRange);
```

其中，PriceRange 是一个自定义的实体类，它有两个属性。

```
public class PriceRange {
    private Double minPrice;
    private Double maxPrice;
    // 省略 getter/setter 方法
}
```

根据用户传入的 name 和 priceRange 来动态生成 SQL 语句。下面是 DrugMapper.xml 文件中的 SQL 映射语句。

```
<!-- 查询药品信息 -->
<select id="findDrugByNameAndPriceRange" resultType="com.example.Drug">
    SELECT *   FROM drug
    <where>
        <if test="name != null and name != ''">
            AND name LIKE CONCAT('%', #{name}, '%')
        </if>
```

```
            <if test="priceRange.minPrice != null">
                AND price >= #{priceRange.minPrice}
            </if>
            <if test="priceRange.maxPrice != null">
                AND price <= #{priceRange.maxPrice}
            </if>
        </where>
    </select>
```

在这个SQL语句中，使用了 <where> 元素来组织SQL条件，并使用 <if> 元素来根据条件动态生成SQL语句的一部分。

对于药品名称的查询条件，使用了表达式 name != null and name != '' 来判断传入的 name 是否为空。如果不为空，则使用了字符串拼接函数将 % 和查询条件拼接在一起。

对于药品价格的查询条件，使用了表达式 priceRange.minPrice != null 和 priceRange.maxPrice != null 来判断传入的 priceRange 是否为空。如果不为空，则使用了比较运算符来拼接查询条件。

这样就可以根据不同的查询条件，动态生成不同的SQL语句，实现了灵活的查询功能。

二、<trim>、<where>、<set>元素

<trim>、<where> 和 <set> 元素都是MyBatis中用于动态SQL语句生成的元素。

其中，<trim> 元素可以修剪SQL语句的开头和结尾的空格和逗号，可用于删除SQL语句生成过程中的多余字符。<where> 元素可以使用 NOT 和 AND 或 OR 运算符来组合多个查询条件，如果查询条件不满足，则会删除 WHERE 子句中的前导关键词。<set> 元素是用于SQL更新语句，可以动态生成多个更新语句片段，每个片段都包含一个更新行的一个字段。

下面以修改药品价格为例，来介绍这几个元素的具体用法。假设有一个名为 updateDrugPrice 的更新方法，它接受两个参数：drugId 和 price。

```
public void updateDrugPrice(Integer drugId, Double price);
```

根据传入的参数来动态生成 SQL 更新语句。下面是 DrugMapper.xml 文件中的 SQL 映射语句。

```
<!-- 修改药品价格 -->
<update id="updateDrugPrice">
    UPDATE drug
    <set>
```

```
        <if test="price != null">
            price = #{price},
        </if>
    </set>
    WHERE id = #{drugId}
</update>
```

在这个SQL语句中，使用了 <set> 元素来组织SQL更新语句的SET子句，并使用 <if> 元素来根据条件动态生成SQL更新语句的一部分。

对于修改药品价格的更新操作，只需要修改价格字段，而不需要修改其他字段。因此，使用了如下的表达式来判断传入的 price 是否为空，如果不为空，则生成 SET 子句。

```
<if test="price != null">
    price = #{price},
</if>
```

此外，由于MyBatis在运行时会自动添加逗号，因此需要使用 <trim> 元素将SQL更新语句开头和结尾的逗号删除。

下面是修改删除药品信息的SQL删除语句，它使用了 <where> 元素来组织SQL删除语句的WHERE子句，并使用 AND运算符和 <if> 元素来根据条件动态生成SQL删除语句的一部分。

```
<!-- 删除药品信息 -->
<delete id="deleteDrug">
    DELETE FROM drug
    <where>
        <if test="drugId != null">
            AND id = #{drugId}
        </if>
        <if test="name != null and name != ''">
            AND name = #{name}
        </if>
        <if test="price != null">
            AND price = #{price}
        </if>
    </where>
</delete>
```

在这个SQL语句中，使用了 <where>元素来组织SQL删除语句的WHERE子句，并使用 <if> 元素来根据条件动态生成SQL删除语句的一部分。

使用了 AND 运算符将多个查询条件连接到一起，并使用了表达式来判断查询条件是否存在，如果不存在则不生成相应的SQL语句片段。这样就可以根据不同的查询条件，动态生成不同的SQL删除语句，实现了灵活的删除功能。

三、<foreach>元素

<foreach> 元素是MyBatis中用于处理集合类型参数的元素之一，它可以将集合中的每个元素替换为 SQL 语句中的一个参数。

下面以批量插入药品信息为例，来介绍 <foreach> 元素的用法。假设有一个名为 insertDrugs 的插入方法，它接收一个 List<Drug> 类型的参数。

```
public void insertDrugs(List<Drug> drugs);
```

根据传入的药品信息列表来动态生成 SQL 插入语句。下面是 DrugMapper.xml 文件中的 SQL 映射语句。

```
<!-- 批量插入药品信息 -->
<insert id="insertDrugs" parameterType="java.util.List">
  INSERT INTO drug(name, price)  VALUES
  <foreach collection="list" item="drug" separator=",">
    (#{drug.name}, #{drug.price})
  </foreach>
</insert>
```

在这个SQL语句中，使用了 <foreach> 元素来将传入的药品信息列表遍历，并将每个药品信息的名称和价格替换为 SQL 中的两个参数。

这里，collection 属性指定了要遍历的集合对象，该集合对象在这里指的是传入的 List<Drug> 类型的参数。item 属性指定了遍历过程中每个元素的别名，这里使用了 drug 作为别名。separator 属性指定了遍历过程中每个元素之间的分隔符，这里使用了逗号。

这样就可以根据传入的药品信息列表，动态生成对应数量的 SQL 插入语句，实现了批量插入的功能。

本章小结

MyBatis是一种基于Java的ORM框架，在许多Java项目中被广泛使用。使用MyBatis可以轻松且高效地操作数据库，通过本章的学习，主要掌握MyBatis的基本原理和映射代理开发模式，并能够熟练地使用MyBatis对企业级项目中数据库进行操作，并能够理解和处理复杂的数据映射关系。

总之，MyBatis框架易于理解和使用，可以大大提高开发效率，同时还提供了可靠的性能和性能监控功能，可以帮助开发者更好地设计和优化数据库应用程序。

第三章 Spring框架应用

学习目标

1.掌握Spring框架的核心特性；Spring框架的事务管理；Spring框架的配置方式。

2.熟悉Spring框架与其他技术的整合。

3.了解Spring框架的基本概念和原理。

情感目标

1.培养好奇心和探索精神。通过对Spring框架应用的整体学习，培养对技术的好奇心和不断探索的精神。

2.培养持续学习的兴趣和意识。Spring框架是一个持续发展和更新的技术，可以不断激发不断追求进步和学习的意识。

3.强化团队合作意识和沟通能力。Spring框架是一个开源免费的技术，可以培养与他人分享讨论技术的合作精神。

第一节 Spring 的基本应用

一、Spring 的概述

Spring是一个轻量级的Java开发框架，由Rod Johnson创建，旨在解决企业级应用开发中业务逻辑层和其他各层的耦合问题。它是一个分层的JavaSE/EE full-stack（一站式）轻量级开源框架，为开发Java应用程序提供全面的基础架构支持。Spring负责基础架构，因此Java开发者可以专注于应用程序的开发，不必担心基础架构的问题。它提供了许多有用的功能，如依赖注入、事务管理、安全性和数据访问等。Spring的灵活性和可扩展性使其成为开发企业级应用的理想选择。

二、Spring 的体系结构

Spring框架集成了20多个模块，包括核心容器、数据访问/集成、Web层、AOP、植入、消息传输和测试模块等。这些模块分布在不同的层中，提供了不同的功能，如依赖注入、事务管理、安全性、数据访问、Web应用程序开发和测试等（图3-1）。

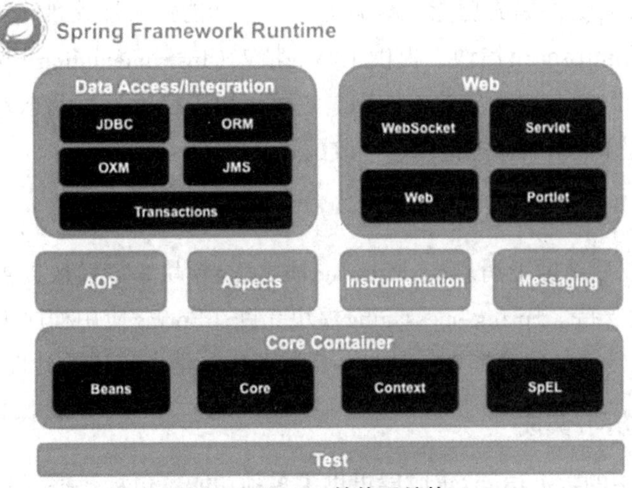

图3-1 Spring的体系结构

（一）核心容器

1. **Spring框架的核心容器（Core Container）** 提供了IOC和DI的核心实现。

2. **Spring-core模块** 提供了Spring框架的基本组成部分，包括控制反转和依赖注入功能。

3. **Spring-beans模块** 提供了BeanFactory，是工厂模式的一个经典实现，Spring将管理对象称为Bean。

4. **Spring-context模块** 建立在Core和Beans模块的基础之上，提供了一个框架式的对象访问方式，是访问定义和配置的任何对象的媒介。ApplicationContext接口是Context模块的焦点。

5. **Spring-context-support模块** 支持整合第三方库到Spring应用程序上下文，特别是用于高速缓存和任务调度的支持。Spring-expression模块提供了强大的表达式语言去支持运行时查询和操作对象图。这是对JSP 2.1规范中规定的统一表达式语言（Unified EL）的扩展。该语言支持设置和获取属性值、属性分配、方法调用、访问数组、集合和索引器的内容、逻辑和算术运算、变量命名以及从Spring的IOC容器中以名称检索对象。它还支持列表投影、选择以及常见的列表聚合。

（二）AOP和Instrumentation

1. **Spring AOP（面向切面编程）** 是一种编程模型，它允许在运行时动态地控制应用程序的行为。它通过定义切入点（切入点是一个方法或代码块，它可以在运行时被调用）和拦截器（拦截器是一个方法，它可以在运行时被调用，并且可以在切入点之前或之后执行）来实现这一目标。

2. **Spring AOP模块** 提供了一个符合AOP要求的面向切面的编程实现，允许定义方法拦截器和切入点，将代码按照功能进行分离，以便干净地解耦。Spring AOP模块还提供了与AspectJ的集成功能，AspectJ是一个功能强大且成熟的AOP框架。

3. Spring Instrument模块 提供了类的植入（Instrumentation）支持和类加载器的实现，可以在特定的应用服务器中使用。它可以用于在运行时动态地修改应用程序的行为，例如在运行时添加日志记录、修改配置文件等。

（三）消息

Spring 4.0以后新增了消息（Spring-messaging）模块，该模块提供了对消息传递体系结构和协议的支持。Spring-messaging模块允许在Spring应用程序中轻松地处理消息传递，包括消息传递的生命周期、消息传递的路由、消息传递的处理等。

（四）数据访问/集成

Spring框架中的数据访问/集成层提供了多种功能，包括数据访问、对象关系映射（ORM）、消息传递（JMS）和事务管理。

1. Spring-jdbc模块 提供了一个JDBC的抽象层，消除了烦琐的JDBC编码和数据库厂商特有的错误代码解析。

2. Spring-orm模块 提供了对象关系映射（Object-Relational Mapping）API的集成层，包括JPA和Hibernate；Spring-oxm模块提供了对象/XML映射的抽象层实现，例如JAXB、Castor、JiBX和XStream。

3. Spring-jms模块 提供了Java消息传递服务，包含用于生产和使用消息的功能。

4. Spring-tx模块 支持用于实现特殊接口和所有POJO（普通Java对象）类的编程和声明式事务管理。这些模块的集成使得Spring框架具有了强大的数据访问和事务管理能力，可以方便地实现各种数据库应用和消息传递系统。

（五）Web

Web层由Spring-web、Spring-webmvc、Spring-websocket和Portlet模块组成。

1. Spring-web模块 提供了基本的Web开发集成功能，例如多文件上传功能、使用Servlet监听器初始化一个IOC容器以及Web应用上下文。

2. Spring-webmvc模块 也称为Web-Servlet模块，包含用于Web应用程序的SpringMVC和REST Web Services实现。SpringMVC框架提供了领域模型代码和Web表单之间的清晰分离，并与Spring Framework的所有其他功能集成，本教材后续章节会详细讲解SpringMVC框架。

3. Spring-websocket模块 Spring 4.0以后新增的模块，它提供了WebSocket和SockJS的实现。

4. Portlet模块 类似于Servlet模块的功能，提供了Portlet环境下的MVC实现。

（六）测试

Spring-test模块支持使用JUnit或TestNG对Spring组件进行单元测试和集成测试。

三、Spring的入门程序

在使用Spring框架开发Web应用前应先搭建Web应用的开发环境。

为了提高开发效率，通常需要安装IDE（集成开发环境）工具。IntelliJ IDEA 是一个可用于开发Web应用的IDE工具。

本次案例将以中医药材数据管理为基础，通过spring创建一个对象，然后打印，演示编写如下。

第一步，创建maven的JavaSE项目，命名为spring_demo1，不引用其他框架。

第二步，找到pom.xml文件，添加spring的相关依赖，具体如下。

```
<?xml version="1.0" encoding="UTF-8"?>
<project xmlns="http://maven.apache.org/POM/4.0.0"
      xmlns:xsi="http://www.w3.org/2001/XMLSchema-instance"
      xsi:schemaLocation="http://maven.apache.org/POM/4.0.0 http://maven.apache.
org/xsd/maven-4.0.0.xsd">
    <modelVersion>4.0.0</modelVersion>


    <groupId>com.zyy</groupId>
    <artifactId>spring_demo1</artifactId>
    <version>1.0-SNAPSHOT</version>
    <packaging>jar</packaging>
    <dependencies>
        <dependency>
            <groupId>org.springframework</groupId>
            <artifactId>spring-context</artifactId>
            <version>5.1.9.RELEASE</version>
        </dependency>
    </dependencies>
</project>
```

第三步，在项目中找到main下面的resources文件夹，并创建spring-config.xml文件，具体内容如下。

```
<?xml version="1.0" encoding="UTF-8"?>
<beans xmlns="http://www.springframework.org/schema/beans"
      xmlns:xsi="http://www.w3.org/2001/XMLSchema-instance"
      xsi:schemaLocation="http://www.springframework.org/schema/beans
       https://www.springframework.org/schema/beans/spring-beans.xsd">
    <bean id="medicine" class="com.zyy.pojo.Medicine" >
```

```
        <!-- bean的配置写在这里 -->
    </bean>
</beans>
```

第四步，在java文件夹下创建包com.zyy.pojo，在pojo包下创建Medicine实体类包含三个属性：名称、剂量和强度。此外，它还包含一个 toString() 方法，用于将实体类转换为字符串表示形式。具体代码如下。

```
public class Medicine {

    private String name;
    private String dosage;
    private String strength;

    public String getName() {
        return name;
    }

    public void setName(String name) {
        this.name = name;
    }

    public String getDosage() {
        return dosage;
    }

    public void setDosage(String dosage) {
        this.dosage = dosage;
    }

    public String getStrength() {
        return strength;
    }

    public void setStrength(String strength) {
        this.strength = strength;
    }
```

```
    @Override
    public String toString() {
        return "Medicine{" +
                "name='" + name + '\'' +
                ", dosage='" + dosage + '\'' +
                ", strength='" + strength + '\'' +
                '}';
    }
}
```

第五步，在java文件夹下创建包com.zyy.test，并编写测试代码Test01。

```
public class Test01 {

    public static void main(String[] args) {
        // 创建和配置bean
        ApplicationContext context = new ClassPathXmlApplicationContext("spring-config.xml");
        // 检索配置的实例
            Medicine medicine = context.getBean("medicine", Medicine.class);
        // 使用配置的实例
        System.out.println(medicine);
    }
}
```

最后，运行项目，结果如图3-2所示。

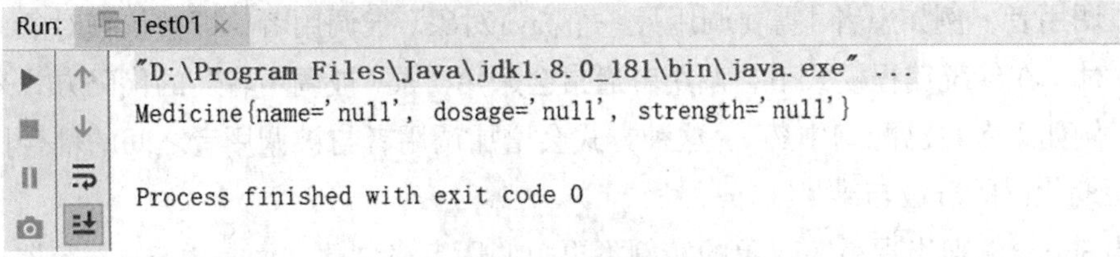

```
Run:  Test01
"D:\Program Files\Java\jdk1.8.0_181\bin\java.exe" ...
Medicine{name='null', dosage='null', strength='null'}

Process finished with exit code 0
```

图3-2　入门程序结果

第二节　Spring核心之IOC

Spring IOC（Spring Initialization）是Spring框架中的一个核心概念，它提供了一种简单的方式来管理应用程序的依赖关系。Spring IOC容器负责管理应用程序中的依赖关系，包括类之间的关系、依赖注入的类型等。

Spring IOC容器主要由以下几个部分组成。

（1）注解驱动的配置类 Spring提供了一些注解驱动的配置类，例如@Configuration和@ComponentScan，它们可以帮助用户快速创建Spring配置类。

（2）容器 Spring IOC容器是Spring框架的核心组件，它负责管理应用程序中的依赖关系。

（3）依赖注入 Spring IOC容器提供了多种依赖注入的类型，包括@Autowired、@Qualifier和@Value。这些注入方式可以帮助用户在应用程序中注入依赖关系。

通过本章的学习，读者可以了解Spring IOC容器的基本概念和依赖注入的类型。在实际应用中，可以通过使用这些概念来简化代码、提高应用程序的可维护性和可扩展性。

一、Spring IOC的概述

控制反转（Inversion Of Control, IOC）是一个比较抽象的概念，是Spring框架的核心，用来消减计算机程序的耦合问题。依赖注入（Dependency Injection，DI）是IOC的另外一种说法，只是从不同的角度描述相同的概念。下面通过实际生活中的一个例子来解释IOC和DI。

当人们需要一件东西时，第一反应就是找东西，例如生病了需要吃中药。在没有中药店和有中药店两种情况下，人们会怎么做？在没有中药店时，最直观的做法可能是按照医术记载自己找各种药草进行配制，也就是想要吃到中药需要主动制作。然而时至今日，各种网店、实体店盛行，已经没有必要自己配制中药。需要中药治疗，去网店或实体店把自己的病情告诉医生，不久便可拿到中药。注意，患者并没有参与制作中药，中药是由中药店制作，但是结果符合患者需求。

上面只是列举了一个非常简单的例子，但包含了控制反转的思想，即把制作中药的主动权交给中药店。下面通过面向对象编程思想继续探讨这两个概念。当某个Java对象（调用者，例如患者）需要调用另一个Java对象（被调用者，即被依赖对象，例如中药）时，在传统编程模式下，调用者通常会采用“new被调用者”的代码方式来创建对象（例如患者自己配制中药）。这种方式会增加调用者与被调用者之间的耦合性，不利于后期代码的升级与维护。

当Spring框架出现后，对象的实例不再由调用者来创建，而是由Spring容器（例如中药店）来创建。Spring容器会负责控制程序之间的关系（例如中药店负责控制患者与中药的关系），而不是由调用者的程序代码直接控制。这样，控制权由调用者转移到Spring容器，控制权发生了反转，这就是Spring的控制反转。从Spring容器角度来看，Spring容器负责将被依赖对象赋值给调用者的成员变量，相当于为调用者注入它所依赖的实例，这就是Spring的依赖注入。

综上所述，控制反转是一种通过描述（在Spring中可以是XML或注解）并通过第三方去产生或获取特定对象的方式。在Spring中实现控制反转的是IOC容器，其实现方法是依赖注入。

二、依赖注入的实现方式

由上面内容得知，实现控制反转的是Spring IOC容器。Spring IOC容器的设计主要是基于BeanFactory和ApplicationContext两个接口。

Spring中的BeanFactory是一个核心类，它负责创建和管理所有的Bean，而ApplicationContext是一个工厂类，它负责创建和管理所有的上下文。

图3-3是spring体系中BeanFactory和ApplicationContext的关系图。

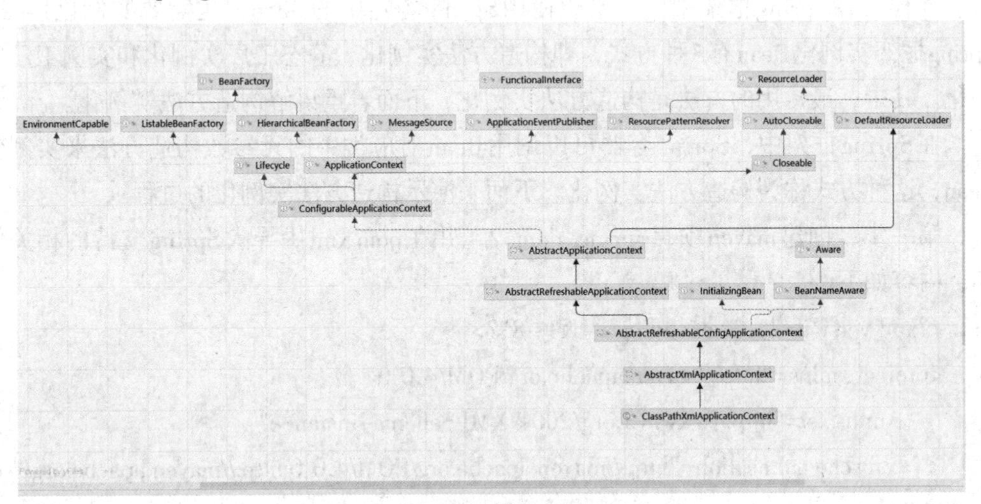

图3-3 类关系图

BeanFactory是Spring框架的基础，它负责创建所有的Bean，包括ApplicationContext。它是一个工厂类，可以根据需要创建不同的Bean，而ApplicationContext是一个容器类，它可以管理所有的上下文，包括BeanFactory。

总之，BeanFactory是ApplicationContext的基础，而ApplicationContext是BeanFactory的扩展。

三、Spring中的Bean

（一）Bean的配置

一个Spring IOC容器管理着一个或多个Bean。这些Bean是用使用者提供给容器的配置元数据创建的（例如，以XML <bean/> 定义的形式）。

在容器本身中，这些Bean定义被表示为 BeanDefinition 对象，它包含（除其他信息外）以下元数据。

1.一个全路径类名：通常，被定义的Bean的实际实现类。

2. Bean的行为配置元素，它说明了Bean在容器中的行为方式（scope、生命周期回调，等等）。

3.对其他Bean的引用，这些Bean需要做它的工作。这些引用也被称为合作者或依赖。

4.要在新创建的对象中设置的其他配置设置。例如，pool的大小限制或在管理连接池的Bean中使用的连接数。

这个元数据转化为构成每个Bean定义的一组属性。

（二）Bean的实例化

Bean的实例化在面向对象编程中，如果想使用某个对象，需要事先实例化该对象。同样，在Spring框架中，如果想使用Spring容器中的Bean，也需要实例化Bean。Spring框架实例化Bean有3种方式，即构造方法实例化、静态工厂实例化和实例工厂实例化。其中，最常用的方法是构造方法实例化，下面着重讲解构造方法实例化。

在Spring框架中，Spring容器可以调用Bean对应类中的无参数构造方法来实例化Bean，这种方式称为构造方法实例化。下面来演示构造方法实例化的过程。

第一步，创建maven项目spring_demo2，并在pom.xml中导入Spring支持的相关依赖，内容如下。

```
<?xml version="1.0" encoding="UTF-8"?>
<project xmlns="http://maven.apache.org/POM/4.0.0"
    xmlns:xsi="http://www.w3.org/2001/XMLSchema-instance"
    xsi:schemaLocation="http://maven.apache.org/POM/4.0.0 http://maven.apache.org/xsd/
maven-4.0.0.xsd">
    <modelVersion>4.0.0</modelVersion>
    <groupId>com.zyy</groupId>
    <artifactId>spring_demo2</artifactId>
    <version>1.0-SNAPSHOT</version>
    <packaging>jar</packaging>

    <dependencies>
        <dependency>
            <groupId>org.springframework</groupId>
            <artifactId>spring-context</artifactId>
            <version>5.1.9.RELEASE</version>
        </dependency>
    </dependencies>
</project>
```

第二步，在spring_demo2的java目录下创建com.zyy.pojo包，并在该包中创建Medicine类，注意构造方法为有参构造，代码如下。

```
public class Medicine {

    private String  name;
    private String  dosage;
    private String  strength;

    public Medicine(String name, String dosage, String strength) {
        this.name = name;
        this.dosage = dosage;
        this.strength = strength;
    }

    public String  getName() {
        return name;
    }

    public void setName(String  name) {
        this.name = name;
    }

    public String getDosage() {
        return dosage;
    }

    public void setDosage(String dosage) {
        this.dosage = dosage;
    }

    public String getStrength() {
        return strength;
    }

    public void setStrength(String  strength) {
        this.strength = strength;
    }
```

```
    @Override
    public String toString() {
        return "Medicine{" +
                "name='" + name + '\'' +
                ", dosage='" + dosage + '\'' +
                ", strength='" + strength + '\'' +
                '}';
    }
}
```

第三步，在spring_demo2项目中的resources目录下，创建Spring的核心配置文件spring-config.xml，在配置文件中定义一个id为medicine的Bean，代码如下。

```
<?xml version="1.0" encoding="UTF-8"?>
<beans xmlns="http://www.springframework.org/schema/beans"
    xmlns:xsi="http://www.w3.org/2001/XMLSchema-instance"
    xsi:schemaLocation="http://www.springframework.org/schema/beans
     https://www.springframework.org/schema/beans/spring-beans.xsd">
 <bean id="medicine" class="com.zyy.pojo.Medicine" >
  <!-- 使用配置构造方法配置 -->
  <constructor-arg name="name" value="三七"></constructor-arg>
  <constructor-arg name="dosage" value="10g"></constructor-arg>
  <constructor-arg name="strength" value="强"></constructor-arg>
 </bean>
</beans>
```

第四步，在spring_demo2的java目录下创建com.zyy.test包，并在该包下编写测试代码Test02，代码如下。

```
public class Test02 {

    public static void main(String[] args) {
        // 创建和配置bean
        ApplicationContext context = new ClassPathXmlApplicationContext("s        pring-
config.xml");
        // 检索配置的实例
                Medicine medicine = context.getBean("medicine", Medicine.class);
        // 使用配置的实例
```

```
        System.out.println(medicine);
    }
}
```

最后，启动项目，运行结果如图3-4所示。

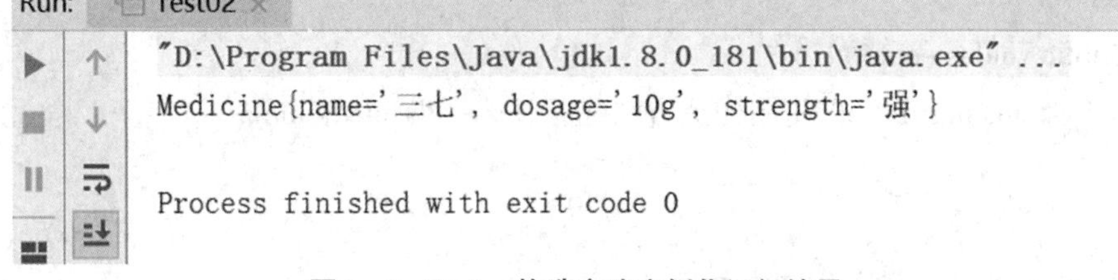

图3-4 Spring构造方法实例化运行结果

从结果可以看出，不需要再额外地进行对象的属性赋值，通过spring的构造方法实例化对象可以直接代替用户进行操作。

四、基于XML的Bean装配

基于XML配置的装配方式已经有很久的历史了，曾经是主要的装配方式。Spring提供了两种基于XML配置的装配方式，即使用构造方法注入和使用属性的setter方法注入。

在使用构造方法注入方式装配Bean时，Bean的实现类需要提供带参数的构造方法，并在配置文件中使用<bean>元素的子元素<constructor-arg>来定义构造方法的参数。

在使用属性的setter方法注入方式装配Bean时，Bean的实现类需要提供一个默认无参数的构造方法，并为需要注入的属性提供对应的setter方法，另外还需要使用<bean>元素的子元素<property>为每个属性注入值。下面通过一个实例来演示基于XML配置的装配方式。

第一步，在spring_demo2应用的java目录中创建com.zyy.service包，在包下创建MedicineService接口。并且在此包下创建impl包，创建两个实现类，分别使用构造方法注入和使用属性的setter方法注入，具体代码如下。

编写MedicineService接口：

```
public interface MedicineService {
    public void execute();
}
```

编写实体MedicineServiceImpl类：

```
public class MedicineServiceImpl implements MedicineService {

    private Medicine medicine ;
```

```
    public MedicineServiceImpl(Medicine medicine) {
        this.medicine = medicine;
    }

    @Override
    public void execute() {
        System.out.println("使用构造方法进行注入："+ medicine);
    }
}
```

编写实体MedicineServiceImpl2类：

```
public class MedicineServiceImpl2 implements MedicineService {

    private Medicine medicine ;

    public Medicine getMedicine() {
        return medicine;
    }

    public void setMedicine(Medicine medicine) {
        this.medicine = medicine;
    }

    @Override
    public void execute() {
        System.out.println("使用setter方法进行注入："+ medicine);
    }
}
```

第二步，在Spring配置文件spring-config.xml中，使用实现类MedicineService配置Bean的两个实例，具体代码如下。

```
<?xml version="1.0" encoding="UTF-8"?>
<beans xmlns="http://www.springframework.org/schema/beans"
    xmlns:xsi="http://www.w3.org/2001/XMLSchema-instance"
    xsi:schemaLocation="http://www.springframework.org/schema/beans
    https://www.springframework.org/schema/beans/spring-beans.xsd">
    <bean id="medicine" class="com.zyy.pojo.Medicine" >
```

```
        <!-- 这个bean的合作者和配置在这里 -->
        <constructor-arg name="name" value="三七"></constructor-arg>
        <constructor-arg name="dosage" value="10g"></constructor-arg>
        <constructor-arg name="strength" value="强"></constructor-arg>
    </bean>
    <!-- 使用配置构造方法配置 -->
    <bean id="medicineService" class="com.zyy.service.impl.MedicineServiceImpl">
        <constructor-arg name="medicine" ref="medicine"></constructor-arg>
    </bean>
    <!-- 使用setter方法配置 -->
    <bean id="medicineService2" class="com.zyy.service.impl.MedicineServiceImpl2">
        <property name="medicine" ref="medicine"></property>
    </bean>

</beans>
```

第三步，测试基于XML配置的装配方式在spring_demo2应用的com.zyy.test包中编写测试代码Test03，具体代码如下。

```
public class Test01 {
    public static void main(String[] args) {
        // 创建和配置bean
        ApplicationContext context = new ClassPathXmlApplicationContext("s        pring-
config.xml");
        // 检索配置的实例
        MedicineService medicineService = context.getBean("medicineService", MedicineSer
vice.class);
        MedicineService medicineService2 = context.getBean("medicineService2", MedicineS
ervice.class);
        // 使用配置的实例
        medicineService.execute();
        System.out.println("------------------------");
        medicineService2.execute();
    }
}
```

最后，启动项目，运行结果如图3-5所示。

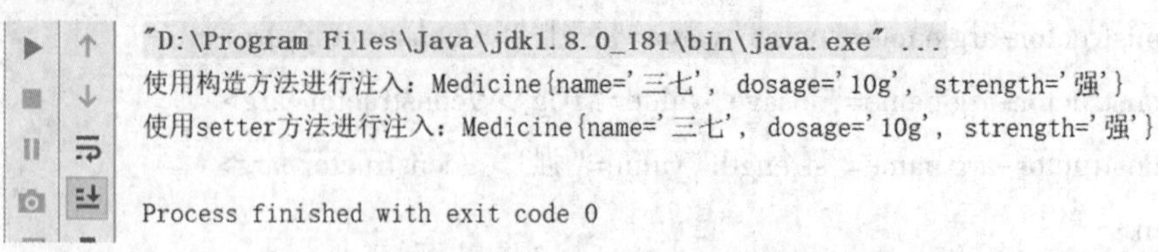

"D:\Program Files\Java\jdk1.8.0_181\bin\java.exe" ...
使用构造方法进行注入：Medicine{name='三七', dosage='10g', strength='强'}
使用setter方法进行注入：Medicine{name='三七', dosage='10g', strength='强'}
Process finished with exit code 0

图3-5 xml配置bean运行结果

五、基于注解的Bean装配

在Spring框架中，尽管使用XML配置文件可以很简单地装配Bean，但如果应用中有大量的Bean需要装配，会导致XML配置文件过于庞大，不方便以后的升级与维护，因此更多的时候推荐开发者使用注解（annotation）的方式去装配Bean。在Spring框架中定义了一系列的注解，下面介绍几种常用的注解。

1. @Component 该注解是一个泛化的概念，仅仅表示一个组件对象（Bean），可以作用在任何层次上。

2. @Repository 该注解用于将数据访问层（DAO）的类标识为Bean，即注解数据访问层Bean，其功能与@Component相同。

3. @Service 该注解用于标注一个业务逻辑组件类（Service层），其功能与@Component相同。

4. @Controller 该注解用于标注一个控制器组件类（SpringMVC的Controller），其功能与@Component相同。

5. @Autowired 该注解可以对类成员变量、方法及构造方法进行标注，完成自动装配的工作。通过使用@Autowired来消除setter和getter方法。默认按照Bean的类型进行装配。

6.@Resource 该注解与@Autowired的功能一样，区别在于该注解默认是按照名称来装配注入的，只有当找不到与名称匹配的Bean时才会按照类型来装配注入；而@Autowired默认按照Bean的类型进行装配，如果想按照名称来装配注入，则需要和@Qualifier注解一起使用。@Resource注解有两个属性——name和type。name属性指定Bean实例名称，即按照名称来装配注入；type属性指定Bean类型，即按照Bean的类型进行装配。

7. @Qualifier 该注解与@Autowired注解配合使用。当@Autowired注解需要按照名称来装配注入时需要和该注解一起使用，Bean的实例名称由@Qualifier注解的参数指定。

在上面几个注解中，虽然@Repository、@Service和@Controller等注解的功能与@Component注解相同，但为了使类的标注更加清晰（层次化），在实际开发中推荐使用@Repository标注数据访问层（DAO层）、使用@Service标注业务逻辑层（Service层）、使用@Controller标注控制器层（控制层）。下面通过一个实例讲解如何使用这些注解。

第一步，在spring_demo2应用的java中创建com.zyy.annotation.dao包，在该包下创建TestDao类，并使用@Repository注解标注为数据访问层。

TestDao的代码如下：

```
@Repository
public class TestDao {

    public void save(){
        System.out.println("testDao save...");
    }
}
```

第二步，在spring_demo2应用的java中创建com.zyy.annotation.service包，在该包下创建TestService类，并使用@Service注解标注为业务逻辑层。

TestService的代码如下：

```
@Service
public class TestService {

    @Autowired
    private TestDao testDao ;

    public void save(){
        testDao.save();
        System.out.println("testService save...");
    }
}
```

第三步，在spring_demo2应用的java中创建com.zyy.annotation.controller包，在该包下创建TestController类，并将TestController类使用@Controller注解标注为控制器层。

TestController的代码如下：

```
@Controller
public class TestController {

    @Autowired
```

```
    private TestService testService ;

    public void save(){
        testService.save();
        System.out.println("testController save...");
    }
}
```

第四步，在配置文件annotation-config.xml中配置注解。

```
<?xml version="1.0" encoding="UTF-8"?>
<beans xmlns="http://www.springframework.org/schema/beans"
    xmlns:xsi="http://www.w3.org/2001/XMLSchema-instance"
    xmlns:context="http://www.springframework.org/schema/context"
    xsi:schemaLocation="http://www.springframework.org/schema/beans
     https://www.springframework.org/schema/beans/spring-beans.xsd
     http://www.springframework.org/schema/context
     https://www.springframework.org/schema/context/spring-context.xsd">
   <!-- 扫描com.zyy.annotation包下的所有类上方的注解 -->
   <context:component-scan base-package="com.zyy.annotation"></context:component-scan>

</beans>
```

第五步，在spring_demo2应用的test包中编写测试代码Test03，具体代码如下。

```
public class Test01 {

    public static void main(String[] args) {
        // 创建和配置bean
            ApplicationContext context = new ClassPathXmlApplicationContext("annotation-
config.xml");
        // 检索配置的实例
            TestController testController = context.getBean("testController", TestController.
class);
        // 使用配置的实例
        testController.save();
    }
}
```

最后，启动项目，运行结果如图3-6所示。

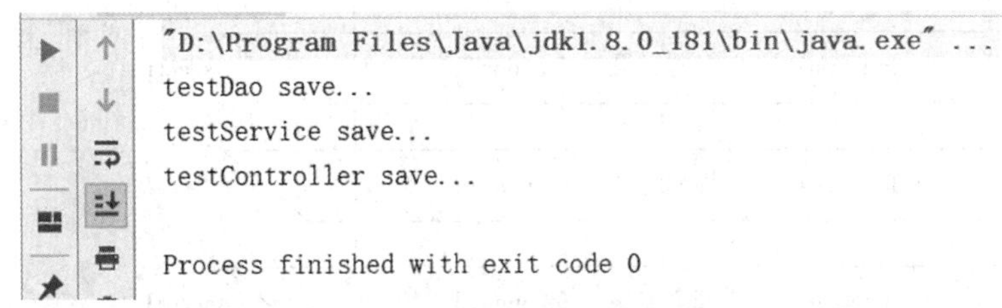

"D:\Program Files\Java\jdk1.8.0_181\bin\java.exe" ...
testDao save...
testService save...
testController save...
Process finished with exit code 0

图3-6　注解配置运行结果

第三节　Spring核心之AOP

一、Spring AOP的概述

Spring AOP是Spring框架体系结构中非常重要的功能模块之一，该模块提供了面向切面编程实现。面向切面编程在事务处理、日志记录、安全控制等操作中被广泛使用。本章将对Spring AOP的相关概念及实现进行详细讲解。

（一）AOP概念

AOP（Aspect-Oriented Programming）即面向切面编程，它与OOP（Object-Oriented Programming，面向对象编程）相辅相成，提供了与OOP不同的抽象软件结构的视角。在OOP中，以类作为程序的基本单元，而AOP中的基本单元是Aspect（切面）。

在业务处理代码中通常有日志记录、性能统计、安全控制、事务处理、异常处理等操作。尽管使用OOP可以通过封装或继承的方式达到代码的重用，但仍然有同样的代码分散在各个方法中。因此，采用OOP处理日志记录等操作不仅增加了开发者的工作量，而且提高了升级维护的困难。为了解决此类问题，AOP思想应运而生。AOP采取横向抽取机制，即将分散在各个方法中的重复代码提取出来，然后在程序编译或运行阶段将这些抽取出来的代码应用到需要执行的地方。这种横向抽取机制采用传统的OOP是无法办到的，因为OOP实现的是父子关系的纵向重用。但是AOP不是OOP的替代品，而是OOP的补充，它们相辅相成。在AOP中，横向抽取机制的类与切面的关系如图3-7所示。

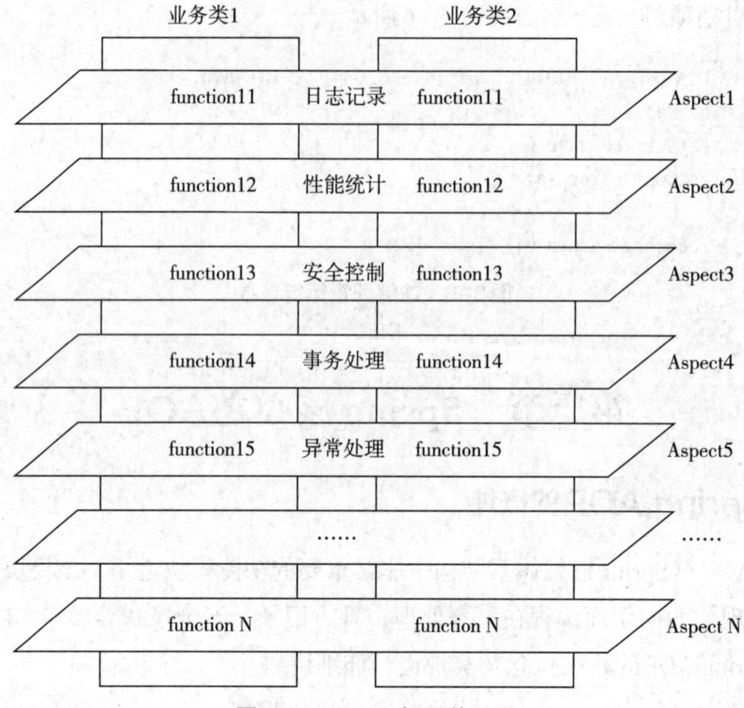

图3-7 Aspect切面关系图

(二) AOP术语

在Spring AOP框架中涉及以下常用术语。

1. 切面(Aspect) 是指封装横切到系统功能(例如事务处理)的类。

2. 连接点(Joinpoint) 是指程序运行中的一些时间点，例如方法的调用或异常的抛出。

3. 切入点(Pointcut) 是指需要处理的连接点。在Spring AOP中，所有的方法执行都是连接点，而切入点是一个描述信息，它修饰的是连接点，通过切入点确定哪些连接点需要被处理。切面、连接点和切入点的关系如图3-8所示。

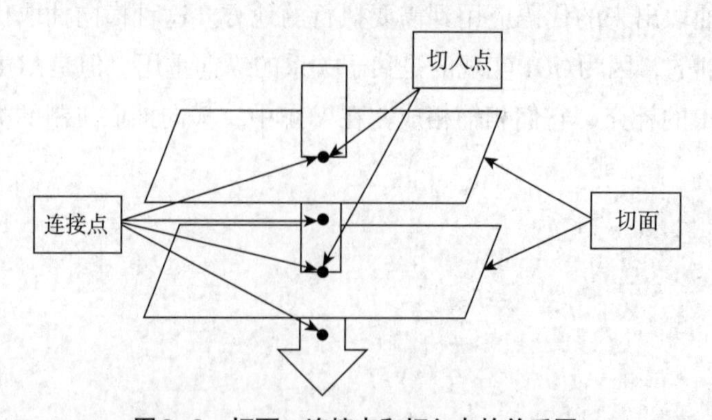

图3-8 切面、连接点和切入点的关系图

4. 通知（Advice） 是由切面添加到特定的连接点（满足切入点规则）的一段代码，即在定义好的切入点处所要执行的程序代码，可以将其理解为切面开启后切面的方法，因此通知是切面的具体实现。

5. 引入（Introduction） 允许在现有的实现类中添加自定义的方法和属性。

6. 目标对象（Target Object） 是指所有被通知的对象。如果AOP框架使用运行时代理的方式（动态的AOP）来实现切面，那么通知对象总是一个代理对象。

7. 代理（Proxy） 是通知应用到目标对象之后被动态创建的对象。

8. 织入（Weaving） 是将切面代码插入到目标对象上，从而生成代理对象的过程。根据不同的实现技术，AOP织入有3种方式。

（1）编译期织入　需要有特殊的Java编译器。

（2）类装载器织入　需要有特殊的类装载器。

（3）动态代理织入　在运行期为目标类添加通知生成子类的方式。

Spring AOP框架默认采用动态代理织入，而AspectJ（基于Java语言的AOP框架）采用编译期织入和类装载期织入。

二、基于XML声明AOP

在Spring中默认使用JDK动态代理实现AOP编程。

使用org.springframework.aop.framework.ProxyFactoryBean创建代理是Spring AOP实现的最基本方式。在学习使用AOP之前，先学习以下几个概念。

1. 通知类型　在讲解ProxyFactoryBean之前先了解一下Spring的通知类型。根据Spring中通知在目标类方法中的连接点位置，通知可以分为5种类型。

（1）环绕通知（org.aopalliance.intercept.MethodInterceptor） 是在目标方法执行前和执行后实施增强，可应用于日志记录、事务处理等功能。

（2）前置通知（org.springframework.aop.MethodBeforeAdvice） 是在目标方法执行前实施增强，可应用于权限管理等功能。

（3）后置返回通知（org.springframework.aop.AfterReturningAdvice） 是在目标方法成功执行后实施增强，可应用于关闭流、删除临时文件等功能。

（4）后置通知（org.springframework.aop.AfterAdvice） 是在目标方法执行后实施增强，与后置返回通知不同的是，不管是否发生异常都要执行该类通知，该类通知可应用于释放资源。

（5）异常通知（org.springframework.aop.ThrowsAdvice） 是在方法抛出异常后实施增强，可应用于处理异常、记录日志等功能。

2. ProxyFactoryBean 是org.springframework.beans.factory.FactoryBean接口的实现类，FactoryBean负责实例化一个Bean实例，ProxyFactoryBean负责为其他Bean实例创建代理实例。

下面通过一个实现环绕通知的实例演示Spring创建AOP代理的过程。

第一步，在核心依赖的基础上需要向spring_demo2应用的pom文件中添加spring-aop和aspectjweaver的依赖。aspectjweaver是AOP联盟提供的规范包，具体如下。

```
<?xml version="1.0" encoding="UTF-8"?>
<project xmlns="http://maven.apache.org/POM/4.0.0"
    xmlns:xsi="http://www.w3.org/2001/XMLSchema-instance"
    xsi:schemaLocation="http://maven.apache.org/POM/4.0.0 http://maven.apache.org/xsd/
maven-4.0.0.xsd">
  <modelVersion>4.0.0</modelVersion>
  <groupId>com.zyy</groupId>
  <artifactId>spring_demo2</artifactId>
  <version>1.0-SNAPSHOT</version>
  <packaging>jar</packaging>
  <dependencies>
    <dependency>
      <groupId>org.springframework</groupId>
      <artifactId>spring-context</artifactId>
      <version>5.1.9.RELEASE</version>
    </dependency>

    <dependency>
      <groupId>org.springframework</groupId>
      <artifactId>spring-aop</artifactId>
      <version>5.1.9.RELEASE</version>
    </dependency>

    <dependency>
      <groupId>org.aspectj</groupId>
      <artifactId>aspectjweaver</artifactId>
      <version>1.8.13</version>
    </dependency>
  </dependencies>
</project>
```

第二步，在java目录下创建一个com.zyy.aop包，并在该包中创建切面类MyAspect。MyAspect的代码如下。

```
public class MyAspect {

 public void check(){
    System.out.println("检查权限...");
 }
}
```

第三步，需要将切面类配置为Bean实例，这样Spring容器才能识别为切面对象。在resources包下创建配置文件aop-config.xml，并在文件中配置切面和指定代理对象。aop-config.xml的代码如下。

```
<?xml version="1.0" encoding="UTF-8"?>
<beans xmlns="http://www.springframework.org/schema/beans"
     xmlns:xsi="http://www.w3.org/2001/XMLSchema-instance"
     xmlns:context="http://www.springframework.org/schema/context"
     xmlns:aop="http://www.springframework.org/schema/aop"
     xsi:schemaLocation="http://www.springframework.org/schema/beans
      https://www.springframework.org/schema/beans/spring-beans.xsd
      http://www.springframework.org/schema/context
      https://www.springframework.org/schema/context/spring-context.xsd
      http://www.springframework.org/schema/aop
      https://www.springframework.org/schema/aop/spring-aop.xsd">
   <!-- 实例化切面类 -->
   <bean id="myAspect" class="com.zyy.aop.MyAspect"></bean>
   <!-- aop配置 -->
   <aop:config >
      <!-- 切面配置 -->
      <aop:aspect ref="myAspect">
         <!-- 编写切入点表达式 -->
         <aop:pointcut id="pct" expression="execution(* *..*.*(..) )"/>
         <!-- 设置前置通知 -->
         <aop:before method="check" pointcut-ref="pct"></aop:before>
      </aop:aspect>
   </aop:config>
</beans>
```

在上述配置文件中首先通过<bean>元素定义了目标对象和切面，然后使用ProxyFactoryBean类定义了代理对象。

第四步，在test包中编写测试代码Test04，在主方法中使用Spring容器获取代理对象，并执行目标方法。Test04的代码如下。

```
public class Test04 {

    public static void main(String[] args) {
        // 创建和配置bean
        ApplicationContext context = new ClassPathXmlApplicationContext("aop-config.xml",
"annotation-config.xml");
        // 检索配置的实例
          TestController testController = context.getBean("testController", TestController.
class);
        // 使用配置的实例
        testController.save();
    }
}
```

最后，启动项目，运行结果如图3-9所示

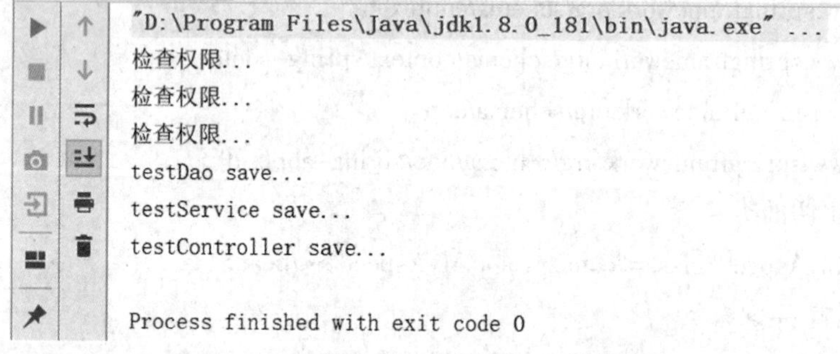

图3-9 xml配置aop运行结果

三、基于注解声明AOP

基于注解开发AOP要比基于XML配置开发AOP便捷许多，所以在实际开发中推荐使用注解方式。

下面通过一个实例讲解项目中基于注解开发AspectJ的过程，具体步骤如下。

第一步，在该类上添加@Aspect注解，由于该类在Spring中是作为组件使用的，所以还需要使用@Component注解；然后使用@Pointcut注解切入点表达式，并通过定义方法来表示切入点名称；最后在每个通知方法上添加相应的注解，并将切入点名称作为参数传递给需要执行增强的通知方法。MyAspect的代码如下。

```
@Aspect
@Component
```

```
public class MyAspect {

    @Pointcut("execution(* *..*.*(..))")
    public void pct(){

    }

    @Before("pct()")
    public void check(){
        System.out.println("检查权限...");
    }
}
```

第二步，在resources中创建配置文件annotation-aop-config.xml，并在配置文件中指定需要扫描的包，使注解生效，同时需要启动基于注解的AspectJ支持，代码如下。

```
<?xml version="1.0" encoding="UTF-8"?>
<beans xmlns="http://www.springframework.org/schema/beans"
    xmlns:xsi="http://www.w3.org/2001/XMLSchema-instance"
    xmlns:context="http://www.springframework.org/schema/context"
    xmlns:aop="http://www.springframework.org/schema/aop"
    xsi:schemaLocation="http://www.springframework.org/schema/beans
     https://www.springframework.org/schema/beans/spring-beans.xsd
     http://www.springframework.org/schema/context
     https://www.springframework.org/schema/context/spring-context.xsd
     http://www.springframework.org/schema/aop
     https://www.springframework.org/schema/aop/spring-aop.xsd">
  <!-- 扫描com.zyy.annotation包下的所有类上方的注解 -->
  <context:component-scan base-package="com.zyy"></context:component-scan>
  <!-- 配置aop注解扫描 -->
  <aop:aspectj-autoproxy></aop:aspectj-autoproxy>
</beans>
```

第三步，在test包中编写测试代码Test05，代码如下。

```
public class Test05 {

    public static void main(String[] args) {
        // 创建和配置bean
          ApplicationContext context = new ClassPathXmlApplicationContext("annotation-
```

```
aop-config.xml");
        // 检索配置的实例
            TestController testController = context.getBean("testController", TestController.
class);
        // 使用配置的实例
        testController.save();
    }
}
```

最后，启动项目，运行结果如图3-10所示。

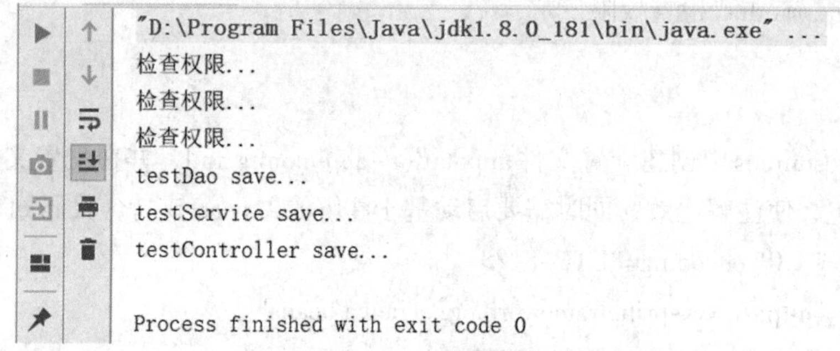
```
"D:\Program Files\Java\jdk1.8.0_181\bin\java.exe" ...
检查权限...
检查权限...
检查权限...
testDao save...
testService save...
testController save...

Process finished with exit code 0
```

图3-10 注解配置aop运行结果

第四节 Spring事务管理

一、Spring事务管理概述

在数据库操作中事务管理是一个重要的概念，例如去中药店买完药，付账操作。当患者向药店付款100元后，银行系统会从患者账户上扣除100元，而在药店账户上增加100元，这是正确处理的结果。一旦银行系统出错了，会发生以下两种情况。

第一种：患者账户少了100元，但药店账户却没有多出100元。

第二种：医院账户多了100元，但患者账户却没有被扣钱。

用户和银行都不愿意看到上面两种情况。为了保证转账顺利，需要采取一定措施，这种措施就是数据库事务管理机制。Spring的事务管理简化了传统的数据库事务管理流程，提高了开发效率，但在学习事务管理前需要对Spring的数据库编程有些了解。

二、声明式事务管理

Spring的声明式事务管理是通过AOP技术实现的事务管理，其本质是对方法前后进行拦截，然后在目标方法开始之前创建或者加入一个事务，在执行完目标方法之后根据执行情况提交或者回滚事务。

声明式事务管理最大的优点是不需要通过编程的方式管理事务，因而不需要在业务逻辑代码中掺杂事务处理的代码，只需相关的事务规则声明便可以将事务规则应用到业务逻辑中。

通常情况下，在开发中使用声明式事务处理不仅因为其简单，更主要的是因为这样使得纯业务代码不被污染，极大地方便了后期的代码维护。与编程式事务管理相比，声明式事务管理唯一不足的地方是最细粒度只能作用到方法级别，无法做到像编程式事务管理那样可以作用到代码块级别。但即便有这样的需求，也可以通过变通的方法进行解决，例如可以将需要进行事务处理的代码块独立为方法等。

Spring的声明式事务管理可以通过两种方式来实现：①基于XML的方式；②基于@Transactionall注解的方式。

基于XML方式的声明式事务管理是通过在配置文件中配置事务规则的相关声明来实现的。Spring框架提供了tx命名空间来配置事务，提供了<tx：advice>元素来配置事务的通知。在配置<tx：advice>元素时一般需要指定id和transaction-manager属性，其中id属性是配置文件中的唯一标识，transaction-manager属性指定事务管理器。另外还需要<tx：attributes>子元素，该子元素可配置多个<tx：method>子元素指定执行事务的细节。在<tx：advice>元素配置了事务的增强处理后就可以通过编写AOP配置让Spring自动对目标对象生成代理。

通过XML方式来实现Spring的声明式事务管理比较繁琐，下面通过注解的方式实现spring的事务管理操作，具体实现步骤如下。

第一步，修改spring_demo2的pom.xml文件，添加事务相关依赖。

```
<?xml version="1.0" encoding="UTF-8"?>
<project xmlns="http://maven.apache.org/POM/4.0.0"
    xmlns:xsi="http://www.w3.org/2001/XMLSchema-instance"
    xsi:schemaLocation="http://maven.apache.org/POM/4.0.0 http://maven.apache.org/xsd/
maven-4.0.0.xsd">
  <modelVersion>4.0.0</modelVersion>
  <groupId>com.leb</groupId>
  <artifactId>spring_demo</artifactId>
  <version>1.0-SNAPSHOT</version>
  <packaging>jar</packaging>
  <dependencies>
    <dependency>
      <groupId>org.springframework</groupId>
      <artifactId>spring-context</artifactId>
      <version>5.1.9.RELEASE</version>
```

```
        </dependency>
        <dependency>
            <groupId>org.springframework</groupId>
            <artifactId>spring-aop</artifactId>
            <version>5.1.9.RELEASE</version>
        </dependency>
        <dependency>
            <groupId>org.aspectj</groupId>
            <artifactId>aspectjweaver</artifactId>
            <version>1.8.13</version>
        </dependency>
        <dependency>
            <groupId>org.springframework</groupId>
            <artifactId>spring-jdbc</artifactId>
            <version>5.1.9.RELEASE</version>
        </dependency>
        <dependency>
            <groupId>org.springframework</groupId>
            <artifactId>spring-tx</artifactId>
            <version>5.1.9.RELEASE</version>
        </dependency>
      <dependency>
            <groupId>mysql</groupId>
            <artifactId>mysql-connector-java</artifactId>
            <version>5.1.6</version>
        </dependency>
    </dependencies>
  </project>
```

第二步，在spring_demo2的java目录下创建com.zyy.transactional包，并在该包中创建TestDao类。数据访问层有两种数据操作方法，即save和delete方法。TestDao类的代码如下。

```
@Repository
public class TestDao {

    @Autowired
```

```
    private JdbcTemplate jdbcTemplate ;

    public int save(String sql , Object[] params){
        return jdbcTemplate.update(sql,params);
    }

    public int delete(String sql , Object[] params){
        return jdbcTemplate.update(sql,params);
    }
}
```

第三步，在com.zyy.transactional包中创建TestService类。在Service层依赖注入数据访问层。TestService代码如下。

```
@Service
public class TestService {

    @Autowired
    private TestDao testDao ;

    public int save(String sql , Object[] params){
        return testDao.save(sql,params);
    }

    public int delete(String sql , Object[] params){
        return testDao.delete(sql,params);
    }
}
```

第四步，在com.zyy.transactional包中创建TestController控制器类。在控制层依赖注入Service层。TestController类的代码如下。

```
@Controller
@Transactional
public class TestController {

    @Autowired
    private TestService testService;

    public String test() {
```

```
        String message = "";
        String deleteSql = "delete from user ";
        String saveSql = "insert into user values (?,?,?)";
        Object[] params = {1, "zs", "男"};
        try {
            testService.delete(deleteSql, null);
            testService.save(saveSql, params);
            // 插入两条相同的数据
            testService.save(saveSql, params);
        } catch (Exception e) {
            message = "主键重复，事务回滚";
            e.printStackTrace();
        }
        return message;
    }
}
```

第五步，在resources目录下创建配置文件transaction-config.xml。在配置文件中使用tx标签编写声明事务。transaction-config.xml文件的代码如下。

```
<?xml version="1.0" encoding="UTF-8"?>
<beans xmlns="http://www.springframework.org/schema/beans"
    xmlns:xsi="http://www.w3.org/2001/XMLSchema-instance"
    xmlns:context="http://www.springframework.org/schema/context"
    xmlns:tx="http://www.springframework.org/schema/tx"
    xsi:schemaLocation="http://www.springframework.org/schema/beans
     https://www.springframework.org/schema/beans/spring-beans.xsd
     http://www.springframework.org/schema/context
     https://www.springframework.org/schema/context/spring-context.xsd
     http://www.springframework.org/schema/tx
     https://www.springframework.org/schema/tx/spring-tx.xsd">
   <!-- 扫描com.zyy.annotation包下的所有类上方的注解 -->
    <context:component-scan base-package="com.zyy.transactional"></
context:component-scan>
   <!--开启事务支持 -->
   <tx:annotation-driven></tx:annotation-driven>
   <!--创建jdbcTemplate对象 -->
```

```
    <bean class="org.springframework.jdbc.datasource.DriverManagerDataSource" id="dat
aSource">
        <property name="url" value="jdbc:mysql://localhost:3306/user"></property>
        <property name="username" value="root"></property>
        <property name="password" value="root"></property>
    </bean>
    <bean class="org.springframework.jdbc.core.JdbcTemplate">
        <property name="dataSource" ref="dataSource"></property>
    </bean>
</beans>
```

第六步，在test包下创建Test06，在测试类中通过访问Controller来测试基于注解的声明式事务管理。Test06的代码如下。

```
public class Test06 {
    public static void main(String[] args) {
        // 创建和配置bean
        ApplicationContext context = new ClassPathXmlApplicationContext("transaction-
config.xml");
        // 检索配置的实例
        TestController testController = context.getBean("testController", TestController.class);
        // 使用配置的实例
        testController.test();
    }
}
```

最后，启动项目，运行结果如图3-11所示。

```
"D:\Program Files\Java\jdk1.8.0_181\bin\java.exe" ...
主键重复，事务回滚

Process finished with exit code 0
```

图3-11 事务运行结果

基于@Transactional注解的声明式事务管理中，@Transactional注解可以作用于接口、接口方法、类以及类的方法上。当作用于类上时，该类的所有public方法都将具有该类型的事务属性，同时也可以在方法级别使用该注解来覆盖类级别的定义。虽然@Transactional注解可以作用于接口、接口方法、类以及类的方法上，但是Spring小组建议不要在接口或者接口方法上使用该注解，因为它只有在使用基于接口的代理时才会生效。

本章小结

Spring IOC、AOP和事务管理是Spring框架中的三个关键组件，用于实现更高效的事务管理和更安全的应用程序。它们提供了一个集成开发环境（IDE），可以帮助开发人员更快地开发和测试应用程序。

Spring IOC主要是通过使用依赖注入（DI）机制来简化应用程序的开发。

Spring AOP通过在代码中插入横切关注点（Aspect Oriented Programming）来实现代码的横切关注点。

Spring事务管理提供了一个事务管理器（Transaction Manager），用于控制和管理应用程序的事务。

总之，Spring IOC、AOP和事务管理是Spring框架中的三个关键组件，通过简化应用程序的开发流程，提供更高效的事务管理和更安全的应用程序，从而帮助开发人员更快地构建高质量的应用程序。

第四章 SpringMVC框架应用

学习目标

1.掌握SpringMVC框架的配置和开发流程；SpringMVC框架处理请求和响应。

2.熟悉使用SpringMVC框架的高级特性，提高开发的效率；利用SpringMVC框架与其他技术的整合，完成项目的开发、测试、打包和部署等操作。

3.了解SpringMVC框架的基本概念和核心组件。

情感目标

1.培养实践能力和创新思维。通过对SpringMVC框架的整体学习，提升技术能力和专业素养，培养主动学习和探索新知识的意识。

2.培养沟通能力和表达能力。通过对SpringMVC的应用实践，提升沟通能力和清晰表达技巧，提高团队协作开发的效率。

3.培养改革意识和持续学习能力。Spring框架不断更新和演进，需要持续学习和掌握最新的技术，培养改革意识和持续学习的能力。

第一节　SpringMVC架简介

一、SpringMVC概述

SpringMVC是Spring 提供的一个基于实现了 Web MVC 设计模式的轻量级Web 框架。它与Struts2框架一样，都属于MVC框架，但其使用和性能等方面比Struts2框架更加具有一定的优势。

SpringMVC框架提供了对MVC模式的全面支持，可以实现对控制层进行解耦操作，同时，它是基于请求和响应处理模式的一种Web框架，简化了对控制层的实现。在该框架中Controller替换Servlet来实现控制器的功能，Controller接收到请求后会调用相应的模型进行数据处理，最终将处理完成后的结果进行返回渲染展示给客户端。

（一）SpringMVC框架的特点

1.它是Spring框架的一部分，可以很好地使用Spring所提供的其他功能。

2.使用灵活性强，易于与其他框架进行集成。

3.提供了一个前端控制器，减少开发人员额外开发控制器对象的工作。

4.可以自动绑定用户输入数据，并能正确地进行数据类型转换。

5.内置了常见的校验器，可以校验用户输入数据是否合理规范。

6.支持多种视图技术。

7.使用基于XML的配置文件，在编辑后不需要重新进行编译。

（二）SpringMVC工作原理

下面通过执行流程图（图4-1）来展示SpringMVC程序的运行情况。

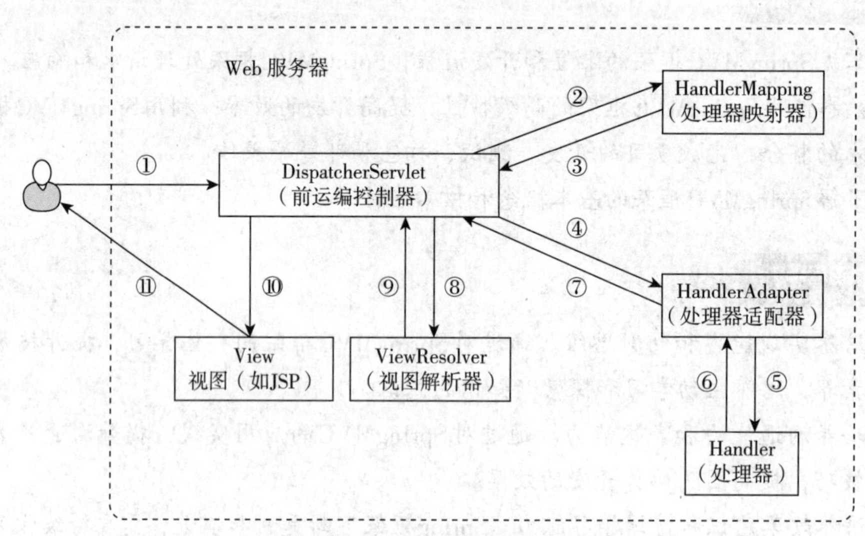

图4-1 SpringMVC的执行流程

按照图4-1中所标注的序号来详细地介绍SpringMVC 程序的执行流程。

1.用户发送HTTP请求至前端控制器（DispatcherServlet）。

2.前端控制器收到请求后，会调用处理器映射器（HandlerMapping）。

3.处理器映射器根据请求 URL找到具体的处理器，生成处理器对象及处理器拦截器一并返回给前端控制器。

4.前端控制器根据返回信息选择合适的适配器（HandlerAdapter）。

5.处理器适配器经过适配调用具体的处理器（Handler），此处的处理器指的就是后台程序中编写的Controller类，亦被称之为后端控制器。

6.Controller执行结束后，会返回一个ModelAndView对象，该对象中会包含视图名或者模型。

7.处理器适配器将Controller执行结果ModelAndView对象返回给前端控制器。

8.前端控制器根据返回的对象选择合适的视图解析器（ViewReslover）。

9.视图解析器解析后，会向前端控制器中返回具体的视图（View）。

10.前端控制器根据视图进行渲染视图。

11.渲染后的结果视图会返回给客户端进行显示。

二、SpringMVC入门程序

（一）创建项目

1.创建webapp项目　在IDEA中创建一个项目工程名称为springmvc的项目，创建过程中使用的jdk1.8版本、maven3.6版本以及tomcat8版本，选择IDEA工具栏中的“File”下面的“new”选项下的“maven”，点击选择根据maven骨架创建webapp项目，选择正确的maven安装目录创建工程项目，如图4-2所示。

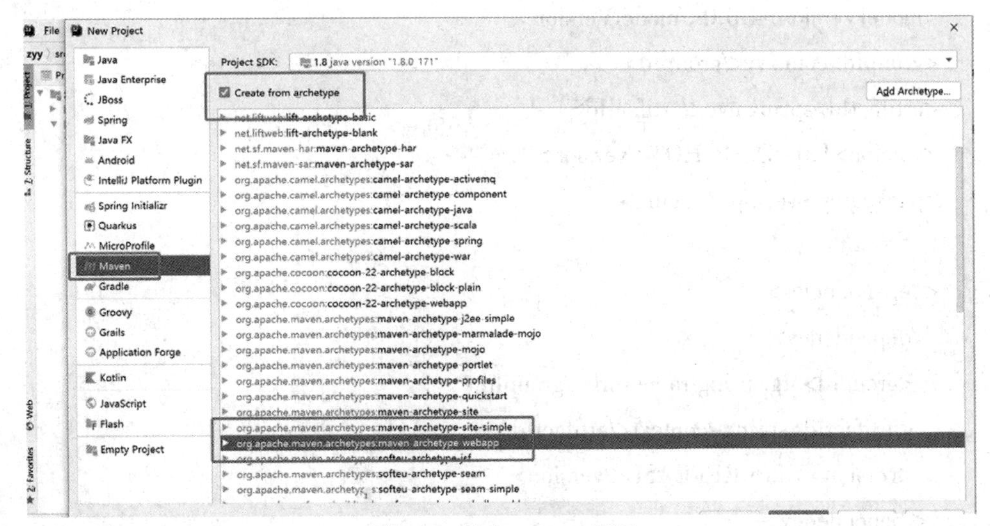

图4-2　创建webapp项目

2.补全目录结构　在刚创建的工程中补全相应的目录结构，其中需要在src\main目录下添加java和resource目录，至此springmvc项目创建完成，目录结构如图4-3所示。

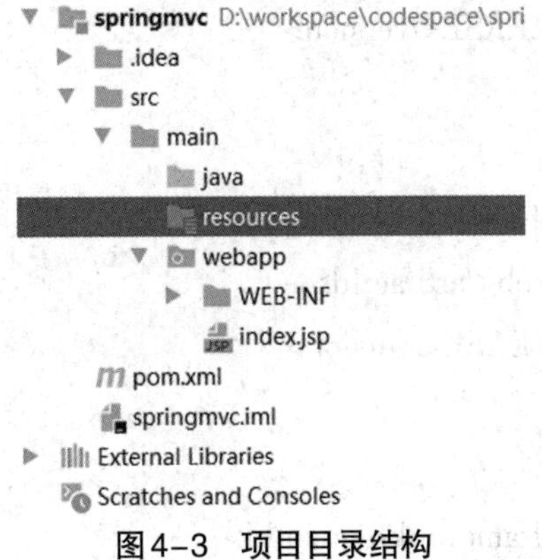

图4-3　项目目录结构

（二）导入依赖

项目创建完成后，为了保障项目可以正常的启动，需要导入项目所需要的依赖到该项目的pom文件中。本项目中需要使用Spring、SpringMVC和jsp，因此需要导入相应的依赖，另外SpringMVC 底层的实现还需要Servlet的支撑，所以另外还要导入Servlet相关的依赖。pom.xml中所需的具体依赖关键代码如下所示。

```
<?xml version="1.0" encoding="UTF-8"?>
<project xmlns="http://maven.apache.org/POM/4.0.0" xmlns:xsi="http://www.w3.org/
2001/XMLSchema-instance"
    xsi:schemaLocation="http://maven.apache.org/POM/4.0.0 http://maven.apache.org/xsd/
maven-4.0.0.xsd">
    <modelVersion>4.0.0</modelVersion>
    <groupId>com.zyy</groupId>
    <artifactId>springmvc</artifactId>
    <version>1.0-SNAPSHOT</version>
    <packaging>war</packaging>

    <dependencies>
     <dependency>
       <groupId>org.springframework</groupId>
       <artifactId>spring-context</artifactId>
       <version>5.2.5.RELEASE</version>
     </dependency>
     <dependency>
       <groupId>org.springframework</groupId>
       <artifactId>spring-test</artifactId>
       <version>5.2.5.RELEASE</version>
     </dependency>
     <dependency>
       <groupId>org.springframework</groupId>
       <artifactId>spring-web</artifactId>
       <version>5.2.5.RELEASE</version>
     </dependency>
     <dependency>
       <groupId>org.springframework</groupId>
       <artifactId>spring-webmvc</artifactId>
       <version>5.2.5.RELEASE</version>
     </dependency>
     <dependency>
```

```
      <groupId>javax.servlet</groupId>
      <artifactId>javax.servlet-api</artifactId>
      <version>3.0.1</version>
      <scope>provided</scope>
    </dependency>
    <dependency>
      <groupId>javax.servlet</groupId>
      <artifactId>jsp-api</artifactId>
      <version>2.0</version>
    </dependency>
  </dependencies>

  <build>
    <!--设置插件-->
    <plugins>
      <plugin>
        <groupId>org.apache.maven.plugins</groupId>
        <artifactId>maven-compiler-plugin</artifactId>
        <version>3.1</version>
        <configuration>
          <source>1.8</source>
          <target>1.8</target>
        </configuration>
      </plugin>
    </plugins>
  </build>
</project>
```

(三)配置tomcat服务器

1.配置tomcat信息　选择IDEA工具类中的“Run”→“Edit Configurations”选项，弹出“Run/Debug Configurations”对话框，然后点击左上角的“+”按钮，弹出“Add New Configurations”菜单列表，然后选择Tomcat Server下面的Local，在右侧设置Name的值，Application server中设置Tomcat的安装路径以及After launch中选择谷歌浏览器使用，如图4-4所示。

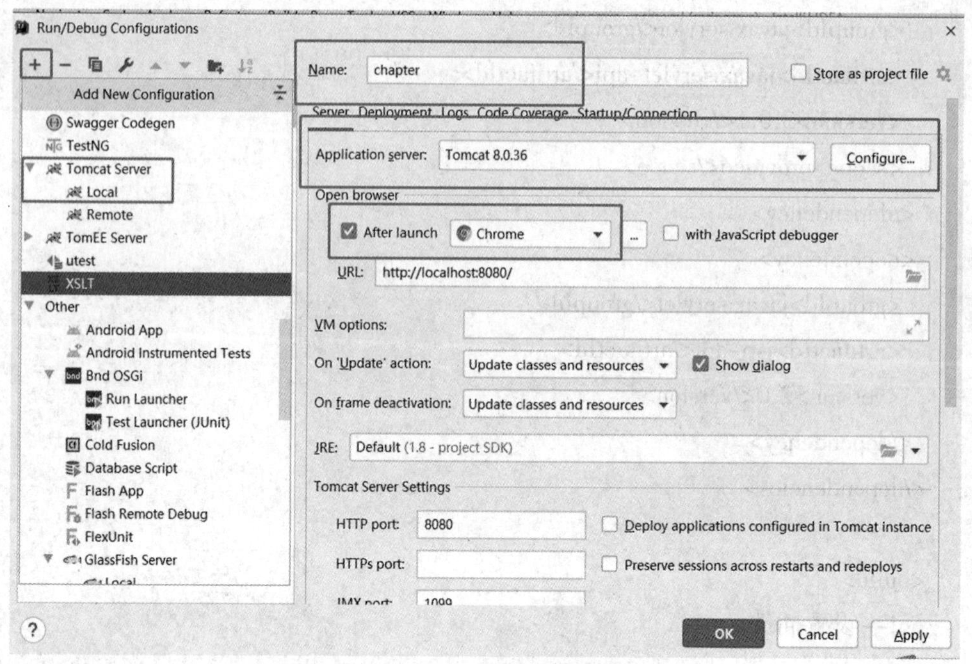

图4-4 tomcat的配置信息

2.项目部署 接着上面的操作点击Deployment按钮，点击右侧的“+”按钮，选择Artifact，弹出“Select Artifacts to Deploy”，选择“Springmvc:war exploded”点击ok按钮，同时把“Application context”里面的值设置成/，最后点击Apply和Ok按钮，如图4-5所示。

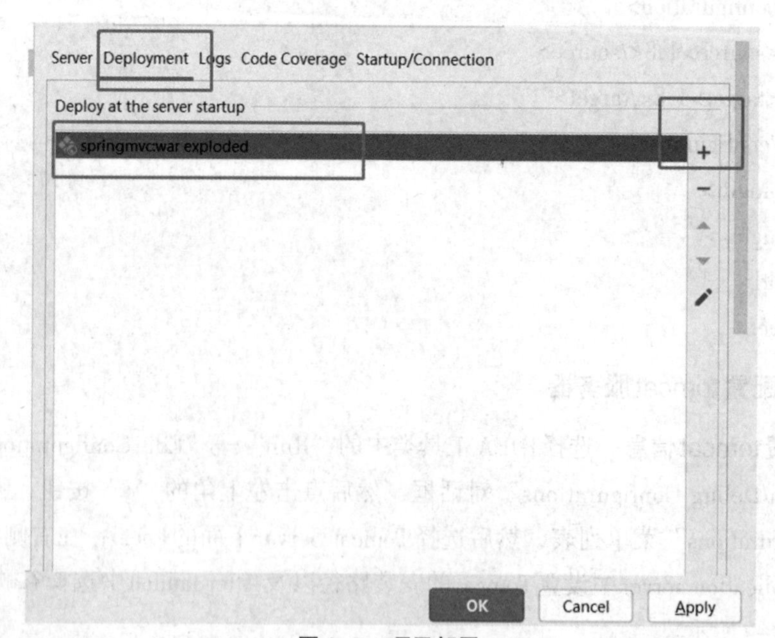

图4-5 项目部署

（四）配置前端控制器

SpringMVC通过前端控制器会拦截客户端发送的请求并转发到相应的控制器中，因此在使用该框架时，配置前端控制器是非常重要的一步。前端控制器本质上也是一个Servlet，因此可以在创建项目中的webapp目录下的web.xml文件中进行相应的配置，关键代码如下。

```
<?xml version="1.0" encoding="UTF-8"?>
<web-app version="3.0" xmlns="http://java.sun.com/xml/ns/javaee"
    xmlns:xsi="http://www.w3.org/2001/XMLSchema-instance"
    xsi:schemaLocation="http://java.sun.com/xml/ns/javaee
    http://java.sun.com/xml/ns/javaee/web-app_3_0.xsd">
 <!--配置SpringMVC的前端控制器-->
 <servlet>
  <servlet-name>DispatcherServlet</servlet-name>
  <servlet-class>org.springframework.web.servlet.DispatcherServlet</servlet-class>
  <!--配置初始化参数，用于读取SpringMVC 配置文件-->
  <init-param>
   <param-name>contextConfigLocation</param-name>
   <param-value>classpath:spring-mvc.xml</param-value>
  </init-param>
  <!--应用加载时创建-->
  <load-on-startup>1</load-on-startup>
 </servlet>
 <servlet-mapping>
  <servlet-name>DispatcherServlet</servlet-name>
  <url-pattern>/</url-pattern>
 </servlet-mapping>
</web-app>
```

（五）配置处理器映射信息和视图解析器

在项目的resource目录下创建SpringMVC的配置文件spring-mvc.xml，用于配置映射信息和视图解析器，关键代码如下。

```
<?xml version="1.0" encoding="UTF-8"?>
<beans xmlns="http://www.springframework.org/schema/beans"
    xmlns:xsi="http://www.w3.org/2001/XMLSchema-instance"
    xmlns:context="http://www.springframework.org/schema/context"
    xsi:schemaLocation="
```

```
        http://www.springframework.org/schema/beans
        http://www.springframework.org/schema/beans/spring-beans.xsd
        http://www.springframework.org/schema/context
        http://www.springframework.org/schema/context/spring-context.xsd">

    <!--Controller的组件扫描-->
    <context:component-scan base-package="com.zyy.controller"/>
    <!--配置内部资源视图解析器-->
    <bean class="org.springframework.web.servlet.view.InternalResourceViewResolver">
        <property name="prefix" value="/jsp/"></property>
        <property name="suffix" value=".jsp"></property>
    </bean>
</beans>
```

（六）编写controller层

在项目的src/main/java目录下创建一个com.zyy.controller的包，在该包中创建一个FirstController控制器类，用于实现接受客户端请求并响应跳转到指定页面。FirstController控制器类中具体关键代码如下。

```
package com.zyy.controller;

import org.springframework.stereotype.Controller;
import org.springframework.web.bind.annotation.RequestMapping;

@Controller
@RequestMapping("/first")
public class FirstController {

    @RequestMapping("/quick")
    public String save(){
     System.out.println("访问到FirstController...");
     return "success";
    }
}
```

（七）实现页面功能

在webapp目录下创建jsp文件夹，并在该文件夹下创建success.jsp文件，用于实现对请求后响应数据的视图展示，关键代码如下。

```
<%@ page contentType="text/html;charset=UTF-8" language="java" %>
<html>
<head>
  <title>入门程序</title>
</head>
<body>
  <h1>Success!第一个SpringMVC入门案例</h1>
</body>
</html>
```

（八）启动项目测试

到这一步为止，所有的环境搭建及入门案例代码全部编写完成，可以将其部署到tomcat服务器中进行测试，其运行效果如图4-6所示。

图4-6　访问效果

第二节　数据绑定与响应

一、简单数据类型绑定

简单数据类型的绑定，是指Java语言中几种基本数据类型的绑定，例如Integer、String等数据类型。在SpringMVC中进行简单数据类型的数据绑定时，只需要客户端请求参数的参数名称和控制器的形参名称保持一致即可，请求参数会自动映射匹配到控制器的形参进而来完成数据的绑定。关键代码如下所示。

```
import org.springframework.stereotype.Controller;
import org.springframework.web.bind.annotation.RequestMapping;

@Controller
@RequestMapping("/user")
public class UserController {
  @RequestMapping("/getUsernameAndId")
  public String getUsername(String username,Integer id){
    System.out.println("username="+username+",id="+id);
```

```
        return "success";
    }
}
```

启动tomcat将项目重新部署打包，并在浏览器中进行访问地址http://localhost:8080/user/getUsernameAndId?username=zhangsan&id=1，发现浏览器同样可以正确跳转到success.jsp页面，同时控制器可以打印出结果，如图4-7所示。

```
[2023-03-13 05:01:25,268] Artifact sprir
[2023-03-13 05:01:25,268] Artifact sprir
username=zhangsan,id=1
13-Mar-2023 17:01:33.028 INFO [localhost
13-Mar-2023 17:01:33.056 INFO [localhost
```

图4-7　控制台打印结果

二、复杂数据类型绑定

在使用简单数据类型进行数据绑定时，可以很容易地根据具体的需求来定义方法中的形参类型和个数，然而在实际应用中，客户端请求有时可能遇到传递多个不同类型的参数数据的情况，如果还单纯地使用简单数据类型进行绑定，这种操作就显然比较复杂困难，因此出现了复杂数据类型的绑定。

（一）POJO绑定

POJO类型的数据绑定就是将所有的请求参数封装到一个POJO实体中，然后在方法中直接使用该实体对象作为形参来完成数据绑定。具体案例实现步骤如下所示。

1.创建User实体类　在项目创建一个com.zyy.pojo包，在该包下创建一个User类来封装用户注册的信息参数，关键代码如下。

```
package com.zyy.pojo;

public class User {

    private String username;
    private String password;

    public String getUsername() {
        return username;
    }

    public void setUsername(String username) {
```

```
        this.username = username;
    }

    public String getPassword() {
        return password;
    }

    public void setPassword(String password) {
        this.password = password;
    }
}
```

2.编写UserController类 在控制器UserController类中，编写接收用户注册信息和向注册页面跳转的方法，关键代码如下。

```
@RequestMapping("/toRegister")
public String toRegister(){
    return "register";
}

@RequestMapping("/registerUser")
public void registerUser(User user){
    String username = user.getUsername();
    String password = user.getPassword();
    System.out.println("username="+username+",password="+password);
}
```

3.实现注册页面功能 在webapp/jsp目录下，创建一个用户注册页面register.jsp，在该jsp中编写用户注册表单，表单需要以post方式进行提交，关键代码如下。

```
<%@ page contentType="text/html;charset=UTF-8" language="java" %>
<html>
  <head>
    <title>注册页面</title>
  </head>
  <body>
    <form action="${pageContext.request.contextPath}/user/registerUser" method="post">
      用户名：<input type="text" name="username"/><br/>
      密   码：
```

```
<input type="password" name="password"/><br/>
        <input type="submit" value="注册">
    </form>
  </body>
</html>
```

4.启动项目并进行测试 将项目发布到tomcat服务器并进行启动，在浏览器中访问地址 http://localhost:8080/user/toRegister，就会跳转到用户注册页面register.jsp，在注册页面中，填写对应的用户名和密码，然后单击“注册”按钮即可完成注册功能。假设用户注册的用户名和密码分别为“zhangsan”和“123456”，当单击“注册”按钮后，此时控制台的输出结果如图4-8所示。

```
[2023-03-20 02:52:30,535] Artifact zyy:war exploded: Deploy tc
20-Mar-2023 14:52:32.932 警告 [http-nio-8080-exec-5] org.sprin(
20-Mar-2023 14:52:37.866 信息 [localhost-startStop-1] org.apacl
20-Mar-2023 14:52:37.924 信息 [localhost-startStop-1] org.apacl
username=zhangsan,password=123456
```

图4-8 控制台打印结果

（二）数组绑定

在实际开发中，有时会遇到客户端请求传递多个同名参数到服务端的情况，这种情况下使用数组来接收客户端的请求参数完成数据的绑定更加合适。

1.创建Category实体类 在项目创建一个com.zyy.pojo包，在该包下创建一个Category类来封装中药材分类信息，关键代码如下。

```
public class Category {

    private Integer id;
    private String name;

    public Integer getId() {
        return id;
    }

    public void setId(Integer id) {
        this.id = id;
    }

    public String getName() {
        return name;
```

```
    }

    public void setName(String name) {
        this.name = name;
    }
}
```

2.编写CategoryController类　在控制器CategoryController类中，编写接收表单提交的商品分类id的方法，关键代码如下。

```
@Controller
@RequestMapping("/category")
public class CategoryController {

    @RequestMapping("/getCategory")
    public void getCategory(Integer[] ids){
        for (Integer id : ids) {
            System.out.println("获取id为"+id+"的商品分类");
        }
    }
}
```

3.实现中药材分类表单页面功能　在webapp/jsp 目录下，创建一个提交中药材分类页面category.jsp，在该页面中展示中药材分类列表，表单提交时向服务器发送种类的所有id，关键代码如下。

```
<%@ page contentType="text/html;charset=UTF-8" language="java" %>
<html>
    <head>
        <title>药材商品</title>
    </head>
    <body>
        <form action="${pageContext.request.contextPath}/category/getCategory" method="post">
            <table width="220px" border="1">
                <tr><td>选择</td><td>商品分类</td></tr>
                <tr>
                    <td>
                        <input name="ids" value="1" type="checkbox">
```

```
            </td>
            <td>根茎类</td>
        </tr>
        <tr>
            <td>
                <input name="ids" value="2" type="checkbox">
            </td>
            <td>动物类</td>
        </tr>
        <tr>
            <td>
                <input name="ids" value="3" type="checkbox">
            </td>
            <td>矿石类</td>
        </tr>
    </table>
    <input type="submit" value="提交商品">
  </form>
</body>
</html>
```

4.启动项目完成测试 将项目发布到Tomcat服务器并启动，打开浏览器，在地址栏中输入访问地址http://localhost:8080/jsp/category.jsp，然后勾选复选框，点击“提交商品”按钮，控制台的输出结果如图4-9所示。

```
23-Apr-2023 15:33:39.069 信息 [localhost-startS
23-Apr-2023 15:33:39.112 信息 [localhost-startS
获取id为1的中药材分类
获取id为3的中药材分类
```

图4-9 控制台打印结果

（三）集合绑定

在实际开发中，有时客户端请求需要传递多个同名参数到服务端的情况还可以使用集合进行多参数的绑定。但是在使用集合进行数据绑定时，请求参数名称与处理器的形参需保持一致，如果不一致的话，处理器的形参需要使用@RequestParam注解标注。

1.修改CategoryController类 修改控制器CategoryController类中内容，编写接收表单提交的商品分类id的方法，关键代码如下。

```
@Controller
@RequestMapping ("/category")
public class CategoryController {

    @RequestMapping("/getCategory")
    public void getCategory(@RequestParam("ids") List<Integer> ids){
        for (Integer id : ids) {
            System.out.println("获取id为"+id+"的商品分类");
        }
    }
}
```

2.重新启动项目并测试　将项目发布到 Tomcat 服务器并启动，在浏览器中访问地址 http://localhost:8080/jsp/category.jsp，然后勾选复选框，点击“提交商品”按钮，控制台的输出结果如图4-10所示。

```
23-Apr-2023 15:43:46.779 信息 [localhos
23-Apr-2023 15:43:46.836 信息 [localhos
获取id为1的中药材分类
获取id为2的中药材分类
获取id为3的中药材分类
```

图4-10　控制台打印结果

(四)复杂POJO绑定

在使用简单POJO类型可以完成大多数情况下的数据绑定，但是有时还可能遇到传递参数比较复杂的情况，例如，在查询用户订单时，前端页面传递的参数可能有订单的编号、用户名等信息，这包含了订单和用户两个对象的信息，这种情况下就可以使用复杂POJO类型进行数据的绑定。

1.创建Orders实体类　在项目创建一个com.zyy.pojo包，在该包下创建一个Orders类来封装订单和用户信息，关键代码如下。

```
public class Orders {

    private Integer ordersId;
    private User user;

    public Integer getOrdersId() {
        return ordersId;
    }
```

```
    public void setOrdersId(Integer ordersId) {
        this.ordersId = ordersId;
    }

    public User getUser() {
        return user;
    }

    public void setUser(User user) {
        this.user = user;
    }
}
```

2. 编写OrdersController类 在OrdersController类中，编写查询用户订单方法，关键代码如下。

```
@Controller
@RequestMapping("/orders")
public class OrdersController {

    /**
     * 查询订单和用户信息
     */
    @RequestMapping("/findOrdersWithUser")
    public String findOrdersWithUser(Orders orders){
        Integer orderId = orders.getOrdersId();
        User user = orders.getUser();
        String username = user.getUsername();
        System.out.println("orderId="+orderId+",username="+username);
        return "success";
    }
}
```

3. 实现订单查询页面功能 在webapp/jsp目录下，创建一个提交订单查询信息页面orders.jsp，在该页面中表单提交至后端服务器，关键代码如下。

```
<%@ page contentType="text/html;charset=UTF-8" language="java" %>
<!DOCTYPE html PUBLIC#-//W3C//DTDHTML4.01Transitional//EN""http://www.w3.org/TR/htm14/loose.dtd">
```

```
<html>
<head>
  <meta http-equiv="Content-Type"content="text/html; charset=UTF-8">
  <title>订单查询</title>
</head>
<body>
  <form action="${pageContext.request.contextPath}/orders/findOrdersWithUser" method="post">
    订单编号：<input type="text" name="ordersId"/><br/>
    所属用户：<input type="text" name="user.username"/><br/>
    <input type="submit" value="注册">
  </form>
</body>
</html>
```

4.部署项目进行测试 将项目发布到 Tomcat上并启动，在浏览器中访问订单orders.jsp，访问地址 http://localhost:8080/jsp/orders.jsp，在该jsp内输入订单号1223和用户名zhangsan等信息，控制台的输出结果如图4-11所示。

```
[2023-03-24 09:20:20,636] Artifact zyy:war exploded: Deplo
24-Mar-2023 09:20:27.547 信息 [localhost-startStop-1] org.a
24-Mar-2023 09:20:27.663 信息 [localhost-startStop-1] org.a
orderId=1223,username=zhangsan
```

图4-11 控制台打印结果

三、静态资源访问

在前面搭建项目的过程中，web.xml文件中配置的DispatcherServlet会拦截所有URL，导致项目中的静态资源也会被拦截，显然这些不符合实际的开发逻辑，因此，需要在配置文件中进行静态资源配置放行。

（一）<mvc:resources>标签

在web.xml文件中新增静态资源访问映射<mvc:resources>，配置改映射后，程序会自动加载配置路径下的静态资源，关键代码如下。

```
<?xml version="1.0" encoding="UTF-8" ?>
<beans xmlns="http://www.springframework.org/schema/beans"
    xmlns:mvc="http://www.springframework.org/schema/mvc"
    xmlns:context="http://www.springframework.org/schema/context"
    xmlns:xsi="http://www.w3.org/2001/XMLSchema-instance"
```

```
    xsi:schemaLocation="http://www.springframework.org/schema/beans">

    <!--Controller的组件扫描-->
    <context:component-scan base-package="com.zyy.controller"/>
    <!--配置内部资源视图解析器-->
    <bean class="org.springframework.web.servlet.view.InternalResourceViewResolver">
        <property name="prefix" value="/jsp/"></property>
        <property name="suffix" value=".jsp"></property>
    </bean>
    <!--配置静态资源访问映射-->
    <mvc:resources mapping="/jsp" location="/jsp"/>
</beans>
```

（二）< mvc:default-servlet-handler >标签

除了使用<mvc:resources>元素可以实现对静态资源的访问外，还可以使用<mvc:default-servlet-handler>标签实现对静态资源的访问，关键代码如下。

```
<?xml version="1.0" encoding="UTF-8" ?>
<beans xmlns="http://www.springframework.org/schema/beans"
    xmlns:mvc="http://www.springframework.org/schema/mvc"
    xmlns:context="http://www.springframework.org/schema/context"
    xmlns:xsi="http://www.w3.org/2001/XMLSchema-instance"
    xsi:schemaLocation="http://www.springframework.org/schema/beans">

    <!--Controller的组件扫描-->
    <context:component-scan base-package="com.zyy.controller"/>
    <!--配置内部资源视图解析器-->
    <bean class="org.springframework.web.servlet.view.InternalResourceViewResolver">
        <property name="prefix" value="/jsp/"></property>
        <property name="suffix" value=".jsp"></property>
    </bean>
    <!--配置静态资源访问映射-->
    <mvc:default-servlet-handler/>
</beans>
```

四、数据回显

在默认情况下，SpringMVC的响应会经过视图解析器完成页面的跳转，但是客户端有时不希望在响应时进行页面跳转，而是需要回显相关的数据至客户端。

（一）普通字符串的回显

以数据回显的方式响应时，可以使用SpringMVC所支持的类型完成数据的输出。

1.编写ShowController类 在项目的com.zyy.controller包中，创建一个ShowController类，在该类中写一个回显字符串方法，关键代码如下。

```
@Controller
@RequestMapping("/show")
public class ShowController {

  @RequestMapping("/data")
  public void data(HttpServletResponse response) {
    try{
      response.getWriter().println("hello,springMVC");
    }catch (IOException e){
      e.printStackTrace();
    }
  }
}
```

2.启动项目实现回显测试 启动项目，在浏览器访问地址http://localhost:8080/show/data，运行效果如图4-12所示。

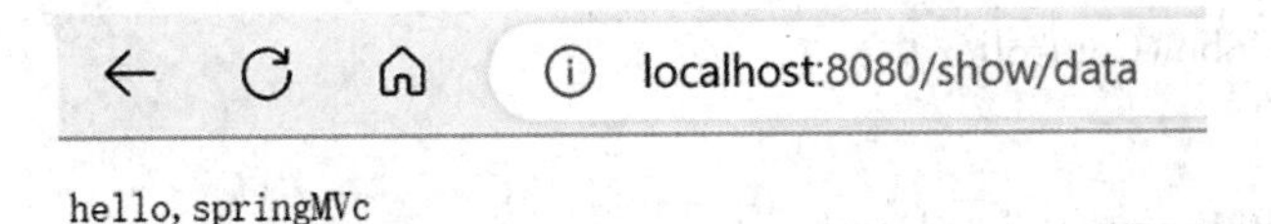

图4-12 运行效果

（二）json的回显

在实际开发中，对数据回显需求不会是单纯的普通字符串回显那么简单，更多时候需要回显对象或者集合。以下讲解对象或者集合数据转换成json数据后进行数据回显。

1.创建用户实体类 在项目的com.zyy.pojo包下创建一个User类来封装用户信息，关键代码如下。

```
public class User {

  private String username;
```

```
    private String password;

    public String getUsername() {
        return username;
    }

    public void setUsername(String username) {
        this.username = username;
    }

    public String getPassword() {
        return password;
    }
    public void setPassword(String password) {
        this.password = password;
    }
}
```

2.修改ShowController类　在ShowController类新增一个回显json对象的方法，关键代码如下。

```
@Controller
@RequestMapping("/show")
public class ShowController {

    @RequestMapping("/jsonData")
    @ResponseBody
    public User jsonData() {
        User user = new User();
        user.setUsername("zhangsan");
        user.setPassword("123456");
        return user;
    }
}
```

3.编写配置文件　在spring-mvc.xml配置文件中添加mvc注解驱动信息，关键代码如下。

```
<?xml version="1.0" encoding="UTF-8" ?>
```

```
<beans xmlns="http://www.springframework.org/schema/beans"
    xmlns:mvc="http://www.springframework.org/schema/mvc"
    xmlns:context="http://www.springframework.org/schema/context"
    xmlns:xsi="http://www.w3.org/2001/XMLSchema-instance"
    xsi:schemaLocation="http://www.springframework.org/schema/beans
">
  <!--Controller的组件扫描-->
  <context:component-scan base-package="com.zyy.controller"/>

  <!--配置mvc注解驱动-->
  <mvc:annotation-driven/>

  <!--配置内部资源视图解析器-->
  <bean class="org.springframework.web.servlet.view.InternalResourceViewResolver">
    <property name="prefix" value="/jsp/"></property>
    <property name="suffix" value=".jsp"></property>
  </bean>

  <!--配置静态资源访问映射-->
  <mvc:default-servlet-handler/>
</beans>
```

4.启动测试　在浏览器访问地址 http://localhost:8080/show/json，运行效果如图4-13所示。

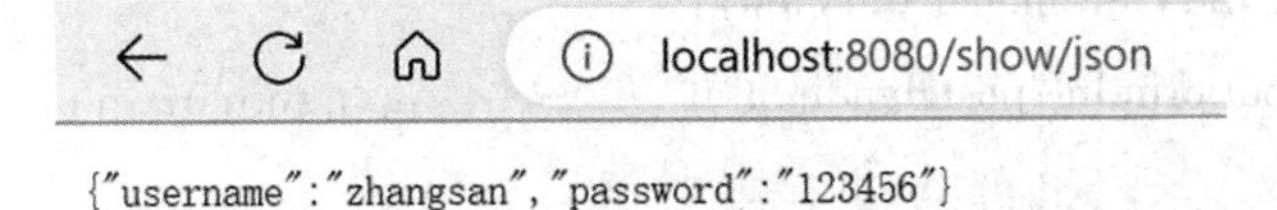

{"username":"zhangsan","password":"123456"}

图4-13　运行效果

第三节　拦截器

在实际项目中，拦截器的使用是非常普遍的，例如在购物平台中通过拦截器可以拦截未登录的用户，禁止其下单购买商品。在SpringMVC框架中，同样提供了拦截器功能，通过相关的配置即可对请求进行拦截处理。

一、拦截器概述

要使用框架中的拦截器，就需要对拦截器类进行定义和配置。通常拦截器类可以通过两种方式来定义。一种是通过实现HandlerInterceptor接口来定义；另一种是通过实现 WebRequestInterceptor接口来定义。

下面以实现HandlerInterceptor接口的方式为例，自定义拦截器类的具体代码如下。

```
import org.springframework.web.servlet.HandlerInterceptor;
import org.springframework.web.servlet.ModelAndView;
import javax.servlet.ServletException;
import javax.servlet.http.HttpServletRequest;
import javax.servlet.http.HttpServletResponse;
import java.io.IOException;

public class MyInterceptor implements HandlerInterceptor {

    //在目标方法执行之前执行
    public boolean preHandle(HttpServletRequest request, HttpServletResponse response,
Object handler) throws ServletException, IOException {
        System.out.println("preHandle.....");
        return true;
    }

    //在目标方法执行之后视图对象返回之前执行
    public void postHandle(HttpServletRequest request, HttpServletResponse response, Obj
ect handler, ModelAndView modelAndView) {
        System.out.println("postHandle...");
    }

    //在流程都执行完毕后执行
    public void afterCompletion(HttpServletRequest request, HttpServletResponse response,
Object handler, Exception ex) {
        System.out.println("afterCompletion....");
    }
}
```

（一）拦截器配置

要想使自定义拦截器生效，还需要在spring-mvc.xml配置文件中进行如下配置，关键代码如下。

```
<?xml version="1.0" encoding="UTF-8" ?>
<beans xmlns="http://www.springframework.org/schema/beans"
    xmlns:mvc="http://www.springframework.org/schema/mvc"
    xmlns:context="http://www.springframework.org/schema/context"
    xmlns:xsi="http://www.w3.org/2001/XMLSchema-instance"
    xsi:schemaLocation="http://www.springframework.org/schema/beans
">
  <!--Controller的组件扫描-->
  <context:component-scan base-package="com.zyy.controller"/>
  <!--配置mvc注解驱动-->
  <mvc:annotation-driven/>
  <!--配置内部资源视图解析器-->
  <bean class="org.springframework.web.servlet.view.InternalResourceViewResolver">
    <property name="prefix" value="/jsp/"></property>
    <property name="suffix" value=".jsp"></property>
  </bean>
  <!--配置静态资源访问映射-->
  <mvc:default-servlet-handler/>
  <!--配置拦截器-->
  <mvc:interceptors>
    <mvc:interceptor>
      <!--对哪些资源执行拦截操作-->
      <mvc:mapping path="/**"/>
      <bean class="com.zyy.interceptor.MyInterceptor"/>
    </mvc:interceptor>
  </mvc:interceptors>
</beans>
```

（二）拦截器执行流程

在程序运行时，拦截器的执行是有一定的顺序的，该顺序与配置文件中所定义的拦截器的顺序相关。

下面以单个拦截器的执行流程为例来进行详细的讲解（图4-14）。

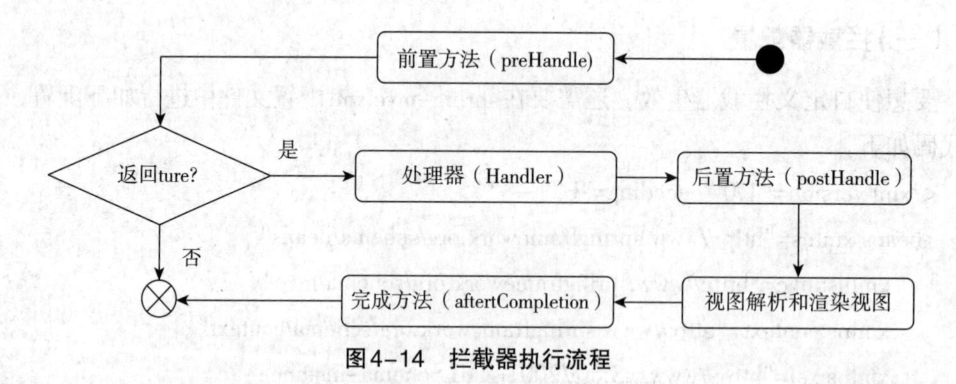

图4-14 拦截器执行流程

从图4-14可以看出，程序首先会执行拦截器类中的preHandle()方法，如果该方法的返回值为true，则程序会继续向下执行处理器中的方法，否则将不再向下执行；在控制器处理完请求会执行postHandle()方法，然后会通过中央前端控制器向客户端返回响应；在中央前端控制器处理完请求后，最后才会执行afterCompletion()方法。

下面通过一个案例来演示单个拦截器的执行流程，具体实现如下所示。

1.编写TargetController类 在项目的com.zyy.controller包下创建目标执行TargetController类，在该类中编写一个show方法，关键代码如下。

```
import org.springframework.stereotype.Controller;
import org.springframework.web.bind.annotation.RequestMapping;

@Controller
@RequestMapping("/target")
public class TargetController {

    @RequestMapping("/show")
    public String show(){

        System.out.println(" 目标资源执行...");
        return "success";
    }
}
```

2.创建拦截器 在src/main/java目录下，创建一个com.zyy.interceptor包，并在该包下创建实现HandlerInterceptor接口的拦截器MyInterceptor类，在该拦截器中重写以下3个方法，关键代码如下。

```
import org.springframework.web.servlet.HandlerInterceptor;
import org.springframework.web.servlet.ModelAndView;
import javax.servlet.ServletException;
```

```
import javax.servlet.http.HttpServletRequest;
import javax.servlet.http.HttpServletResponse;
import java.io.IOException;

public class MyInterceptor implements HandlerInterceptor {

    //在目标方法执行之前 执行
    public boolean preHandle(HttpServletRequest request, HttpServletResponse response, Ob
ject handler) throws ServletException, IOException {
        System.out.println("preHandle.....");
        return true;
    }
    //在目标方法执行之后 视图对象返回之前执行
    public void postHandle(HttpServletRequest request, HttpServletResponse response, Obj
ect handler, ModelAndView modelAndView) {
        System.out.println("postHandle...");
    }

    //在流程都执行完毕后 执行
    public void afterCompletion(HttpServletRequest request, HttpServletResponse response,
Object handler, Exception ex) {
        System.out.println("afterCompletion....");
    }
}
```

3.配置spring-mvc.xml文件　在spring-mvc.xml配置文件中添加MyInterceptor拦截器的相关配置，关键代码如下。

```
<!--配置拦截器-->
<mvc:interceptors>
    <mvc:interceptor>
        <!--对哪些资源执行拦截操作-->
        <mvc:mapping path="/**"/>
        <bean class="com.zyy.interceptor.MyInterceptor"/>
    </mvc:interceptor>
</mvc:interceptors>
```

4.重新发布并测试　启动项目，在浏览器中访问地址http://localhost:8080/target/show，控制台打印结果如图4-15所示。

```
31-Mar-2023 10:20:15.723 信息 [localhost
preHandle.....
目标资源执行...
postHandle...
afterCompletion....
```

图4-15 控制台打印结果

二、拦截器应用

以下将通过一个用户登录权限验证的案例来进一步巩固拦截器的应用。在接下来的案例中，用户只有登录成功后才能访问系统中的主页面，如果用户没有登录，则拦截器会将请求拦截，并转发到登录页面，同时在登录页面中给出相应的提示信息。如果登录时用户名或密码错误，也会在登录页面给出相应的提示信息。当已成功登录的用户在系统主页中单击“退出”链接时，系统会跳转到登录页面。

了解了用户登录验证的逻辑后，下面通过具体的步骤来实现。

1.创建登录用户实体类 在项目创建一个com.zyy.pojo包，在该包下创建User类来封装用户登录的信息参数，关键代码如下。

```
public class User {

    private String username;
    private String password;

    public String getUsername() {
        return username;
    }

    public void setUsername(String username) {
        this.username = username;
    }

    public String getPassword() {
        return password;
    }

    public void setPassword(String password) {
        this.password = password;
    }
```

```
}
```

2.编写UserController控制类　在项目中创建一个com.zyy.controller包，在该包中创建UserController类，类中编写跳转到登录页、用户登录、跳转到首页、用户退出这4个方法，关键代码如下。

```
import com.zyy.pojo.User;
import org.springframework.stereotype.Controller;
import org.springframework.ui.Model;
import org.springframework.web.bind.annotation.RequestMapping;
import javax.servlet.http.HttpSession;

@Controller
@RequestMapping("/user")
public class UserController {

    /**
     * 向用户登录页面跳转
     */
    @RequestMapping("/toLogin")
    public String toLogin(){
        return "login";
    }

    /**
     * 用户登录
     */
    @RequestMapping("/login")
    public String login(User user, Model model, HttpSession session){
        String username = user.getUsername();
        String password = user.getPassword();
        //用户名和密码进行判断
        if(username != null && username.equals("admin") && password != null && passwor
d.equals("admin")){
            //将用户对象添加到session中
            session.setAttribute("user",user);
            //登录成功转发到系统首页
```

```
            return "main";
        }

        //登录失败，重定向登录页面
        model.addAttribute("msg","用户名或者密码错误，请重新登录");
        return "login";
    }

    /**
     * 跳转至主页面
     */
    @RequestMapping("/main")
    public String toMain(){
        return "main";
    }

    /**
     * 退出登录
     */
    @RequestMapping("/logout")
    public String logout(HttpSession session){
        //清除session
        session.invalidate();
        //重定向到去登录
        return "redirect:toLogin";
    }
}
```

3.创建登录拦截器类 在src/main/java目录下，创建一个路径为com.zyy.interceptor包，并在该包下创建实现HandlerInterceptor接口的拦截器LoginInterceptor类，在该拦截器中重写如下3个方法，关键代码如下。

```
import org.springframework.web.servlet.HandlerInterceptor;
import org.springframework.web.servlet.ModelAndView;
import javax.servlet.ServletException;
import javax.servlet.http.HttpServletRequest;
import javax.servlet.http.HttpServletResponse;
```

```
import javax.servlet.http.HttpSession;
import java.io.IOException;

public class LoginInterceptor implements HandlerInterceptor {

    public boolean preHandle(HttpServletRequest request, HttpServletResponse response,
Object handler) throws ServletException, IOException {
        //获取请求的url
        String url = request.getRequestURI();
        //对用户登录的相关请求进行判断
        if(url.indexOf("/login") >= 0){
            return true;
        }

        //判断用户是否已经登录
        HttpSession session = request.getSession();
        if(session.getAttribute("user") != null){
            return true;
        }

        //其他情况直接跳转至登录页面
        request.setAttribute("msg","您还没登录，请先登录");
        request.getRequestDispatcher("/jsp/login.jsp").forward(request,response);
        return true;
    }

    public void postHandle(HttpServletRequest request, HttpServletResponse response, Obj
ect handler, ModelAndView modelAndView) {
        System.out.println("postHandle...");
    }

    public void afterCompletion(HttpServletRequest request, HttpServletResponse response,
Object handler, Exception ex) {
        System.out.println("afterCompletion....");
    }
}
```

4.配置拦截器信息 在spring-mvc.xml配置文件中添加包扫描、注解驱动、视图解析器、拦截器等相关配置信息，关键代码如下。

```
<?xml version="1.0" encoding="UTF-8" ?>
<beans xmlns="http://www.springframework.org/schema/beans"
    xmlns:mvc="http://www.springframework.org/schema/mvc"
    xmlns:context="http://www.springframework.org/schema/context"
    xmlns:xsi="http://www.w3.org/2001/XMLSchema-instance"
    xsi:schemaLocation="http://www.springframework.org/schema/beans
">
    <!--Controller的组件扫描-->
    <context:component-scan base-package="com.zyy.controller"/>
    <!--配置mvc注解驱动-->
    <mvc:annotation-driven/>
    <!--配置内部资源视图解析器-->
    <bean class="org.springframework.web.servlet.view.InternalResourceViewResolver">
      <property name="prefix" value="/jsp/"></property>
      <property name="suffix" value=".jsp"></property>
    </bean>
    <!--配置静态资源访问映射-->
    <mvc:default-servlet-handler/>
    <!--配置拦截器-->
    <mvc:interceptors>
      <mvc:interceptor>
        <!--对哪些资源执行拦截操作-->
        <mvc:mapping path="/**"/>
        <bean class="com.zyy.interceptor.LoginInterceptor"/>
      </mvc:interceptor>
    </mvc:interceptors>
</beans>
```

5.实现首页和登录页面功能 在webapp目录下创建jsp文件夹，在jsp文件夹内创建main.jsp文件作为系统首页，关键代码如下。

```
<%@ page contentType="text/html;charset=UTF-8" language="java" %>
<html>
<head>
    <title>系统主页</title>
```

```
</head>
<body>
  当前用户：${user.username}
  <a href="${pageContext.request.contextPath}/user/logout">退出</a>
</body>
</html>
```

在jsp文件夹内创建login.jsp文件作为提交登录页面，关键代码如下所示：

```
<%@ page contentType="text/html;charset=UTF-8" language="java" %>
<html>
<head>
  <meta http-equiv="Content-Type"content="text/html; charset=UTF-8">
  <title>用户登录</title>
</head>
<body>

  <form action="${pageContext.request.contextPath}/user/login" method="post">
    用户名：<input type="text" name="username"/><br/>
    密   码：<input type="password" name="password"/><br/>
    <input type="submit" value="登录">
  </form>
  <p style="color: red">${msg}</p>
</body>
</html>
```

6.项目部署运行　启动tomcat项目并部署，在浏览器中访问系统首页，访问地址http://localhost:8080/user/main，如图4-16所示。

localhost:8080/user/main
用户名：
密　码：
登录
您还没登录，请先登录

图4-16　系统首页效果

在登录页面如果输入错误的账号或密码，点击登录按钮，页面会重新跳转到登录页（图4-17）。

localhost:8080/user/login

用户名：

密　码：

登录

用户名或者密码错误，请重新登录

图4-17　登录失败效果

在登录页面重新输入正确的账号和密码，点击登录按钮，页面会跳转到系统首页，如图4-18所示。

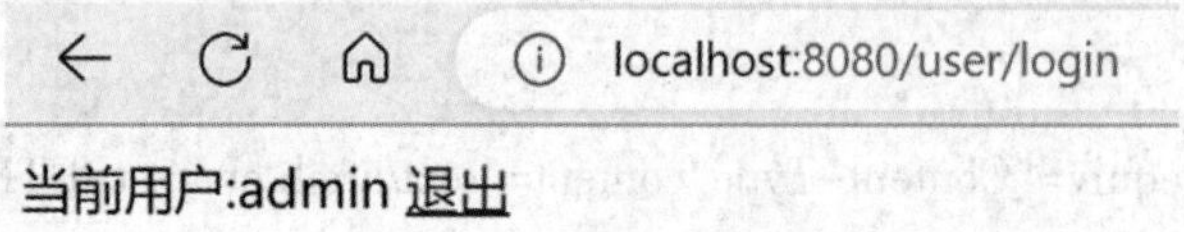

localhost:8080/user/login

当前用户:admin 退出

图4-18　正确登录跳转效果

在系统首页中，点击退出链接，页面会跳转到登录页，如图4-19所示。

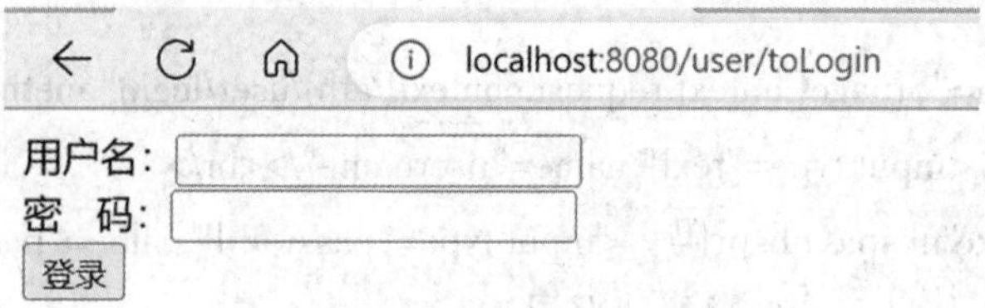

localhost:8080/user/toLogin

用户名：

密　码：

登录

图4-19　退出登录展示效果

第四节　文件上传与下载

在实际的项目开发中，文件的上传和下载是最常用的项目功能，例如图片和邮件附件的上传与下载等。本节将对SpringMVC框架中文件的上传和下载进行详细的讲解。

一、文件上传

（一）文件上传概述

在大多数文件上传时都是以表单形式提交给后台的，因此，要实现文件上传功能的话，就需要提供一个文件上传的表单，而该表单必须满足以下3个条件。

1. form表单的method属性设置为post。

2. form表单的enctype属性设置为multipart/form-data。

3. 提供<input type="file"name="filename"/>的文件上传输入框。

文件上传表单的代码关键代码如下。

```
<%@ page contentType="text/html;charset=UTF-8" language="java" %>
```

```
<html>
<head>
  <title>文件上传</title>
</head>
<body>
  <form action="uploadUrl" method="post" enctype="multipart/form-data">
    <input type="file" name="uploadFile" multiple="multiple"/>
    <input type="submit" value="文件上传"/>
  </form>
</body>
</html>
```

当客户端提交form表单的enctype属性为multipart/form-data时，浏览器会以二进制流的方式来处理表单内容数据，然后服务器端就会对文件上传的请求进行解析处理。SpringMVC框架支持文件上传功能，这种功能实现需要通过MultipartResolve对象实现的，因此需要在spring-mvc.xml配置文件中进行相应的配置，关键代码如下。

```
<!--配置文件上传解析器-->
<bean id="multipartResolver" class="org.springframework.web.multipart.commons.CommonsMultipartResolver">
    <property name="defaultEncoding" value="UTF-8"/>
    <property name="maxUploadSize" value="500000"/>
</bean>
```

（二）文件上传应用

以下通过一个具体的案例来实现文件上传的功能，具体步骤如下。

1.导入文件上传依赖 在pom.xml文件中导入文件上传相关的依赖坐标，关键代码如下。

```
<dependency>
    <groupId>commons-fileupload</groupId>
    <artifactId>commons-fileupload</artifactId>
    <version>1.3.1</version>
</dependency>
<dependency>
    <groupId>commons-io</groupId>
    <artifactId>commons-io</artifactId>
    <version>2.3</version>
</dependency>
```

2.配置文件上传解析器信息 在spring-mvc.xml文件中配置文件上传解析器信息，关键代码如下。

```
<!--配置文件上传解析器-->
<bean id="multipartResolver" class="org.springframework.web.multipart.commons.
CommonsMultipartResolver">
    <property name="defaultEncoding" value="UTF-8"/>
    <property name="maxUploadSize" value="500000"/>
</bean>
```

3.编写FileController类 在src/main/java目录下，创建一个com.zyy.controller包，并在该包下创建FileController类，在该类中编写upload方法，关键代码如下。

```
import org.springframework.stereotype.Controller;
import org.springframework.web.bind.annotation.RequestMapping;
import org.springframework.web.multipart.MultipartFile;
import java.io.File;
import java.io.IOException;
import java.util.List;
@Controller
@RequestMapping("/file")
public class FileController {

    @RequestMapping("/upload")
    public String upload(String username, List<MultipartFile> uploadFile) {
        System.out.println(username);
        for (MultipartFile file : uploadFile) {
            //获得原始名称
            String originalFilename = file.getOriginalFilename();
            //上传文件路径
            try{
                file.transferTo(new File("D:\\study\\upload\\"+originalFilename));
            }catch (IOException e){
                e.printStackTrace();
            }
        }
        return "success";
    }
}
```

4.实现上传页面功能 在webapp目录下创建jsp文件夹，在jsp文件夹内创建upload.jsp文件作为上传提交表单，关键代码如下。

```
<%@ page contentType="text/html;charset=UTF-8" language="java" %>
<html>
<head>
  <title>文件上传</title>
</head>
<body>
  <form action="${pageContext.request.contextPath}/file/upload" method="post" enctype
="multipart/form-data">
    上传人：<input type="text" name="username"><br/>
    请选择文件：<input type="file" name="uploadFile" multiple="multiple"/><br/>
    <input type="submit" value="上传"/>
  </form>
</body>
</html>
```

5.启动项目完成上传功能测试 部署项目到tomcat并启动，在浏览器中访问，通过输入下面的访问地址http://localhost:8080/jsp/upload.jsp，输入上传人和上传文件，控制台运行结果如图4-20所示。

```
[2023-04-05 06:21:59,119] Artifact zyy:war exploded: Artifact is deployed su
[2023-04-05 06:21:59,119] Artifact zyy:war exploded: Deploy took 3,164 milli
05-Apr-2023 18:22:05.753 信息 [localhost-startStop-1] org.apache.catalina.sta
05-Apr-2023 18:22:05.824 信息 [localhost-startStop-1] org.apache.catalina.sta
zhangsan
```

图4-20 控制台打印结果

二、文件下载

（一）文件下载概述

文件下载就是将文件服务器中的文件下载到本机中。进行文件下载时，为了不以客户端默认的方式返回文件，可以在服务器中对下载文件进行相应的配置，其配置的内容包括返回文件的形式、文件打开方式、文件下载方式和响应的状态码等。

SpringMVC提供了一个ResponseEntity类型的对象，使用它可以很方便地定义返回的HttpHeaders对象和HttpStatus对象，通过对这两个对象的设置，即可完成下载文件时所需的配置信息，关键代码如下。

```
import org.apache.commons.io.FileUtils;
import org.springframework.http.HttpHeaders;
```

```
import org.springframework.http.HttpStatus;
import org.springframework.http.MediaType;
import org.springframework.http.ResponseEntity;
import org.springframework.stereotype.Controller;
import org.springframework.web.bind.annotation.RequestMapping;
import javax.servlet.http.HttpServletRequest;
import java.io.File;
import java.io.IOException;

@Controller
@RequestMapping("/file")
public class FileController {
  @RequestMapping("/download")
  public ResponseEntity<byte[]> download(HttpServletRequest request, String filename) {
    try{
      //指定下载文件的路径
      String path = request.getSession().getServletContext().getRealPath("/upload");
      //创建文件对象
      File file = new File(path + File.separator + filename);
      //设置消息头
      HttpHeaders headers = new HttpHeaders();
      //浏览器以下载的方式打开文件
      headers.setContentDispositionFormData("attachment",filename);
      //定义以流的形式下载返回文件数据
      headers.setContentType(MediaType.APPLICATION_OCTET_STREAM);
      return new ResponseEntity<byte[]>(FileUtils.readFileToByteArray(file),headers, HttpStatus.
OK);
    }catch (IOException e){
      e.printStackTrace();
      return null;
    }
  }
}
```

(二)文件下载应用

1.创建下载源文件 在webapp目录下创建down文件夹，在该文件夹内创建aa.txt

文件作为下载的源文件，如图4-21所示。

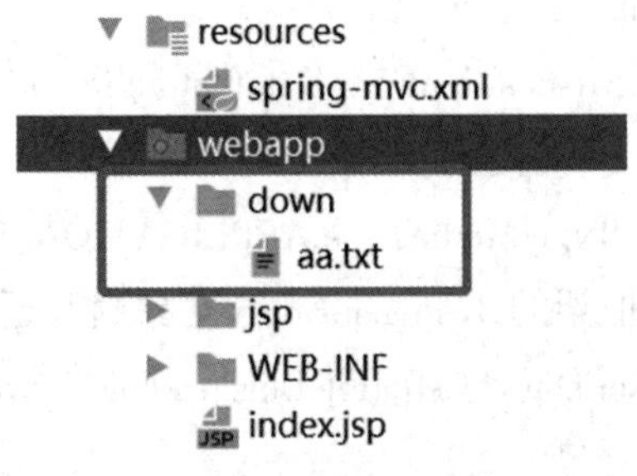

图4-21 创建aa.txt文件

2.修改FileController类 在FileController类中新增download方法，关键代码如下。

```
import org.apache.commons.io.FileUtils;
import org.springframework.http.HttpHeaders;
import org.springframework.http.HttpStatus;
import org.springframework.http.MediaType;
import org.springframework.http.ResponseEntity;
import org.springframework.stereotype.Controller;
import org.springframework.web.bind.annotation.RequestMapping;
import javax.servlet.http.HttpServletRequest;
import java.io.File;
import java.io.IOException;

@Controller
@RequestMapping("/file")
public class FileController {

  @RequestMapping("/download")
  public ResponseEntity<byte[]> download(HttpServletRequest request, String filename) {
    System.out.println("下载文件的名称："+filename);
    try{
      //指定下载文件的路径
      String path = request.getSession().getServletContext().getRealPath("/down/");
      filename = new String(filename.getBytes("ISO-8859-1"),"UTF-8");
      //创建文件对象
      File file = new File(path + File.separator + filename);
      //设置消息头
```

```
            HttpHeaders headers = new HttpHeaders();
            //浏览器以下载的方式打开文件
            headers.setContentDispositionFormData("attachment",filename);
            //定义以流的形式下载返回文件数据
            headers.setContentType(MediaType.APPLICATION_OCTET_STREAM);
            //使用springmvc框架的ResponseEntity对象封装返回下载数据
            return new ResponseEntity<byte[]>(FileUtils.readFileToByteArray(file),headers, HttpStatus.
OK);
        }catch (IOException e){
            e.printStackTrace();
            return null;
        }
    }
}
```

3.实现下载页面功能 在webapp目录下创建jsp文件夹，在jsp文件夹内创建download.jsp文件作为文件下载超链接，关键代码如下。

```
<%@ page contentType="text/html;charset=UTF-8" language="java" %>
<html>
<head>
   <title>Title</title>
</head>
<body>
   <a href="${pageContext.request.contextPath}/file/download?filename=aa.txt">aa.txt</a>
</body>
</html>
```

4.启动项目并进行下载测试 部署项目到tomcat并启动，在浏览器中访问download.jsp，访问地址http://localhost:8080/jsp/download.jsp，点击超链接aa.txt进行文件下载，运行结果如图4-22所示。

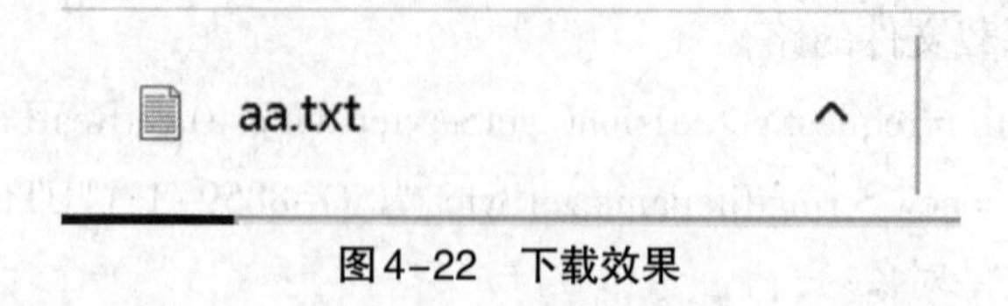

图4-22 下载效果

本章小结

本章集中学习了SpringMVC框架的概念原理、数据绑定与响应、拦截器和文件上传下载等相关知识。该框架原理主要是对表现层进行解耦，简化了表现层的实现，通过本章知识的学习，可以让用户更为快捷进行web项目的开发。同时，本章的整体知识在授课中要提倡学练结合，以便更好地掌握本章内容。

第五章 SSM框架整合应用

学习目标

1. 掌握SpringMVC框架的请求处理和视图解析过程；搭建SSM框架整合的开发环境。

2. 熟悉Spring框架的核心功能和特点；使用MyBatis进行数据库操作。

3. 了解SSM框架的基本概念和原理；SSM框架整合的优势和适用场景。

情感目标

1. 培养实践能力和创新思维。通过实际操作SSM框架的整合培养解决实际问题的能力和创新思维。

2. 培养自主学习和终身学习能力。教学内容重视使用SSM框架整合进行自主学习，引导成为具备自主学习能力的开发者。

3. 弘扬社会主义核心价值观。教学过程中注重遵守软件开发的道德规范，培养注重用户隐私、数据安全和社会责任感的价值观。

4. 培养沟通能力和表达能力。通过SSM框架的应用实践，提升沟通能力和清晰表达技巧，提高团队协作效率。

第一节　框架整合搭建

一、思路分析

通过前面内容的学习可以知道SpringMVC其实就是Spring框架中的一个模块，所以SpringMVC与Spring之间不存在整合的问题，只要引入相应JAR包就可以直接使用。因此关于SSM 框架的整合重点关注Spring与MyBatis之间的整合实现即可。

首先，通过前面学习了解到，每一个框架分别对应三层中的模块实现，而Spring的核心之一就是对对象的管理，相对应在学习MyBatis时，仍然在创建对象去做最终的sql执行，那么思路就是把MyBatis的相关步骤交给Spring进行管理，并通过Spring实例化Bean，然后调用实例对象中的查询方法来执行MyBatis映射文件中的 SQL 语句，如果能够正确查询出数据库中的数据，那么就认为 Spring和 MyBatis框架整合成功了，进一步通过SpringMVC把数据渲染到页面显示，即代表SSM整合完成。

二、依赖导入

首先需要在IDEA中创建一个命名为SSM_Porject的Maven工程。

因为想要实现SSM框架的整合，首先要准备这三个框架的Jar，也就是说在pom.xml导入对应的依赖，因为之前在学习三个框架时分别介绍了对应的依赖，在这里只需要导入MyBatis与Spring整合的依赖即可，具体如下。

```
<dependency>
    <groupId>org.mybatis</groupId>
    <artifactId>mybatis-spring</artifactId>
    <version>${mybatis.spring.version}</version>
</dependency>
```

明确之后，那么最终的SSM整合所需要的依赖，关键代码如下。

```
 <!-- 集中定义依赖版本号 -->
<properties>
   <junit.version>4.12</junit.version>
   <spring.version>5.2.5.RELEASE</spring.version>
   <mybatis.version>3.5.1</mybatis.version>
   <mybatis.spring.version>1.3.1</mybatis.spring.version>
   <mybatis.paginator.version>1.2.15</mybatis.paginator.version>
   <mysql.version>5.1.37</mysql.version>
   <slf4j.version>1.6.4</slf4j.version>
   <druid.version>1.1.12</druid.version>
   <pagehelper.version>5.1.2</pagehelper.version>
   <jstl.version>1.2</jstl.version>
   <servlet-api.version>3.0.1</servlet-api.version>
   <jsp-api.version>2.0</jsp-api.version>
   <jackson.version>2.9.6</jackson.version>
  </properties>
  <dependencies>
   <dependency>
     <groupId>org.json</groupId>
     <artifactId>json</artifactId>
     <version>20140107</version>
```

```
</dependency>

<!-- spring -->
<dependency>
  <groupId>org.springframework</groupId>
  <artifactId>spring-context</artifactId>
  <version>${spring.version}</version>
</dependency>
<dependency>
  <groupId>org.springframework</groupId>
  <artifactId>spring-beans</artifactId>
  <version>${spring.version}</version>
</dependency>
<dependency>
  <groupId>org.springframework</groupId>
  <artifactId>spring-webmvc</artifactId>
  <version>${spring.version}</version>
</dependency>
<dependency>
  <groupId>org.springframework</groupId>
  <artifactId>spring-jdbc</artifactId>
  <version>${spring.version}</version>
</dependency>
<dependency>
  <groupId>org.springframework</groupId>
  <artifactId>spring-aspects</artifactId>
  <version>${spring.version}</version>
</dependency>
<dependency>
  <groupId>org.springframework</groupId>
  <artifactId>spring-jms</artifactId>
  <version>${spring.version}</version>
</dependency>
<dependency>
  <groupId>org.springframework</groupId>
```

```
    <artifactId>spring-context-support</artifactId>
    <version>${spring.version}</version>
</dependency>
<dependency>
    <groupId>org.springframework</groupId>
    <artifactId>spring-test</artifactId>
    <version>${spring.version}</version>
</dependency>
<!-- Mybatis -->
<dependency>
    <groupId>org.mybatis</groupId>
    <artifactId>mybatis</artifactId>
    <version>${mybatis.version}</version>
</dependency>
<dependency>
    <groupId>org.mybatis</groupId>
    <artifactId>mybatis-spring</artifactId>
    <version>${mybatis.spring.version}</version>
</dependency>
<dependency>
    <groupId>com.github.miemiedev</groupId>
    <artifactId>mybatis-paginator</artifactId>
    <version>${mybatis.paginator.version}</version>
</dependency>
<dependency>
    <groupId>com.github.pagehelper</groupId>
    <artifactId>pagehelper</artifactId>
    <version>${pagehelper.version}</version>
</dependency>
<!-- MySql -->
<dependency>
    <groupId>mysql</groupId>
    <artifactId>mysql-connector-java</artifactId>
    <version>${mysql.version}</version>
</dependency>
```

```
<!-- 连接池 -->
<dependency>
  <groupId>com.alibaba</groupId>
  <artifactId>druid</artifactId>
  <version>${druid.version}</version>
</dependency>

<!-- junit -->
<dependency>
  <groupId>junit</groupId>
  <artifactId>junit</artifactId>
  <version>${junit.version}</version>
  <scope>test</scope>
</dependency>

<!-- JSP相关 -->
<dependency>
  <groupId>jstl</groupId>
  <artifactId>jstl</artifactId>
  <version>${jstl.version}</version>
</dependency>
<dependency>
  <groupId>javax.servlet</groupId>
  <artifactId>javax.servlet-api</artifactId>
  <version>3.0.1</version>
  <scope>provided</scope>
</dependency>

<dependency>
  <groupId>javax.servlet</groupId>
  <artifactId>jsp-api</artifactId>
  <scope>provided</scope>
  <version>${jsp-api.version}</version>
</dependency>
<!-- Jackson Json处理工具包 -->
```

```
  <dependency>
    <groupId>com.fasterxml.jackson.core</groupId>
    <artifactId>jackson-databind</artifactId>
    <version>${jackson.version}</version>
  </dependency>
</dependencies>
```

三、配置文件

接下来，需要在SSM_Porject项目的resources中创建三个配置文件，分别是Spring框架对应的applicationContext.xml，MyBatis框架对应的mybatis.xml以及springMVC.xml配置文件。同时为了更好地管理数据库连接信息，还要创建一个jdbc.properties文件。

jdbc.properties关键代码如下。

```
jdbc.driver=com.mysql.jdbc.Driver
jdbc.url=jdbc:mysql://localhost:3306/zyy?useSSL=false&serverTimezone=Asia/Shanghai&
allowPublicKeyRetrieval=true&characterEncoding=utf-8&allowMultiQueries=true
jdbc.username=root
jdbc.password=root
```

applicationContext.xml关键代码如下。

```
<?xml version="1.0" encoding="UTF-8"?>
<beans xmlns="http://www.springframework.org/schema/beans"
    xmlns:xsi="http://www.w3.org/2001/XMLSchema-instance"
    xmlns:aop="http://www.springframework.org/schema/aop"
    xmlns:tx="http://www.springframework.org/schem
a/tx"
    xmlns:context="http://www.springframework.org/schema/context"
    xsi:schemaLocation="http://www.springframework.org/schema/beans
    http://www.springframework.org/schema/beans/spring-beans.xsd
    http://www.springframework.org/schema/context
    http://www.springframework.org/schema/context/spring-context.xsd
      http://www.springframework.org/schema/aop https://www.springframework.org/
schema/aop/spring-aop.xsd
      http://www.springframework.org/schema/tx http://www.springframework.org/schema/
tx/spring-tx.xsd">
  <!-- 导入数据库配置文件 -->
  <context:property-placeholder location="classpath:jdbc.properties" />
```

```
<!-- 配置业务逻辑层，让spring扫描识别该包路径下所有的类，以便支持注解 -->
<context:component-scan base-package="com.zyy.service" />
<!-- 配置数据源连接池 -->
<bean id="dataSource" class="com.alibaba.druid.pool.DruidDataSource" init-method="init" destroy-method="close">
    <!-- 定义数据源基本属性，url，数据库username,password-->
    <property name="url" value="${jdbc.url}" />
    <property name="username" value="${jdbc.username}" />
    <property name="password" value="${jdbc.password}" />
    <!-- 配置初始化的大小，最小连接数，最大连接数 -->
    <property name="initialSize" value="1" />
    <property name="minIdle" value="1" />
    <property name="maxActive" value="20" />
    <!-- 配置访问数据库连接等待超时的时间，单位是毫秒 -->
    <property name="maxWait" value="60000" />
    <!-- 配置间隔多久进行一次检测，检测需要关闭的空连接，单位是毫秒 -->
    <property name="timeBetweenEvictionRunsMillis" value="60000" />
    <!-- 配置一个连接在池中最小生存的时间，单位是毫秒 -->
    <property name="minEvictableIdleTimeMillis" value="300000" />
    <property name="validationQuery" value="SELECT 1" />
    <property name="testWhileIdle" value="true" />
    <property name="testOnBorrow" value="false" />
    <property name="testOnReturn" value="false" />
    <!-- 打开PSCache，并且指定每个连接上的PSCache的大小 -->
    <property name="poolPreparedStatements" value="true" />
    <property name="maxPoolPreparedStatementPerConnectionSize" value="20" />
</bean>
<!-- 配置mybatis的sessionFactory-->
<bean id="sqlSession" class="org.mybatis.spring.SqlSessionFactoryBean">
    <!-- 配置数据源 -->
    <property name="dataSource" ref="dataSource" />
    <!-- 指定mybatis的配置文件路径 -->
    <property name="configLocation" value="classpath:mybatis.xml" />
    <!-- 配置实体类别名路径 -->
```

```
    <property name="typeAliasesPackage" value="com.zyy.domain" />
    <!-- 配置mybatis的分页插件, -->
    <property name="plugins">
      <array>
        <bean class="com.github.pagehelper.PageInterceptor">
          <property name="properties">
            <value />
          </property>
        </bean>
      </array>
    </property>
  </bean>
  <!-- 配置mybatis的mapper映射文件路径-->
  <bean class="org.mybatis.spring.mapper.MapperScannerConfigurer">
    <property name="basePackage" value="com.zyy.mapper" />
  </bean>
  <!-- 配置事务管理器-->
   <bean id="transactionManager" class="org.springframework.jdbc.datasource.
DataSourceTransactionManager">
    <property name="dataSource" ref="dataSource" />
  </bean>

  <!-- 配置通知-->
  <tx:advice id="tx_advice" transaction-manager="transactionManager">
    <tx:attributes>
      <tx:method name="insert*" propagation="REQUIRED" isolation="DEFAULT"/>
      <tx:method name="add*" />
      <tx:method name="update*" />
      <tx:method name="modify*" />
      <tx:method name="delete*" />
      <tx:method name="remove*" />
      <tx:method name="query*" />
      <tx:method name="select*" />
    </tx:attributes>
  </tx:advice>
```

```
<!-- 配置spring AOP切面 -->
<aop:config>
    <aop:advisor advice-ref="tx_advice" pointcut="execution(* com.zyy.
service.*.*(..))" />
</aop:config>
</beans>
```

mybatis.xml关键代码如下：

```
<?xml version="1.0" encoding="UTF-8" ?>
<!DOCTYPE configuration
    PUBLIC "-//mybatis.org//DTD Config 3.0//EN"
    "http://mybatis.org/dtd/mybatis-3-config.dtd>
<configuration>
  <!-- LOG4J日志 -->
  <settings>
    <setting name="logImpl" value="LOG4J"/>
  </settings>
</configuration>
```

springMVC.xml关键代码如下。

```
<?xml version="1.0" encoding="UTF-8"?>
<beans xmlns="http://www.springframework.org/schema/beans"
    xmlns:xsi="http://www.w3.org/2001/XMLSchema-instance"
    xmlns:context="http://www.springframework.org/schema/context"
    xmlns:mvc="http://www.springframework.org/schema/mvc"
    xsi:schemaLocation="http://www.springframework.org/schema/beans
    http://www.springframework.org/schema/beans/spring-beans.xsd
    http://www.springframework.org/schema/context
      http://www.springframework.org/schema/context/spring-context.xsd http://www.
springframework.org/schema/mvc http://www.springframework.org/schema/mvc/spring-mvc.
xsd">
  <!-- MVC自动扫描的包路径（controller层），实现支持注解的IOC-->
    <context:component-scan base-package="com.zyy.controller"></context:component-
scan>
  <!-- 标准配置，方形静态资源文件，将springMVC不能处理的请求交给服务容器
tomcat-->
```

```
<mvc:default-servlet-handler></mvc:default-servlet-handler>
<!-- 配置支持注解的驱动 -->
<mvc:annotation-driven></mvc:annotation-driven>

<!-- 配置视图解析器，为了返回mode数据到页面 -->
<bean id="ResourceViewResolver" class="org.springframework.web.servlet.view.
InternalResourceViewResolver">
<!-- 视图页面的前缀 -->
    <property name="prefix" value="/WEB-INF/view/"></property>
<!-- 视图页面的后缀 -->
    <property name="suffix" value=".jsp"></property>
<!-- 视图解析器的配置 -->
    <property name="viewClass" value="org.springframework.web.servlet.view.
JstlView"></property>
  </bean>
</beans>
```

最后，不要忘了，还需要在项目的web.xml 中，配置Spring的文件监听器、编码过滤器以及 SpringMVC 的前端控制器等信息，关键代码如下。

```
<?xml version="1.0" encoding="UTF-8"?>
<web-app xmlns="http://xmlns.jcp.org/xml/ns/javaee"
    xmlns:xsi="http://www.w3.org/2001/XMLSchema-instance"
    xsi:schemaLocation="http://xmlns.jcp.org/xml/ns/javaee http://xmlns.jcp.org/xml/ns/
javaee/web-app_4_0.xsd"
    version="4.0">
 <context-param>
    <param-name>contextConfigLocation</param-nam>
    <param-value>classpath:applicationContext.xml</param-value>
 </context-param>
  <listener>
     <listener-class>org.springframework.web.context.ContextLoaderListener</listener-
class>
  </listener>
  <!-- 中文编码过滤器 -->
  <filter>
    <filter-name>CharacterEncodingFilter</filter-name>
```

```
        <filter-class>org.springframework.web.filter.CharacterEncodingFilter</filter-class>
        <init-param>
            <param-name>encoding</param-name>
            <param-value>utf-8</param-value>
        </init-param>
    </filter>
    <filter-mapping>
        <filter-name>CharacterEncodingFilter</filter-name>
        <url-pattern>/*</url-pattern>
    </filter-mapping>
    <!-- 指定MVC的前端控制器 -->
    <servlet>
        <servlet-name>springDispatcherServlet</servlet-name>
        <servlet-class>org.springframework.web.servlet.DispatcherServlet</servlet-class>
        <!-- 读取springMVC的配置文件 -->
        <init-param>
            <param-name>contextConfigLocation</param-name>
            <param-value>classpath:SpringMVC.xml</param-value>
        </init-param>
        <load-on-startup>1</load-on-startup>
    </servlet>
    <!-- dispatcher映射配置，all -->
    <servlet-mapping>
        <servlet-name>springDispatcherServlet</servlet-name>
        <url-pattern>/</url-pattern>
    </servlet-mapping>
</web-app>
```

第二节　整合项目测试

通过上一小节，已经完成了SSM框架整合环境的全部工作，从依赖导入到配置文件。接下来，通过一个案例完成中药材信息从查询到页面显示，来进一步测试及讲解SSM框架整合开发，具体的实现步骤如下。

首先，在main下面的java目录中创建一个com.zyy.domain包，并在包中创建实体类Medicine.java，对应数据表medicine，类中提供了对应的字段以及getter和setter方法，关键代码如下。

```
package com.zyy.domain;

public class Medicine {
    private Integer id;
    private String name;
    private Integer costPrice;
    private Integer salePrice;
    private String standard;
    private Integer storeCount;
    private String production;
    private String description;

    public Integer getId() {
        return id;
    }

    public void setId(Integer id) {
        this.id = id;
    }

    public String getName() {
        return name;
    }

    public void setName(String name) {
        this.name = name;
    }

    public Integer getCostPrice() {
        return costPrice;
    }

    public void setCostPrice(Integer costPrice) {
        this.costPrice = costPrice;
    }
```

```
public Integer getSalePrice() {
    return salePrice;
}

public void setSalePrice(Integer salePrice) {
    this.salePrice = salePrice;
}

public String getStandard() {
    return standard;
}

public void setStandard(String standard) {
    this.standard = standard;
}

public Integer getStoreCount() {
    return storeCount;
}

public void setStoreCount(Integer storeCount) {
    this.storeCount = storeCount;
}

public String getProduction() {
    return production;
}

public void setProduction(String production) {
    this.production = production;
}

public String getDescription() {
    return description;
}
```

```
    public void setDescription(String description) {
        this.description = description;
    }
}
```

第二步，再创建一个com.zyy.mapper包，并在其中创建接口文件MedicineMapper以及对应的映射文件MedicineMapper.xml，分别针对查询中药材信息案例编写对应的接口方法和sql。

MedicineMapper.java关键代码如下。

```
import java.util.List;

public interface MedicineMapper {

    public List<Medicine> findAll();
}
```

MedicineMapper.xml关键代码如下：

```
<?xml version="1.0" encoding="UTF-8" ?>
<!DOCTYPE mapper
    PUBLIC "-//mybatis.org//DTD Config 3.0//EN"
    "http://mybatis.org/dtd/mybatis-3-mapper.dtd">
<mapper namespace="com.zyy.mapper.MedicineMapper">
    <resultMap id="baseResultMap" type="medicine">
        <id column="id" property="id" />
        <result column="name" property="name" />
        <result column="cost_price" property="costPrice" />
        <result column="sale_price" property="salePrice" />
        <result column="standard" property="standard" />
        <result column="store_count" property="storeCount" />
        <result column="production" property="production" />
        <result column="description" property="description" />
    </resultMap>
    <!-- 查询列表 -->
    <select id="findAll" resultMap="baseResultMap" parameterType="medicine">
        select * from medicine
    </select>
</mapper>
```

第三步，再创建一个com.zyy.service包，并在其中创建接口文件MedicineService，并在其中定义查询全部中药材的方法，关键代码如下。

```
package com.zyy.service;

import com.zyy.domain.Medicine;
import java.util.List;

public interface MedicineService {
    public List<Medicine> findAll();
}
```

第四步，再创建一个com.zyy.service.impl包，并在其中创建接口文件MedicineService的实现类MedicineServiceImpl，在本类的查询方法中调用了 MedicineMapper对象的查询中药材的方法，关键代码如下。

```
package com.zyy.service.impl;

import com.zyy.domain.Medicine;
import com.zyy.mapper.MedicineMapper;
import com.zyy.service.MedicineService;
import org.springframework.beans.factory.annotation.Autowired;
import org.springframework.stereotype.Service;
import org.springframework.transaction.annotation.Transactional;
import java.util.List;

@Service
@Transactional
public class MedicineServiceImpl implements MedicineService {

    @Autowired
    private MedicineMapper medicineMapper;
    @Override
    public List<Medicine> findAll() {
        return medicineMapper.findAll();
    }
}
```

第五步，再创建一个com.zyy.controller包，并在其中创建Java文件MedicineController，并在其中，使用了@Controller 注解来标识当前Controller类，并使用@Autowired 注解将MedicineService接口对象注入本类中，然后在本类的查询方法中调用了 MedicineService对象的查询中药材的方法，最后方法返回到视图名为medicineList的jsp页面中，关键代码如下。

```
package com.zyy.controller;

import com.zyy.domain.Medicine;
import com.zyy.service.MedicineService;
import org.springframework.beans.factory.annotation.Autowired;
import org.springframework.stereotype.Controller;
import org.springframework.stereotype.Service;
import org.springframework.ui.Model;
import org.springframework.web.bind.annotation.RequestMapping;
import java.util.List;

@Controller
public class MedicineController {

    @Autowired
    private MedicineService medicineService;

    @RequestMapping("/findAll")
    public String findAll(Model model){
        List<Medicine> medicines = medicineService.findAll();
        model.addAttribute("medicines",medicines);
        return "medicineList";
    }
}
```

第六步，在webapp/view文件夹中创建一个名为medicineList的jsp页面中，并在其中接收request域中的查询集合，使用jstl的forEach标签进行遍历展示，关键代码如下。

```
<%@ page contentType="text/html;charset=UTF-8" language="java" isELIgnored="false" %>
<%@taglib prefix="c" uri="http://java.sun.com/jsp/jstl/core" %>
<html>
<head>
    <title>Title</title>
</head>
<body>
<table border="1">
    <tr>
```

```
            <td>序号</td>
            <td>名称</td>
            <td>成本价</td>
            <td>销售价</td>
            <td>数量</td>
            <td>产地</td>
            <td>介绍</td>
        </tr>
        <c:forEach items="${requestScope.medicines}" var="medicine" varStatus="statu">
            <tr>
                <td>${statu.index+1}</td>
                <td>${medicine.name}</td>
                <td>${medicine.costPrice}</td>
                <td>${medicine.salePrice}</td>
                <td>${medicine.storeCount}</td>
                <td>${medicine.production}</td>
                <td>${medicine.description}</td>
            </tr>
        </c:forEach>
    </table>
    </body>
    </html>
```

最后，把项目部署到Tomcat服务器上，启动服务器，访问浏览器地址http://localhost:8080/findAll，页面显示出中药材信息，说明SSM框架整合开发测试已完成，具体展现如图5-1所示。

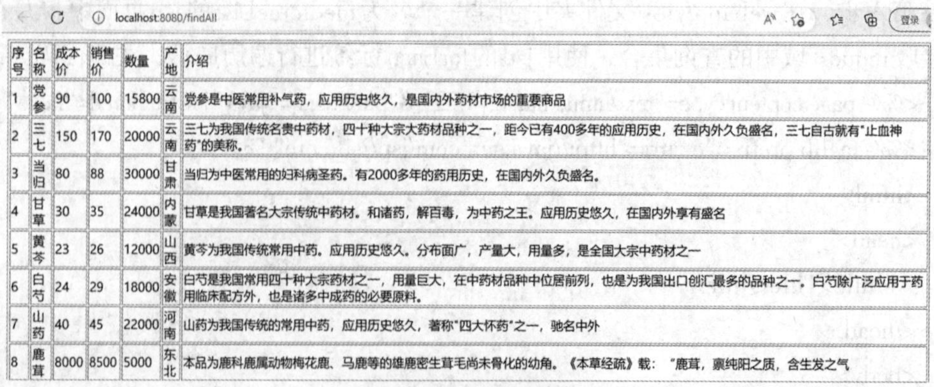

localhost:8080/findAll

序号	名称	成本价	销售价	数量	产地	介绍
1	党参	90	100	15800	云南	党参是中医常用补气药，应用历史悠久，是国内外药材市场的重要商品
2	三七	150	170	20000	云南	三七为我国传统名贵中药材，四十种大宗大药材品种之一，距今已有400多年的应用历史，在国内外久负盛名，三七自古就有"止血神药"的美称。
3	当归	80	88	30000	甘肃	当归为中医常用的妇科病圣药。有2000多年的药用历史，在国内外久负盛名。
4	甘草	30	35	24000	内蒙	甘草是我国著名大宗传统中药材。和诸药，解百毒，为中药之王。应用历史悠久，在国内外享有盛名
5	黄芩	23	26	12000	山西	黄芩为我国传统常用中药。应用历史悠久。分布面广，产量大，用量多，是全国大宗中药材之一
6	白芍	24	29	18000	安徽	白芍是我国常用四十种大宗药材之一，用量巨大，在中药材品种中位居前列，也是为我国出口创汇最多的品种之一。白芍除广泛应用于药用临床配方外，也是诸多中成药的必要原料。
7	山药	40	45	22000	河南	山药为我国传统的常用中药，应用历史悠久，著称"四大怀药"之一，驰名中外
8	鹿茸	8000	8500	5000	东北	本品为鹿科鹿属动物梅花鹿、马鹿等的雄鹿密生茸毛尚未骨化的幼角。《本草经疏》载："鹿茸，禀纯阳之质，含生发之气

图5-1 中药材信息展示

本章小结

本章主要讲解了SSM框架的整合知识，首先对SSM框架整合的环境搭建进行了讲解，然后通过一个查询中药材信息的案例一步一步地讲解了具体的框架整合过程。

通过本章的学习，读者能够了解SSM框架的整合思路，掌握SSM框架的整合过程以及基于SSM框架完成Java Web项目的开发。

第六章 中药进销存管理系统

学习目标

1. 掌握Spring框架的核心概念、特性和工作原理。

2. 熟悉SpringMVC框架的基本原理和使用方式。

3. 了解MyBatis框架的核心概念和基本用法，能够灵活地使用MyBatis进行数据持久化操作。

4. 学会如何在项目开发过程中解决常见的问题和调试技巧。

5. 能够结合实际需求和业务场景，开发一个完整的SSM框架项目。

情感目标

1. 培养实践能力和创新思维。通过实际项目的设计和开发，培养解决实际问题的能力和创新思维。

2. 强化团队合作和协作能力。通过项目功能模块需要分层实现，学会协作和沟通，培养团队合作精神。

3. 引导关注社会问题和民生事务。通过对实际需求和业务场景的分析，培养关注社会问题和民生事务问题的意识。

4. 提高重视信息化建设和数据治理的意识。通过实际信息获取和项目开发，提高重视信息化建设和数据治理的意识。

5. 培养沟通能力和表达能力。通过项目开发实践，提升沟通能力和清晰表达技巧，提高团队协作效率。

第一节　开发背景

某中医药超市为小区提供药品，多年来本着经济、实惠、高质量服务的宗旨，赢得了小区居民的信赖。由于经营有方，该超市药品供应量非常大。面对每天庞大的信息量，经常出现统计失误、库存与订单信息同步不及时、药材供应不足的情况。于是，中医药超市经理决定使用一套合理、有效、实用的管理系统，对中医药超市进行统一的管理。

笔者受中医药超市经理委托，开发一个中药进销存管理系统，其开发宗旨是实现中医药超市管理的系统化、规范化、实用化，对药品进行统一管理。

第二节　系统分析

一、需求分析

中药进销存管理是医药管理工作中不可缺少的一部分，面对众多的药品和众多不同需求的顾客，每天都会产生大量的数据信息，以传统的手工方式来处理这些信息，操作比较繁琐，且效率低下。而一个成功的中医药管理系统应提供快速的药品查询功能，能够快速地统计药品信息、销量信息等，从而对药品进行高效的管理以满足消费者的需求。笔者通过对中医药超市的实地考察，从经营者和消费者的角度出发，本着高效管理、快速满足消费者的原则，要求本系统具有以下的特点。

1.具有良好的系统性能、友好的用户界面。

2.较高的处理效率，便于使用和维护。

3.采用成熟的技术开发，全系统具有较高的技术水平和较长的生命周期。

4.对销售信息进行统计排行。

5.系统尽可能地简化药品管理员的重复工作，提高工作效率。

二、可行性分析

在中医药超市的管理中经常出现以下情况。

1.由于信息量较大，经常出现售出药品统计结果与金额不匹配的情况。

2.完全以传统的手工方式管理，浪费大量的纸张，且不能对药品进行快速查询。

3.只能通过现场清点药品了解库存信息。

4.很难对销售信息、销售排行等信息进行统计。

因此，在中医药超市的管理中，无论是从消费者的角度还是从经营者的角度来看，采用计算机管理系统都具有一定的必要性，以少量的人力资源、高效的工作效率、最低的误差进行管理，将使医药超市的经营更上一层楼。

第三节　系统设计

一、系统目标

根据中医药超市的管理要求，制定中药进销存管理系统目标如下。

1.灵活的人机交互界面，操作简单方便、界面简洁美观。

2.药品分类管理，并提供类别统计功能。

3.实现各种查询，如多条件查询、模糊查询等。

4.提供创建管理员账户及修改口令功能。

5.对系统销售信息进行统计分析。

6.系统运行稳定、安全可靠。

二、系统流程图

中药进销存管理系统流程，如图6-1所示。

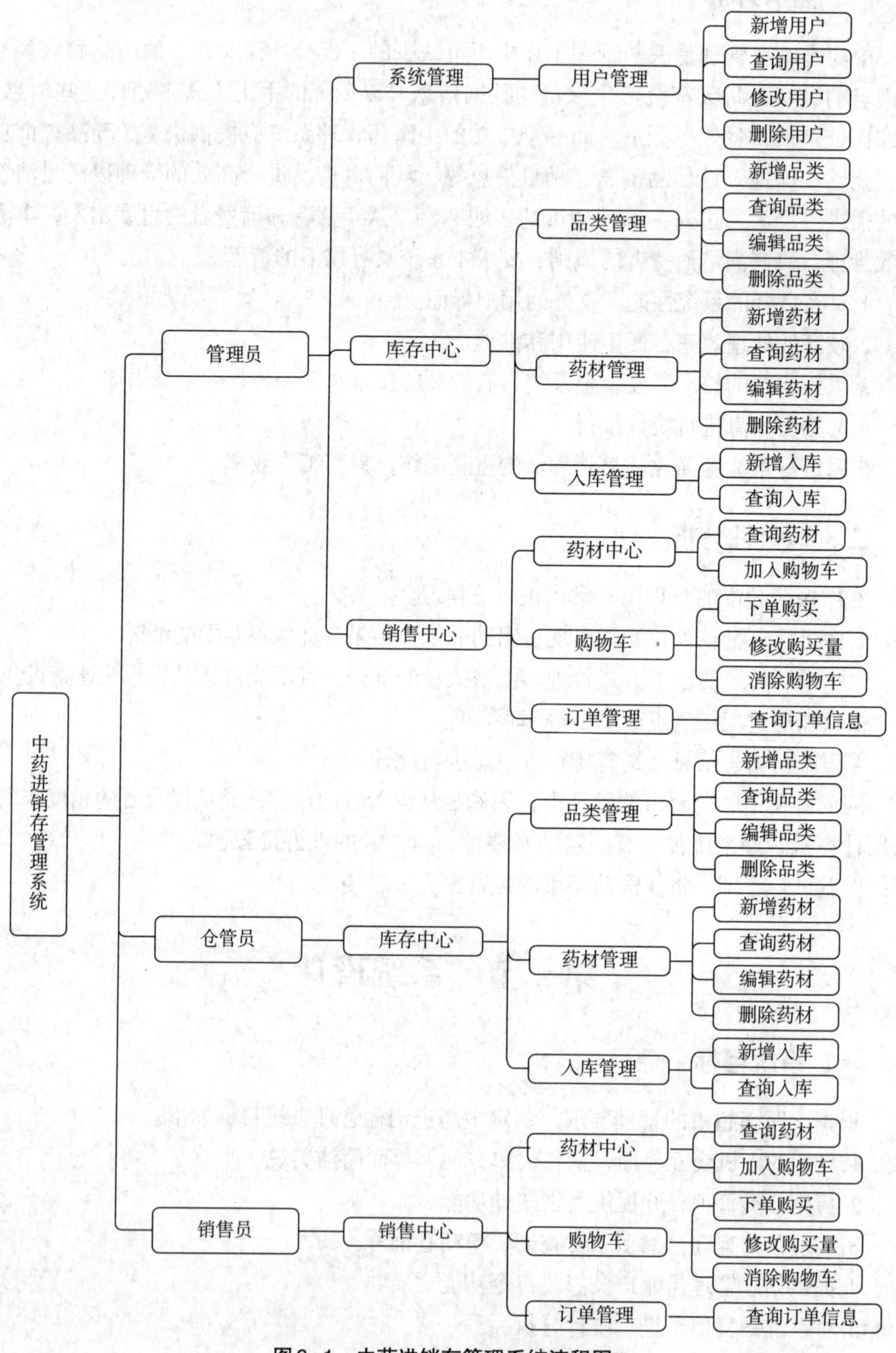

图6-1 中药进销存管理系统流程图

三、逻辑分层结构设计

中药进销存管理系统由三层结构组成，并遵循MVC结构进行设计。三层结构分别为表示层、业务逻辑层、数据持久层，如图6-2所示。

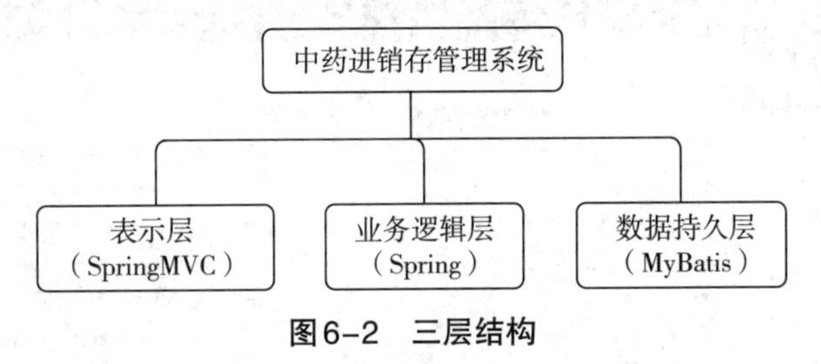

图6-2　三层结构

其中表示层与业务逻辑层均由Spring框架组成，表示层用于提供程序与用户之间交互的界面，项目中主要通过Html、Bootstrap进行页面展现；业务逻辑层用于处理程序中的各种业务逻辑，项目中通过SpringMVC框架的中央控制器对业务请求进行处理；持久层由MyBatis框架组成，它负责应用程序与关系型数据库之间的操作；数据库层为应用程序所使用的数据库，本项目中使用MySQL数据库。对于三层结构的具体实现，如图6-3所示。

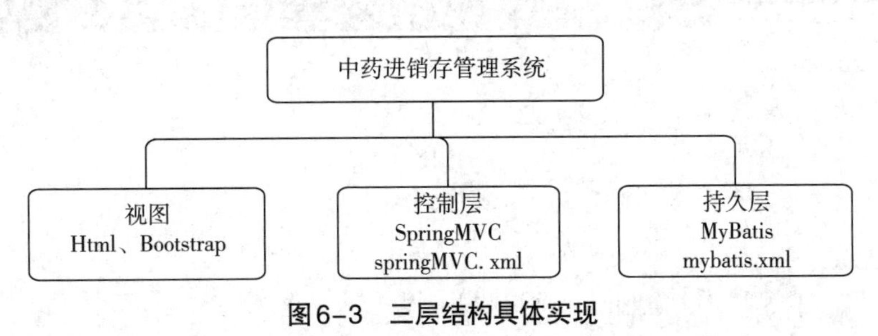

图6-3　三层结构具体实现

四、系统预览

中药进销存管理系统由多个程序页面组成，下面仅列出几个典型页面的预览效果。系统登录页面，如图6-4所示，该页面是系统的入口，只有输入正确的用户名与密码才能进入系统。

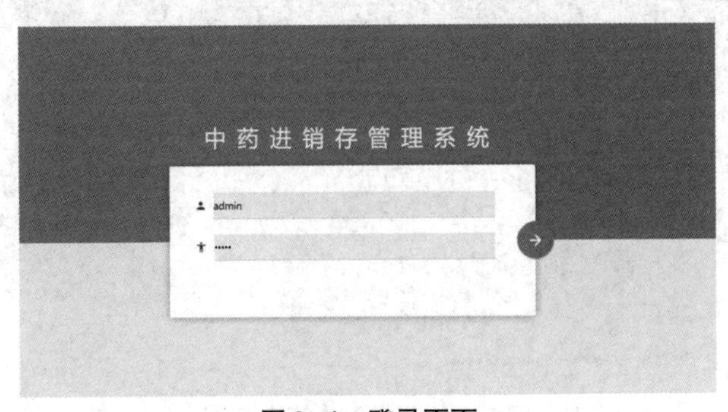

图6-4　登录页面

中药进销存管理系统，核心问题就是管理药品，如图6-5所示，是药品管理的高级查询页面，它可以在众多药品中找到符合要求的药品信息。

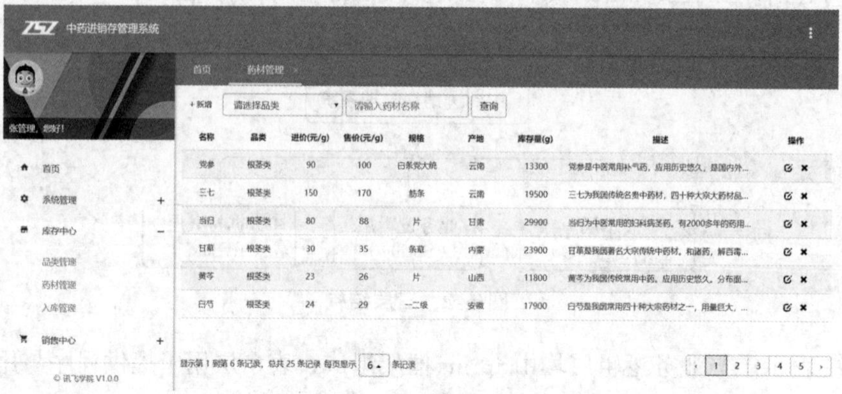

图6-5　药材管理页面

药材的种类也是管理上的重要参数，如图6-6所示，是药材类别管理的页面，该页面可以查询当前所有药材的种类。

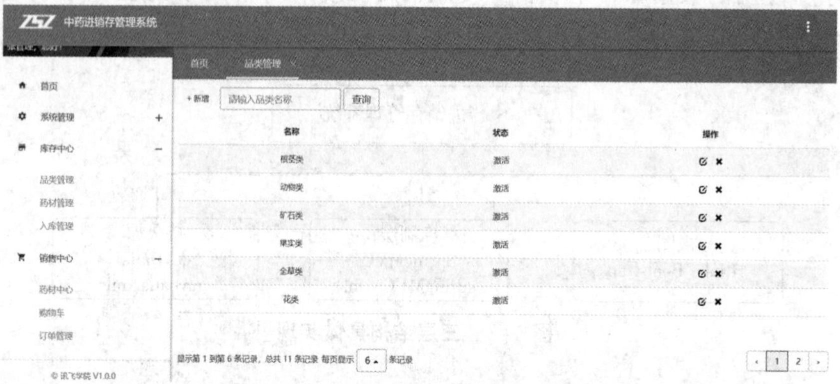

图6-6　药材品类管理页面

管理系统中的所有药材可以根据种类进行入库管理，查看当前库存中的药品名称与库存数量，如图6-7所示。

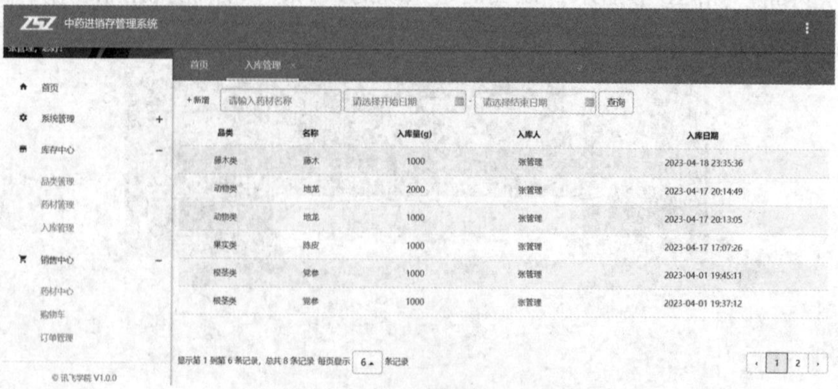

图6-7　药材入库管理页面

五、文件夹组织结构

规范系统的整体架构是一个项目开发的标准，特别是在团队合作开发的项目中，在编写项目代码之前，必须定制好项目的系统文件夹组织结构，以使程序条理清晰，利于后期的项目整合。在Java项目中，可以将不同作用、功能相类似的文件放置于同一个包中。这样做既可以保证团队开发的一致性，又可以将系统的整体结构规范化。创建完系统中可能用到的文件夹或者Java包之后，在开发时只需将所创建的类文件或资源文件保存到相应的文件夹中即可。中药进销存管理系统的文件夹组织结构如图6-8所示。

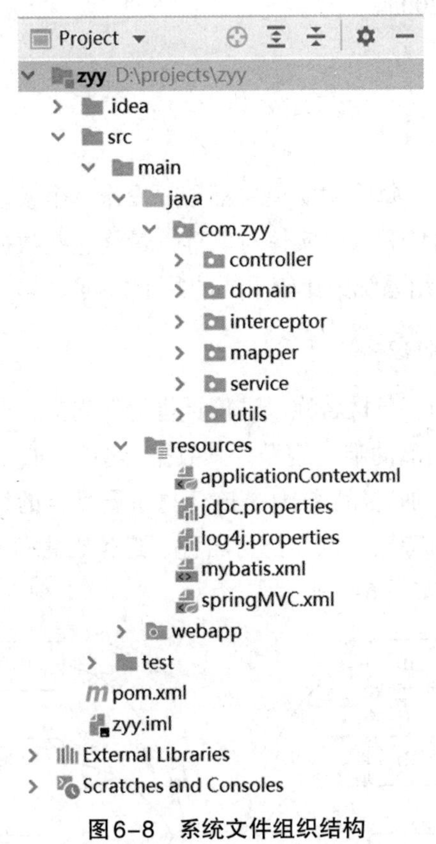

图6-8　系统文件组织结构

第四节　数据库

数据库是中药进销存管理系统的信息基地，其中包含用户信息、药品信息、药品类别信息、入库信息、订单信息等，这些数据之间有各种直接或间接的对应关系。本节将介绍中药进销存管理系统的数据库分析与设计过程。

一、数据库分析

为防止数据访问量增加使系统资源不足而导致的系统崩溃，中药进销存管理系统的数据库采用了独立的MySQL数据服务器，将数据库单独放在一个服务器中。这样即使服务器系统崩溃了，数据库服务器也不会受到影响；另外一个好处就是能够更快、更好地处理更多的数据。其数据库运行环境如下。

硬件平台

CPU: P43.2GHz。

内存：2GB 以上。

硬盘空间：160GB。

软件平台

操作系统：Windows2003。

数据库：MySQL5.1。

二、数据库概念设计

分析系统功能结构图，每个功能模块都需要操作一个或多个数据实体，如药品实体对象、药品类别实体对象和入库实体对象等，最终这些数据实体对象将创建成对应的数据表结构，下面将介绍系统中比较重要的几个数据实体。

(一)药材信息实体对象

药材实体包括品类ID、药材名称、进价、售价、规格、产地、库存量、描述等属性。药材ID是识别不同药品的唯一编号，其数据类型是int，并且是数据库自增的(它随数据库记录的增加而增加)。品类ID是该药材所属品类的编号，其数据类型是int。其余的属性是药材通用的特性，例如药材名称、进价、售价、规格、产地、库存量、描述等。药材实体E-R图如图6-9所示。

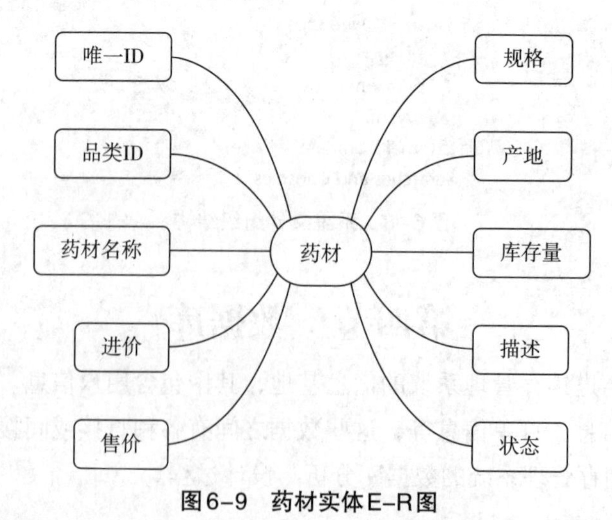

图6-9　药材实体E-R图

数据表结构如表6-1所示。

表6-1　medicine表结构

名	类型	长度	小数点	不允许空	是否主键
id	int	20	0	是	是
cate_id	int	11	0	否	否
name	varchar	255	0	否	否
cost_price	int	10	0	否	否
sale_price	int	10	0	否	否
standard	varchar	255	0	否	否
store_count	int	10	0	否	否
production	varchar	255	0	否	否
description	varchar	255	0	否	否
status	int	10	0	否	否

（二）药材品类实体对象

药材品类实体对象对应着药材类别的分类信息，其中包括品类ID、类别名称、类别状态。药材品类实体E-R图如图6-10所示。

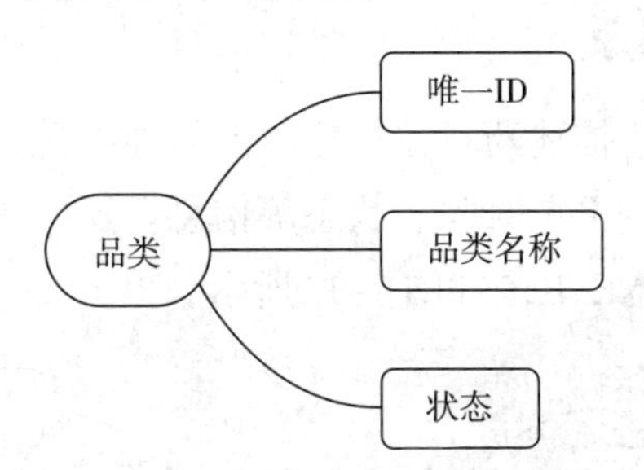

图6-10　药材品类实体E-R图

对应的数据表结构如表6-2所示。

表6-2　category表结构

名	类型	长度	小数点	不允许空	是否主键
id	int	20	0	是	是
name	varchar	255	0	否	否
status	int	10	0	否	否

（三）入库信息实体对象

入库信息实体对象对应药材入库时的信息，其中包括品类ID、药材名称、入库量、入库人、入库时间等。药材入库信息实体E-R图如图6-11所示。

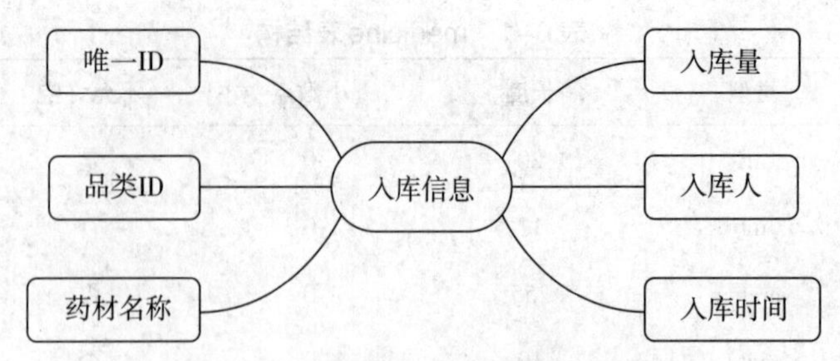

图6-11 药材入库信息实体E-R图

对应的数据表结构如表6-3所示。

表6-3 income表结构

名	类型	长度	小数点	不允许空	是否主键
id	int	20	0	是	是
cate_id	int	10	0	否	否
name	varchar	255	0	否	否
account	int	10	0	否	否
income_user	varchar	50	0	否	否
income_date	datetime	0	0		

（四）订单信息实体对象

订单信息实体对象用于描述药材在销售时的具体情况，如药品名称、购买量、收货地址、收货人、手机号、下单时间、状态等信息。这些信息十分重要，需要记录到数据库之中。订单信息实体E-R图如图6-12所示。

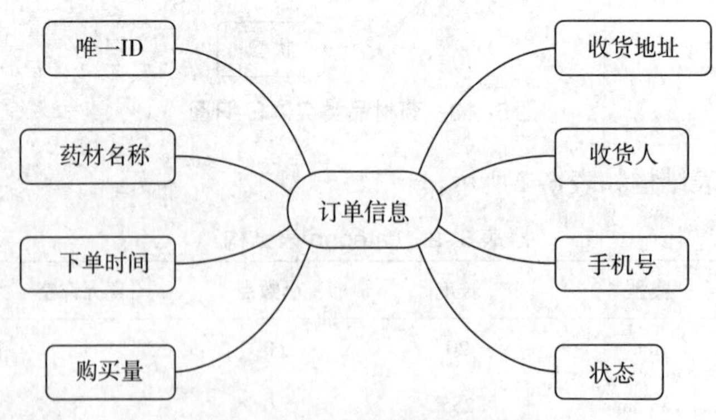

图6-12 订单信息实体E-R图

对应的数据表结构如表6-4所示。

表6-4 order表结构

名	类型	长度	小数点	不允许空	是否主键
id	int	20	0	是	是
name	varchar	255	0	否	否

续表

名	类型	长度	小数点	不允许空	是否主键
address	varchar	255	0	否	否
receiver	varchar	255	0	否	否
phone	varchar	255	0	否	否
create_time	timestamp	0	0	否	否
account	int	10	0	否	否
status	int	10	0		

三、数据库创建

MySQL数据库的创建可以在命令行完成，也可以使用GUI工具完成。本项目提供了创建数据库的脚本文件，读者可以在项目结构中找到脚本文件zyy.sql，然后打开脚本文件，复制脚本内容。然后打开MySQL可视化工具的命令控制台，单击右键，把复制的脚本路径粘贴到命令行，执行该命令后，就会导入数据库创建脚本，从而完成数据库的创建。

第五节　配置文件

在编写代码之前，需要做好一些准备工作，如项目环境的搭建、项目所涉及的第三方类库的支持、web.xml的配置等。在中药进销存管理系统中，主要涉及springMVC框架、spring框架以及拦截器的应用，因此在项目开发之前，需要添加其类库支持。

一、web.xml配置文件

web.xml文件是Web项目的配置文件。在中药进销存管理系统中，此文件需要配置SpringMVC的前端控制器，读取springMVC的配置文件、读取spring的配置文件、中文编码过滤器等信息。其关键代码如下。

```
<?xml version="1.0" encoding="UTF-8"?>
<web-app xmlns="http://xmlns.jcp.org/xml/ns/javaee"
      xmlns:xsi="http://www.w3.org/2001/XMLSchema-instance"
        xsi:schemaLocation=http://xmlns.jcp.org/xml/ns/javaee http://xmlns.jcp.org/xml/ns/
javaee/web-app_4_0.xsd version="4.0">
    <context-param>
      <param-name>contextConfigLocation</param-name>
      <param-value>classpath:applicationContext.xml</param-value>
    </context-param>
    <listener>
```

```
        <listener-class>org.springframework.web.context.ContextLoaderListener</listener-class>
    </listener>
    <!-- 中文编码过滤器 -->
    <filter>
        <filter-name>CharacterEncodingFilter</filter-name>
        <filter-class>org.springframework.web.filter.CharacterEncodingFilter</filter-class>
        <init-param>
            <param-name>encoding</param-name>
            <param-value>utf-8</param-value>
        </init-param>
    </filter>
    <filter-mapping>
        <filter-name>CharacterEncodingFilter</filter-name>
        <url-pattern>/*</url-pattern>
    </filter-mapping>
    <!-- 指定MVC的前端控制器 -->
    <servlet>
        <servlet-name>springDispatcherServlet</servlet-name>
        <servlet-class>org.springframework.web.servlet.DispatcherServlet</servlet-class>
        <!-- 读取springMVC的配置文件 -->
        <init-param>
            <param-name>contextConfigLocation</param-name>
            <param-value>classpath:springMVC.xml</param-value>
        </init-param>
        <load-on-startup>1</load-on-startup>
    </servlet>
    <!-- dispatcher映射配置，all -->
    <servlet-mapping>
        <servlet-name>springDispatcherServlet</servlet-name>
        <url-pattern>/</url-pattern>
    </servlet-mapping>
    <welcome-file-list>
        <welcome-file>/view/index.html</welcome-file>
    </welcome-file-list>
</web-app>
```

二、springMVC.xml配置文件

SpringMVC框架实现了MVC模式，web.xml和springMVC.xml文件是它的两个重要配置文件，其中web.xml文件实现了SpringMVC的初始化加载，而springMVC.xml是其核心配置文件。springMVC.xml所做的工作比较多，包括自动扫描的包路径的定义、静态资源文件放行、注解驱动的支持配置、视图解析器的配置、文件上传下载解析配置、注册拦截器配置等。在中药进销存管理系统中，其配置代码如下。

```
<?xml version="1.0" encoding="UTF-8"?>
<beans xmlns="http://www.springframework.org/schema/beans"
    xmlns:xsi="http://www.w3.org/2001/XMLSchema-instance"
    xmlns:context="http://www.springframework.org/schema/context"
    xmlns:mvc="http://www.springframework.org/schema/mvc"
    xsi:schemaLocation="http://www.springframework.org/schema/beans
    http://www.springframework.org/schema/beans/spring-beans.xsd
    http://www.springframework.org/schema/context
     http://www.springframework.org/schema/context/spring-context.xsd http://www.springframework.org/schema/mvc http://www.springframework.org/schema/mvc/spring-mvc.xsd">
<!-- MVC自动扫描的包路径(controller层)，实现支持注解的IOC-->
   <context:component-scan base-package="com.zyy.controller"></context:component-scan>
<!-- 标准配置，方形静态资源文件，将springMVC不能处理的请求交给服务容器tomcat-->
   <mvc:default-servlet-handler></mvc:default-servlet-handler>
<!-- 配置支持注解的驱动-->
   <mvc:annotation-driven></mvc:annotation-driven>
<!-- 配置视图解析器，为了返回mode数据到页面-->
   <bean id="ResourceViewResolver" class="org.springframework.web.servlet.view.InternalResourceViewResolver">
<!-- 视图页面的前缀-->
     <property name="prefix" value="/view/"></property>
<!-- 视图页面的后缀-->
     <property name="suffix" value=".html"></property>
<!-- 视图解析器的配置-->
     <property name="viewClass" value="org.springframework.web.servlet.view.JstlView"></property>
```

```
</bean>

<!-- 对文件上传下载的解析配置 -->
    <bean id="multipartResolver" class="org.springframework.web.multipart.commons.
CommonsMultipartResolver"></bean>
    <!-- 注册拦截器 -->
    <mvc:interceptors>
        <!-- 注册1个拦截器 -->
        <mvc:interceptor>
            <!-- 拦截路径 -->
            <mvc:mapping path="/**" />
            <!-- 放行静态资源 -->
            <mvc:exclude-mapping path="/static/**"/>
            <!-- 拦截器Bean -->
            <bean class="com.zyy.interceptor.LoginInterceptor" />
        </mvc:interceptor>
    </mvc:interceptors>
</beans>
```

三、jdbc.properties配置文件

jdbc.properties文件是数据库连接信息的配置文件。在项目中，此文件配置了数据库的连接驱动、数据库连接地址、户名、密码等属性。其关键代码如下。

```
jdbc.driver=com.mysql.jdbc.Driver
jdbc.url=jdbc:mysql://localhost:3306/zyy?useSSL=false&serverTimezone=Asia/Shanghai&
allowPublicKeyRetrieval=true&characterEncoding=utf-8&allowMultiQueries=true
jdbc.username=root
jdbc.password=root
```

四、log4j.properties配置文件

log4j是Java项目中常用的日志工具，可以用来跟踪、调试具体执行的SQL语句。在项目中通过log4j.properties文件来配置日志输出规格、指定输出位置、设置优先级等。其关键代码如下。

```
#Global logging configuration
log4j.rootLogger=ERROR, stdout
# Mybatis logging configuration
```

```
log4j.logger.com.zyy=TRACE
#Console output configuration
log4j.appender.stdout=org.apache.log4j.ConsoleAppender
log4j.appender.stdout.layout=org.apache.log4j.PatternLayout
log4j.appender.stdout.layout.ConversionPattern=%5p [%t] - %m%n
```

五、mybatis.xml配置文件

MyBatis是持久层框架，在使用时首先导入相应jar包，并进行相关的配置。本项目与Spring结合使用，其相关配置整合在Spring配置文件中，此mybatis.xml配置文件中仅做日志组件的配置，其关键代码如下。

```
<?xml version="1.0" encoding="UTF-8" ?>
<!DOCTYPE configuration
    PUBLIC "-//mybatis.org//DTD Config 3.0//EN"
    "http://mybatis.org/dtd/mybatis-3-config.dtd">
<configuration>
  <!-- LOG4J日志 -->
  <settings>
    <setting name="logImpl" value="LOG4J"/>
  </settings>
</configuration>
```

六、applicationContext.xml配置文件

applicationContext.xml是SSM项目核心配置文件，该项目中与web.xml整合，包含数据库配置文件的读取、业务逻辑层包扫描路径的配置、数据源连接池的相关配置、Mybatis映射文件路径配置、事务管理及AOP相关配置等，其关键代码如下。

```
<?xml version="1.0" encoding="UTF-8"?>
<beans xmlns="http://www.springframework.org/schema/beans"
    xmlns:xsi="http://www.w3.org/2001/XMLSchema-instance"
    xmlns:aop="http://www.springframework.org/schema/aop"
    xmlns:tx="http://www.springframework.org/schema/tx"
    xmlns:context="http://www.springframework.org/schema/context"
    xsi:schemaLocation="http://www.springframework.org/schema/beans
    http://www.springframework.org/schema/beans/spring-beans.xsd
    http://www.springframework.org/schema/context
    http://www.springframework.org/schema/context/spring-context.xsd
```

```
    http://www.springframework.org/schema/aop https://www.springframework.org/schema/
aop/spring-aop.xsd
    http://www.springframework.org/schema/tx http://www.springframework.org/schema/tx/
spring-tx.xsd">
    <!-- 导入数据库配置文件 -->
    <context:property-placeholder location="classpath:jdbc.properties" />
    <!-- 配置业务逻辑层，让spring扫描识别该包路径下所有的类，以便支持
注解 -->
    <context:component-scan base-package="com.zyy.service" />
    <!-- 配置数据源连接池 -->
    <bean id="dataSource" class="com.alibaba.druid.pool.DruidDataSource" init-
method="init" destroy-method="close">
        <!-- 定义数据源基本属性，url，数据库username,password-->
        <property name="url" value="${jdbc.url}" />
        <property name="username" value="${jdbc.username}" />
        <property name="password" value="${jdbc.password}" />
        <!-- 配置初始化的大小，最小连接数，最大连接数 -->
        <property name="initialSize" value="1" />
        <property name="minIdle" value="1" />
        <property name="maxActive" value="20" />
        <!-- 配置访问数据库连接等待超时的时间，单位是毫秒 -->
        <property name="maxWait" value="60000" />
        <!-- 配置间隔多久进行一次检测，检测需要关闭的空连接，单位是毫秒 -->
        <property name="timeBetweenEvictionRunsMillis" value="60000" />
        <!-- 配置一个连接在池中最小生存的时间，单位是毫秒 -->
        <property name="minEvictableIdleTimeMillis" value="300000" />

        <property name="validationQuery" value="SELECT 1" />
        <property name="testWhileIdle" value="true" />
        <property name="testOnBorrow" value="false" />
        <property name="testOnReturn" value="false" />
        <!-- 打开PSCache，并且指定每个连接上的PSCache的大小 -->
        <property name="poolPreparedStatements" value="true" />
        <property name="maxPoolPreparedStatementPerConnectionSize" value="20" />
    </bean>
```

```
<!-- 配置mybatis的sessionFactory-->
<bean id="sqlSession" class="org.mybatis.spring.SqlSessionFactoryBean">
  <!-- 配置数据源 -->
  <property name="dataSource" ref="dataSource" />
  <!-- 指定mybatis的配置文件路径 -->
  <property name="configLocation" value="classpath:mybatis.xml" />
  <!-- 配置实体类别名路径 -->
  <property name="typeAliasesPackage" value="com.zyy.domain" />
  <!-- 配置mybatis的分页插件，-->
  <property name="plugins">
    <array>
      <bean class="com.github.pagehelper.PageInterceptor">
        <property name="properties">
          <value />
        </property>
      </bean>
    </array>
  </property>
</bean>
<!-- 配置mybatis的mapper映射文件路径 -->
<bean class="org.mybatis.spring.mapper.MapperScannerConfigurer">
  <property name="basePackage" value="com.zyy.mapper" />
</bean>
<!-- 配置事务管理器 -->
 <bean id="transactionManager" class="org.springframework.jdbc.datasource.
DataSourceTransactionManager">
  <property name="dataSource" ref="dataSource" />
</bean>
<!-- 配置通知 -->
<tx:advice id="tx_advice" transaction-manager="transactionManager">
  <tx:attributes>
    <tx:method name="insert*" propagation="REQUIRED" isolation="DEFAULT"/>
    <tx:method name="add*" />
    <tx:method name="update*" />
```

```
            <tx:method name="modify*" />
            <tx:method name="delete*" />
            <tx:method name="remove*" />
            <tx:method name="query*" />
            <tx:method name="select*" />
        </tx:attributes>
    </tx:advice>
    <!-- 配置spring AOP切面 -->
    <aop:config>
        <aop:advisor advice-ref="tx_advice" pointcut="execution(* com.zyy.
service.*.*(..))" />
    </aop:config>
</beans>
```

第六节　公共类设计

在Java程序开发中，如果一个功能反复被调用，则可以将这个功能抽取出来封装为一个类作为公共类，在需要此功能的地方通过此类进行实现。公共类实质是代码重用的一种方式，在面向对象的开发模式中经常被使用，它可以简化程序中的代码，提高程序的可读性。本节将向读者介绍中药进销存管理系统中的公共类设计。

一、JsonModel类

JsonModel类为项目中所有接口返回数据的格式类，此类中通过构造函数封装了常用返回数据格式的方法。其关键代码如下。

```
package com.zyy.utils;

public class JsonModel {

    private boolean success;
    private String msg;
    private Long count;
    private Object data;

    public JsonModel(){}
```

```
public JsonModel(boolean success, String msg){
    this.success = success;
    this.msg = msg;
}

public JsonModel(Object data){
    this.success = true;
    this.msg = "操作成功";
    this.data = data;
}

public JsonModel(boolean success, String msg, Object data){
    this.success = success;
    this.msg = msg;
    this.data = data;
}

public JsonModel(boolean success, String
msg,Long count,Object data){
    this.success = success;
    this.msg = msg;
    this.count = count;
    this.data = data;
}

public boolean isSuccess() {
    return success;
}

public void setSuccess(boolean success) {
    this.success = success;
}

public String getMsg() {
    return msg;
```

```
    }

    public void setMsg(String msg) {
        this.msg = msg;
    }

    public Long getCount() {
        return count;
    }

    public void setCount(Long count) {
        this.count = count;
    }

    public Object getData() {
        return data;
    }

    public void setData(Object data) {
        this.data = data;
    }
}
```

二、RemoteModel类

RemoteModel类为项目中所有字段校验的父类，此类中仅有一个属性valid，用来标记字段校验的结果是否有效。其关键代码如下。

```
package com.zyy.utils;

public class RemoteModel {

    private boolean valid;

    public RemoteModel(){}
```

```
    public RemoteModel(boolean valid){
        this.valid = valid;
    }

    public boolean isValid() {
        return valid;
    }

    public void setValid(boolean valid) {
        this.valid = valid;
    }
}
```

三、BaseMapper类

BaseMapper类为项目中所有数据库操作接口的父类，此类中包含常用的增删改查操作。其关键代码如下。

```
package com.zyy.mapper.base;

import java.util.List;

public interface BaseMapper<T> {

//  增加
    int add(T obj);

//  删除
    int delete(int id);

//  更新
    int update(T obj);

//  查找
    T findById(int id);

    long findCount(T obj);
```

```
    List<T> findByQuery(T obj);
}
```

四、BaseService类

BaseService类为项目中所有业务逻辑层操作接口的父类，此类中包含常用的增删改查业务逻辑操作。其关键代码如下。

```
package com.zyy.service.base;

import java.util.List;

public interface BaseService <T>{
    //  增加
    int add(T obj);
    //  删除
    int delete(int id);
    //  更新
    int update(T obj);
    //  查找
    T findById(int id);

    long findCount(T obj);

    List<T> findByQuery(T obj);
}
```

第七节　系统公共模块

中药进销存管理系统，顾名思义，必然包含一些系统的业务功能模块，例如入库、销售等相关的模块，在进行具体的业务模块实现时，系统还需要有一些公共模块的设计，在这个模块里面，设计包含了用户的登录、退出登录、密码修改、首页显示等。

一、用户登录

一般在管理系统中，用户登录是一个必不可少的功能模块，用户通过输入正确的用户名和密码，进入后台管理页面。在本系统的设计中，依然如此。首先需要通过用户登录界面，如图6-13所示，输入正确的用户名和密码方可完成登录。

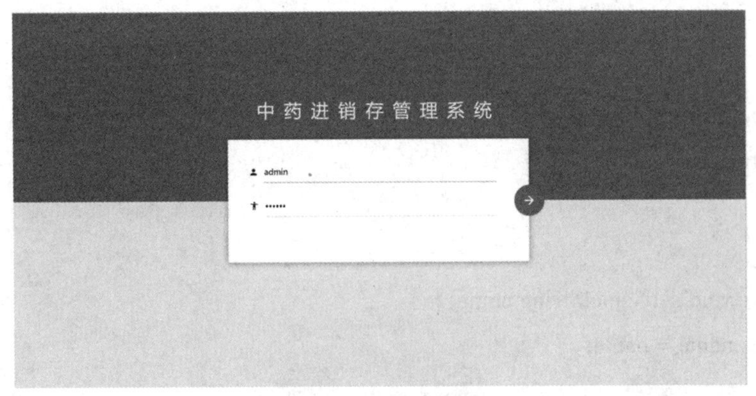

图6-13　登录界面

从前面的系统介绍可知，该系统有多个角色，但是登录的入口都是一样的，接下来讲解该功能的具体实现。

(一)创建User实体类

在src\main\java目录下，创建com.zyy.domain包，在包中创建用户实体类User，并在User类中定义用户相关属性以及相应的 getter/setter 方法，User类的具体实现代码如下。

```
package com.zyy.domain;

import java.util.List;

public class User {

    private Integer id;
    private String name;
    private String username;
    private String password;
    private String phone;
    private Integer  email;
    private Integer status;
    public Integer getId() {
        return id;
    }

    public void setId(Integer id) {
        this.id = id;
```

```
    }

    public String getName() {
        return name;
    }

    public void setName(String name) {
        this.name = name;
    }

    public String getUsername() {
        return username;
    }

    public void setUsername(String username) {
        this.username = username;
    }

    public String getPassword() {
        return password;
    }

    public void setPassword(String password) {
        this.password = password;
    }

    public String getPhone() {
        return phone;
    }

    public void setPhone(String phone) {
        this.phone = phone;
    }

    public String getEmail() {
```

```
        return email;
    }

    public void setEmail(String email) {
        this.email = email;
    }

    public Integer getStatus() {
        return status;
    }

    public void setStatus(Integer status) {
        this.status = status;
    }
}
```

（二）编写UserMapper层登录接口

创建用户mapper层接口。在src\main\java目录下的com.zyy.mapper包中，创建一个用户接口UserMapper，并使得该接口继承BaseMapper接口，在接口内编写通过用户名和密码查询的方法，具体代码如下。

```
package com.zyy.mapper;

import com.zyy.domain.User;
import com.zyy.mapper.base.BaseMapper;
import org.apache.ibatis.annotations.Param;

public interface UserMapper extends BaseMapper<User>{
    //登录
    User login(@Param("username") String username, @Param("password") String password);
}
```

创建映射文件。在com.zyy.mapper包中，创建一个MyBatis映射文件UserMapper.xml，并在映射文件中编写查询用户信息的执行语句，具体代码如下。

```
<?xml version="1.0" encoding="UTF-8" ?>
<!DOCTYPE mapper
    PUBLIC "-//mybatis.org//DTD Config 3.0//EN"
```

```
    "http://mybatis.org/dtd/mybatis-3-mapper.dtd">
<mapper namespace="com.zyy.mapper.UserMapper">
    <resultMap id="baseResultMap" type="user">
        <id column="id" property="id" />
        <result column="name" property="name" />
        <result column="username" property="username" />
        <result column="password" property="password" />
        <result column="phone" property="phone" />
        <result column="email" property="email" />
        <result column="status" property="status" />
        <association property="role" columnPrefix="r_" javaType="role">
            <id column="id" property="id" />
            <result column="name" property="name" />
            <result column="status" property="status" />
        </association>
    </resultMap>
    <!-- 用户登录 -->
    <select id="login" resultMap="baseResultMap">
        select u.*, r.id r_id, r.name r_name, r.status r_status from user u, role r
        where u.role_id = r.id and u.username = #{username} and u.password = #{password}
    </select>
</mapper>
```

（三）编写UserService

创建用户service层接口，在src\main\java目录下的 com.zyy.service包中创建UserService 接口，并在该接口中编写一个通过账号和密码查询用户的方法，具体代码如下。

```
package com.zyy.service;

import com.zyy.domain.User;

public interface UserService{
    User login(String username, String password);
}
```

创建用户service层接口的实现类，在src\main\java目录下的 com.zyy.service包中创建一个子包impl，并创建 UserService 接口的实现类UserServiceImpl，并在类中编写实现接口的方法，具体代码如下。

```
package com.zyy.service.impl;

import com.zyy.domain.User;
import com.zyy.mapper.UserMapper;
import com.zyy.service.UserService;
import org.springframework.beans.factory.annotation.Autowired;
import org.springframework.stereotype.Service;

@Service
public class UserServiceImpl implements UserService {

    @Autowired
    UserMapper userMapper;

    @Override
    public User login(String username, String password){
        return userMapper.login(username,password);
    }
}
```

从上面的代码，可以看到，在service的实现类里面，需要通过注解的方式创建对应的Mapper接口代理对象，再使用代理对象调用Mapper接口中的方法，来实现数据的操作。

（四）编写HomeController

在src\main\java目录下，创建 com.zyy.controller包，在其中创建控制器类HomeController，编辑后代码如下。

```
package com.zyy.controller;

import com.zyy.domain.Menu;
import com.zyy.domain.User;
import com.zyy.service.MenuService;
import com.zyy.service.UserService;
import com.zyy.utils.JsonModel;
```

```
import org.springframework.beans.factory.annotation.Autowired;
import org.springframework.stereotype.Controller;
import org.springframework.util.StringUtils;
import org.springframework.web.bind.annotation.RequestMapping;
import org.springframework.web.bind.annotation.RequestMethod;
import org.springframework.web.bind.annotation.ResponseBody;
import javax.servlet.http.HttpServletRequest;
import javax.servlet.http.HttpServletResponse;
import javax.servlet.http.HttpSession;
import java.util.HashMap;
import java.util.List;

@Controller
public class HomeController {

    @Autowired
    UserService userService;
    /**
     * 转发到登录界面
     * @return
     */
    @RequestMapping(value="/login",method=RequestMethod.GET)
    public String login() {
        return "login";
    }

    /**
     * 登录
     * @return
     */
    @RequestMapping(value="/loginIn",method= RequestMethod.POST)
    @ResponseBody
    public JsonModel loginIn(String username, String password, HttpServletRequest request,
HttpServletResponse response) {
```

```
        // 获取用户
        User user = userService.login(username, password);

        JsonModel jsonModel = new JsonModel();
        jsonModel.setSuccess(false);
        jsonModel.setMsg("登录失败");
        jsonModel.setData(user);

        if(!StringUtils.isEmpty(user)) {
          HttpSession session = request.getSession();
          //将用户信息放入session中
          session.setAttribute("user",user);
          jsonModel.setSuccess(true);
          jsonModel.setMsg("登录成功");
        }

        return jsonModel;
      }
    }
```

（五）实现登录页面

在系统中，登录界面一般是用户所见的第一个页面，在这里使用html技术构建登录页面，具体代码如下。

```
<!DOCTYPE HTML>
<html lang="zh-cn">
<head>
  <meta charset="utf-8">
  <meta http-equiv="X-UA-Compatible" content="IE=edge">
  <meta name="viewport" content="width=device-width, initial-scale=1">
  <title>登录页</title>
  <link href="/static/plugins/bootstrap-3.3.0/css/bootstrap.min.css" rel="stylesheet"/>
   <link href="/static/plugins/material-design-iconic-font-2.2.0/css/material-design-
iconic-font.min.css"
      rel="stylesheet"/>
  <link href="/static/plugins/waves-0.7.5/waves.min.css" rel="stylesheet"/>
```

```
    <link href="/static/plugins/jquery-confirm/jquery-confirm.min.css" rel="stylesheet"/>
    <link href="/static/css/login.css" rel="stylesheet"/>
  </head>
  <body>
  <h3 class="title">中药进销存管理系统</h3>
  <div id="login-window">
    <div class="input-group m-b-20">
      <span class="input-group-addon"><i class="zmdi zmdi-account"></i></span>
      <div class="fg-line">
          <input id="username" type="text" class="form-control" name="username" placeholder=
"账号" required autofocus
             value="admin">
      </div>
    </div>
    <div class="input-group m-b-20">
      <span class="input-group-addon"><i class="zmdi zmdi-male"></i></span>
      <div class="fg-line">
        <input id="password" type="password" class="form-control" name="password" placeholder=
"密码" required
             value="123456">
      </div>
    </div>
    <div class="clearfix">
    </div>
    <a id="login-bt" href="javascript:;" class="waves-effect waves-button waves-float"><i
        class="zmdi zmdi-arrow-forward"></i></a>
  </div>
  <script src="/static/plugins/jquery.1.12.4.min.js"></script>
  <script src="/static/plugins/bootstrap-3.3.0/js/bootstrap.min.js"></script>
  <script src="/static/plugins/waves-0.7.5/waves.min.js"></script>
  <script src="/static/plugins/jquery.cookie.js"></script>
  <script src="/static/plugins/layer/layer.js" charset="utf-8"></script>
  <script>
    $(function() {
```

```
    //点击登录按钮
    $("#login-bt").on("click", function () {
        // 登录
        $.ajax({
            url: '/loginIn',
            type: 'POST',
            data: {
                username: $('#username').val(),
                password: $('#password').val()
            },
            success: function(res){
                if (res.success) {
                    layer.msg(res.msg, {icon: 1, time:500,
                        end:function(){
                            localStorage.setItem("user", JSON.stringify(res.data))
                            //去到主界面
                            window.location.href="/view/index.html";
                        }
                    });
                }else {
                    layer.msg(res.msg, {icon: 2});
                }
            }
        });
    })
});

</script>
</body>
</html>
```

（六）测试登录功能

将项目发布到 Tomcat 服务器并启动，成功访问登录页面后，即可输入账号和密码点击登录按钮，即可完成登录到达系统首页，如图6-14所示。

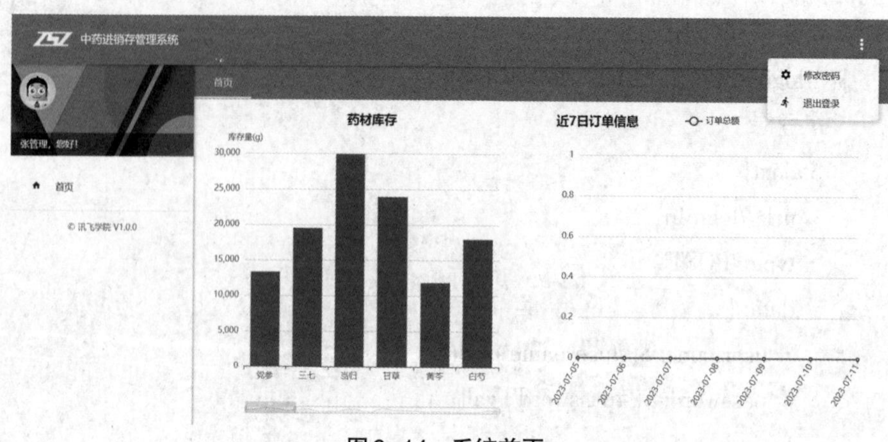

图6–14　系统首页

二、菜单显示

考虑到，项目在设计的时候，分了多个角色，不同的角色在登录时对应的菜单权限是不一样的，也就是说，登录之后所看到的菜单是不同的。

所以，为了更好地实现该功能，把菜单信息、角色信息、用户信息形成三张表，进行多对多关联，在登录时查询对应的角色信息所拥有的菜单进行显示即可。

（一）创建Menu实体类

在src\main\java目录下的com.zyy.domain包中创建菜单实体类Menu，并在Menu类中定义用户相关属性以及相应的 getter/setter 方法，Menu类的具体实现代码如下。

```
package com.zyy.domain;

import java.util.List;

public class Menu {

    private Integer id;
    private String name;
    private String url;
    private String icon;
    private Integer level;
    private Integer parentId;
    private Integer status;

    /**子菜单 */
```

```
private List<Menu> children ;

public List<Menu> getChildren() {
   return children;
}

public void setChildren(List<Menu> children) {
   this.children = children;
}

public Integer getId() {
   return id;
}

public void setId(Integer id) {
   this.id = id;
}

public String getName() {
   return name;
}

public void setName(String name) {
   this.name = name;
}

public String getUrl() {
   return url;
}

public void setUrl(String url) {
   this.url = url;
}

public String getIcon() {
```

```
        return icon;
    }

    public void setIcon(String icon) {
        this.icon = icon;
    }

    public Integer getLevel() {
        return level;
    }

    public void setLevel(Integer level) {
        this.level = level;
    }

    public Integer getParentId() {
        return parentId;
    }

    public void setParentId(Integer parentId) {
        this.parentId = parentId;
    }

    public Integer getStatus() {
        return status;
    }

    public void setStatus(Integer status) {
        this.status = status;
    }
}
```

因为菜单可能还会包含子菜单，所以在做菜单遍历展示时，父菜单会包含多个子菜单，对应需要Menu实体类中提供List<Menu>类型的属性并给出getter和setter。

因为需要进行三表操作，所以在提供了用户和菜单实体类之后，再编写下角色实体类，具体代码如下。

```
package com.zyy.domain;
```

```
public class Role {

    private Integer id;
    private String name;
    private Integer status;

    public Integer getId() {
        return id;
    }

    public void setId(Integer id) {
        this.id = id;
    }

    public String getName() {
        return name;
    }

    public void setName(String name) {
        this.name = name;
    }

    public Integer getStatus() {
        return status;
    }

    public void setStatus(Integer status) {
        this.status = status;
    }
}
```

紧接着，为了进一步体现当前登录的用户属于什么角色、拥有哪些菜单（用户和角色之间存在一对一关联，用户和菜单之间存在一对多关系）。还需要在用户的实体类User中提供Role和List<Menu>两个属性并给出getter和setter，具体代码如下。

```
private Role role;
private List<Menu> menus;
```

```
    public Role getRole() {
        return role;
    }

    public void setRole(Role role) {
        this.role = role;
    }

    public List<Menu> getMenus() {
        return menus;
    }

    public void setMenus(List<Menu> menus) {
        this.menus = menus;
    }
```

（二）编写MenuMapper

创建用户mapper层接口。在src\main\java目录下的 com.zyy.mapper包中，创建一个菜单接口MenuMapper，并使得该接口继承BaseMapper接口，在接口内编写通过用户id查询菜单集合的方法，具体代码如下。

```
package com.zyy.mapper;

import com.zyy.domain.Menu;
import java.util.List;

public interface MenuMapper {
    //根据userId查询菜单
    List<Menu> findMenuByUserId(int userId);
}
```

创建映射文件。在com.zyy.mapper包中，创建一个MyBatis映射文件MenuMapper.xml，并在映射文件中编写查询用户信息的执行语句，具体代码如下。

```
<?xml version="1.0" encoding="UTF-8" ?>
<!DOCTYPE mapper
    PUBLIC "-//mybatis.org//DTD Config 3.0//EN"
    "http://mybatis.org/dtd/mybatis-3-mapper.dtd">
<mapper namespace="com.zyy.mapper.MenuMapper">
```

```
<sql id="findMenuList">
    SELECT menu.`id`,menu.`name`,menu.`parent_id`,menu.`url`,menu.`icon`,user.`
id` user_id FROM menu
     LEFT JOIN role_menu ON menu.`id`=role_menu.`menu_id`
     LEFT JOIN user ON user.`role_id`=role_menu.`role_id`
</sql>

<resultMap id="baseResultMap" type="menu">
  <id column="id" property="id"></id>
  <result column="name" property="name"></result>
  <result column="url" property="url" />
  <result column="icon" property="icon" />
  <result column="level" property="level" />
  <result column="parent_id" property="parentId" />
  <result column="status" property="status" />
<!-- 关联子菜单-->
  <collection property="children" ofType="menu" column="{userId=user_id,id=id}"
        select="getMenuChildren"/>
</resultMap>

<select id="findMenuByUserId" resultMap="baseResultMap">
  <include refid="findMenuList" />
  <where>
    user.id=#{userId} and menu.`parent_id` is null
  </where>
</select>

<select id="getMenuChildren" resultMap="baseResultMap">
  <include refid="findMenuList" />
  <where>
    user.id=#{userId} and menu.`parent_id`=#{id}
  </where>
</select>

</mapper>
```

（三）编写MenuService

创建用户service层接口，在src\main\java目录下的 com.zyy.service包中创建MenuService 接口，并在该接口中编写一个通过userId查询菜单的方法，具体代码如下。

```
package com.zyy.service;

import com.zyy.domain.Menu;
import java.util.List;

public interface MenuService {
    //根据userId查询菜单
    List<Menu> findMenuByUserId(int userId);
}
```

创建用户service层接口的实现类，在src\main\java目录下的 com.zyy.service.impl包下创建 MenuService 接口的实现类MenuServiceImpl，并在类中编写实现接口的方法，具体代码如下。

```
package com.zyy.service.impl;

import com.zyy.domain.Menu;
import com.zyy.mapper.MenuMapper;
import com.zyy.service.MenuService;
import org.springframework.beans.factory.annotation.Autowired;
import org.springframework.stereotype.Service;
import java.util.List;

@Service
public class MenuServiceImpl implements MenuService {

    @Autowired
    MenuMapper menuMapper;

    @Override
    public List<Menu> findMenuByUserId(int userId) {
        return menuMapper.findMenuByUserId(userId);
    }
}
```

（四）修改HomeController层loginIn方法

考虑到菜单是用户登录成功之后进行展示的，所以需要在src\main\java目录下的com.zyy.controller包中针对HomeController中的登录校验方法loginIn进行修改，当登录校验成功之后使用当前的用户id去获取对应的菜单信息。

首先，在HomeController中注入MenuService的对象。

```
@Autowired
MenuService menuService;
```

其次，在loginIn函数中添加当登录校验成功之后使用当前的用户id去获取对应的菜单信息的代码。

```
@RequestMapping(value="/loginIn",method= RequestMethod.POST)
@ResponseBody
public JsonModel loginIn(String username, String password, HttpServletRequest request, HttpServletResponse response) {
    // 获取用户
  User user = userService.login(username, password);
  JsonModel jsonModel = new JsonModel();
  jsonModel.setSuccess(false);
  jsonModel.setMsg("登录失败");
  jsonModel.setData(user);

  if(!StringUtils.isEmpty(user)) {
    List<Menu> menus = menuService.findMenuByUserId(user.getRole().getId());
    user.setMenus(menus);
    HttpSession session = request.getSession();
    //将用户信息放入session中
    session.setAttribute("user",user);
    jsonModel.setSuccess(true);
    jsonModel.setMsg("登录成功");
  }

  return jsonModel;
}
```

（五）实现菜单页面

接下来进一步完成前端页面的设计，具体代码如下。

```
<!DOCTYPE HTML>
<html lang="zh-cn">
<head>
<meta charset="utf-8">
<meta http-equiv="X-UA-Compatible" content="IE=edge">
<meta name="viewport" content="width=device-width, initial-scale=1">
<title>中药进销存管理系统</title>

<link href="/static/plugins/bootstrap-3.3.0/css/bootstrap.min.css" rel="stylesheet"/>
<link href="/static/plugins/material-design-iconic-font-2.2.0/css/material-design-iconic-font.min.css" rel="stylesheet"/>
<link href="/static/plugins/waves-0.7.5/waves.min.css" rel="stylesheet"/>
<link href="/static/plugins/malihu-custom-scrollbar-plugin/jquery.mCustomScrollbar.min.css" rel="stylesheet"/>
<link href="/static/plugins/validate/css/bootstrapValidator.min.css" rel="stylesheet">
<link href="/static/plugins/jquery-confirm/jquery-confirm.min.css" rel="stylesheet"/>
<link href="/static/css/admin.css" rel="stylesheet"/>
<style>
/** skins **/
#zheng-upms-server #header {background: #29A176;}
#zheng-upms-server .content_tab{background: #29A176;}
#zheng-upms-server .s-profile>a{background: url(/static/images/zheng-upms.png) left top no-repeat;}

#zheng-cms-admin #header {background: #455EC5;}
#zheng-cms-admin .content_tab{background: #455EC5;}
#zheng-cms-admin .s-profile>a{background: url(/static/images/zheng-cms.png) left top no-repeat;}

#zheng-pay-admin #header {background: #F06292;}
#zheng-pay-admin .content_tab{background: #F06292;}
#zheng-pay-admin .s-profile>a{background: url(/static/images/zheng-pay.png) left top no-repeat;}

#zheng-ucenter-home #header {background: #6539B4;}
#zheng-ucenter-home .content_tab{background: #6539B4;}
```

```
#zheng-ucenter-home .s-profile>a{background: url(/static/images/zheng-ucenter.
png) left top no-repeat;}

#zheng-oss-web #header {background: #0B8DE5;}
#zheng-oss-web .content_tab{background: #0B8DE5;}
#zheng-oss-web .s-profile>a{background: url(/static/images/zheng-oss.png) left top no-
repeat;}
</style>
</head>
<body>
<header id="header">
 <ul id="menu">
  <li id="guide" class="line-trigger">
   <div class="line-wrap">
    <div class="line top"></div>
    <div class="line center"></div>
    <div class="line bottom"></div>
   </div>
  </li>
  <li id="logo" class="hidden-xs">
   <a href="index.html">
    <img src="/static/images/logo.png"/>
   </a>
   <span id="system_title">中药进销存管理系统</span>
  </li>
  <li class="pull-right">
   <ul class="hi-menu">
    <li class="dropdown">
     <a class="waves-effect waves-light" data-toggle="dropdown" href="javascript:;">
      <i class="him-icon zmdi zmdi-more-vert"></i>
     </a>
     <ul class="dropdown-menu dm-icon pull-right">
      <li>
       <a class="waves-effect update-password" href="javascript:;"><i class="zmdi zmdi-
settings"></i> 修改密码</a>
```

```
            </li>
            <li>
              <a class="waves-effect" href="/logout"><i class="zmdi zmdi-run"></i> 退出登录</a>
            </li>
          </ul>
        </li>
      </ul>
    </li>
  </ul>
</header>
<section id="main">
  <!-- 左侧导航区 -->
  <aside id="sidebar">
    <!-- 个人资料区 -->
    <div class="s-profile">
      <a class="waves-effect waves-light" href="javascript:;">
        <div class="sp-pic">
          <img src="/static/images/avatar.jpg"/>
        </div>
        <div class="sp-info">
          <span id="user-hello"></span>
        </div>
      </a>
    </div>
    <!-- /个人资料区 -->
    <!-- 菜单区 -->
    <ul class="main-menu menu-list">

    </ul>
    <!-- /菜单区 -->
  </aside>
  <!-- /左侧导航区 -->
  <section id="content">
    <div class="content_tab">
      <div class="tab_left">
```

```
<a class="waves-effect waves-light" href="javascript:;"><i class="zmdi zmdi-chevron-left"></i></a>
</div>
<div class="tab_right">
<a class="waves-effect waves-light" href="javascript:;"><i class="zmdi zmdi-chevron-right"></i></a>
</div>
<ul id="tabs" class="tabs">
<li id="tab_home" data-index="home" data-closeable="false" class="cur">
<span class="waves-effect waves-light">首页</span>
</li>
</ul>
</div>
<div class="content_main">
<div id="iframe_home" class="iframe cur">
<!-- 图表 -->
<div id="adminChart"  style="display: none;">
<div class="row">
<div class="col-sm-6">
<div id="adminStore" style="height:430px;"></div>
</div>
<div class="col-sm-6">
<div id="adminOrder" style="height:430px;"></div>
</div>
</div>
</div>
<div id="orderChart" style="height:430px; padding: 30px 30px 30px 60px; display: none;"></div>
<div id="storeChart" style="height:430px; padding: 30px 30px 30px 60px; display: none;"></div>
</div>
</div>

<!-- 修改密码 -->
<div id="modal-password" class="modal fade" tabindex="-1" role="dialog" >
```

```
<div class="modal-dialog" role="document">
 <div class="modal-content">
  <div class="modal-header">
     <button type="button" class="close" data-dismiss="modal" aria-label="Close"><span aria-hidden="true">&times;</span></button>
   <h4 class="modal-title">修改密码</h4>
  </div>
  <div class="modal-body">
   <form id="password-form" class="form-horizontal" action="#" method="post">
    <input id="userId" type="hidden"/>
    <div class="form-group">
     <label for="curPassword" class="col-sm-2 control-label">当前密码</label>
     <div class="col-sm-9">
       <input type="text" class="form-control" id="curPassword" name="curPassword" placeholder="请输入当前密码" />
     </div>
    </div>
    <div class="form-group">
     <label for="newPassword" class="col-sm-2 control-label">新密码</label>
     <div class="col-sm-9">
      <input type="text" class="form-control" id="newPassword" name="newPassword" placeholder="请输入新密码" />
     </div>
    </div>
    <div class="form-group">
     <label for="repeatPassword" class="col-sm-2 control-label">确认密码</label>
     <div class="col-sm-9">
       <input type="text" class="form-control" id="repeatPassword" name="repeatPassword" placeholder="请再次输入新密码" />
     </div>
    </div>
   </form>
  </div>
  <div class="modal-footer">
   <button type="button" class="btn btn-default" data-dismiss="modal">关闭</button>
```

```
          <button type="button" id="passwordSave" class="btn btn-primary">保存</button>
        </div>
       </div>
      </div>
     </div>
    </section>
   </section>
   <footer id="footer"></footer>

   <script src="/static/plugins/jquery.1.12.4.min.js"></script>
   <script src="/static/plugins/bootstrap-3.3.0/js/bootstrap.min.js"></script>
   <script src="/static/plugins/waves-0.7.5/waves.min.js"></script>
   <script src="/static/plugins/malihu-custom-scrollbar-plugin/jquery.mCustomScrollbar.
concat.min.js"></script>
   <script src="/static/plugins/BootstrapMenu.min.js"></script>
   <script src="/static/plugins/device.min.js"></script>
   <script src="/static/plugins/validate/js/bootstrapValidator.min.js"></script>
   <script src="/static/plugins/validate/js/language/zh_CN.js"></script>
   <script src="/static/plugins/jquery.cookie.js"></script>
   <script src="/static/plugins/layer/layer.js" charset="utf-8"></script>
   <!-- echarts -->
   <script src="/static/plugins/echarts/echarts.min.js"></script>
   <script src="/static/js/admin.js"></script>

   <script type="text/javascript">
   $(function() {
       var user = JSON.parse(localStorage.getItem("user"))
       $('#user-hello').html(user.name + '，您好！')
       //组装菜单栏
       setMenus(user.menus)

       //拼接菜单栏
       function setMenus(menus) {
           $(".menu-list").empty()
           let menuBoxIndex =
```

```
        `<li>
    <a class="waves-effect" href="javascript:Tab.addTab('首页', 'home');"><i class="zmdi zmdi-home"></i> 首页 </a>
    </li>`
        $(menuBoxIndex).appendTo($(".menu-list"))
        if (menus && menus.length > 0) {
            menus.forEach((item, index) => {
                let menuBoxLi =
                    `<li class="sub-menu system_menus system_1">
    <a class="waves-effect" href="javascript:;">
     <i class="${item.icon}"></i> ${item.name}
    </a>`

                let menuBoxUl = `<ul>`
                if (item.children && item.children.length > 0) {
                    item.children.forEach((children, index) => {
                        menuBoxUl +=
                            `<li>
        <a class="waves-effect" href="javascript:Tab.addTab('${children.name}', '${children.url}');">${children.name}</a>
    </li>`
                    })
                }
                menuBoxUl += `</ul></li>`
                $(menuBoxLi + menuBoxUl).appendTo($('.menu-list'))
            })
        }

        let menuBoxEnd =
            `<li>
    <div class="upms-version">
     &copy; 讯飞学院 V1.0.0
    </div>
   </li>`
        $(menuBoxEnd).appendTo($('.menu-list'))
```

```
        }
    })

</script>

</body>
</html>
```

（六）测试菜单功能

将项目发布到 Tomcat 服务器并启动，成功访问登录页面后，然后输入账号和密码点击登录按钮，即可完成登录到达系统首页，如图6-15所示。

图6-15　系统首页

三、登录验证

虽然在上面的小节中已经实现了用户登录功能，但是此功能还并不完善，假设在其他控制器类中也包含一个访问客户管理页面的方法，那么用户完全可以绕过登录步骤，而直接通过访问该方法的方式进入客户管理页面，这种让未登录的用户直接访问后台管理信息页面，是不安全的。

所以，为了避免此类情况的发生，并提升系统的安全性，可以创建一个登录拦截器来拦截所有请求。只有已登录用户的请求才能够通过，而对于未登录用户的请求，系统会将请求转发到登录页面，并提示用户登录。

（一）创建登录拦截器类

在src\main\java目录下的com.zyy.interceptor包中创建拦截器类LoginInterceptor，使其实现HandlerInterceptor接口，并重写preHandle、postHandle、afterCompletion三个函数，从而可以进行拦截的逻辑编写，具体实现代码如下。

```
package com.zyy.interceptor;

import com.zyy.domain.User;
import org.springframework.util.StringUtils;
import org.springframework.web.servlet.HandlerInterceptor;
import org.springframework.web.servlet.ModelAndView;
import javax.servlet.http.HttpServletRequest;
import javax.servlet.http.HttpServletResponse;
import javax.servlet.http.HttpSession;

public class LoginInterceptor implements HandlerInterceptor {
 //处理前返回，true-通过 false-拦截
 public boolean preHandle(HttpServletRequest request, HttpServletResponse response, Ob
ject handler) throws Exception {
    System.out.println("进入拦截器");
    //登录页放行
    if(request.getRequestURI().contains("login")){
        return true;
    }
    //第一次点击登录时没有session，点击提交登录时放行
    if(request.getRequestURI().contains("loginIn")){
        return true;
    }
    HttpSession session=request.getSession();
    //获取session中用户信息
    User user = (User) session.getAttribute("user");
    if(!StringUtils.isEmpty(user)) {
        //已登录，放行
        return true;
    }
    //未登录，回到登录页
    response.sendRedirect("/view/login.html");
    return false;
}
```

```
//用来写日志
public void postHandle(HttpServletRequest request, HttpServletResponse response, Obje
ct handler, ModelAndView modelAndView) throws Exception {

}

//清理
public void afterCompletion(HttpServletRequest request, HttpServletResponse response,
Object handler, Exception ex) throws Exception {

}
}
```

在preHandle函数中的实现逻辑主要是依据用户访问的url对应的页面是不是可以放行的页面，例如登录页面，其次在访问不可放行的页面的同时，需进一步判断当前用户是否登录，也就是查看当前session中有无用户信息即可判断。

（二）配置拦截器

在springMVC.xml文件中，配置登录拦截器信息，其配置代码如下。

```
<!-- 注册拦截器 -->
<mvc:interceptors>
  <!-- 注册1个拦截器 -->
  <mvc:interceptor>
    <!-- 拦截路径 -->
    <mvc:mapping path="/**" />
    <!-- 放行静态资源 -->
    <mvc:exclude-mapping path="/static/**"/>
    <!-- 拦截器Bean -->
    <bean class="com.zyy.interceptor.LoginInterceptor" />
  </mvc:interceptor>
</mvc:interceptors>
```

上述配置代码会将所有的用户请求都交由登录拦截器来处理。至此，登录拦截器的实现工作就已经完成。

四、修改密码

在管理系统设置中，一般账户在首次登录时提供的是默认账号，其次考虑到用户登录的安全性和密码设置的个性化，在系统中提供了密码修改的功能模块。

实现修改密码的思路相对比较简单，首先因为本质上还是对用户表的操作，所以在这里无须添加新的实体类，所以，在实现的时候主要针对当前账号是否存在，其次验证新旧密码是否一致即可。

（一）UserMapper层创建校验方法

因为关于常规的增删改查操作，已经在BaseMapper映射文件中全部封装了，且在实现UserMapper时已经继承了BaseMapper，所以用户的增删改查已经不需要额外进行编写，只需要新增校验用户是否存在的查询方法和sql即可。

首先找到UserMapper接口，添加对应的方法。

```
//校验用户是否存在
int findCountByUsername(String username);
```

其次，在UserMapper.xml映射文件中，添加对应的sql配置。

```
<select id="findCountByUsername" resultType="int">
  select count(*) from user where username = #{username}
</select>
```

（二）UserService层创建校验接口

在com.zyy.service包下编辑UserService使它继承BaseService，这样便拥有其所有的基础方法，具体代码如下。

```
package com.zyy.service;

import com.zyy.domain.User;
import com.zyy.service.base.BaseService;

public interface UserService extends BaseService<User> {
   User login(String username, String password);
}
```

编辑UserServiceImpl类，用来实现UserService接口，具体代码如下。

```
package com.zyy.service.impl;

import com.zyy.domain.User;
import com.zyy.mapper.UserMapper;
import com.zyy.service.UserService;
import org.springframework.beans.factory.annotation.Autowired;
import org.springframework.stereotype.Service;
import java.util.List;
```

```
@Service
public class UserServiceImpl implements UserService {

    @Autowired
    UserMapper userMapper;

    @Override
    public User login(String username, String password){
        return userMapper.login(username,password);
    }

    @Override
    public long findCount(User user) {
        return userMapper.findCount(user);
    }

    @Override
    public List<User> findByQuery(User user) {
        return userMapper.findByQuery(user);
    }

    @Override
    public int add(User user) {

        return userMapper.add(user);
    }

    @Override
    public int delete(int id) {
        return userMapper.delete(id);
    }

    @Override
    public int update(User user) {
        return userMapper.update(user);
```

```
    }

    @Override
    public User findById(int id) {
        return userMapper.findById(id);
    }

    @Override
    public int findCountByUsername(String username) {
        return userMapper.findCountByUsername(username);
    }
}
```

从上面的代码，可以看到，在service的实现类里面，需要通过注解的方式创建对应的Mapper接口代理对象，再使用代理对象，调用Mapper接口中的方法，来实现数据的操作，这样的话，后续关于UserService的一些通用性操作就不用编写了，只需要在对应的函数中添加一定的业务代码即可。

（三）编写controller层校验方法

考虑到需要在修改密码之前针对账号和原始密码进行校验，所以，在添加的UserController中分别实现校验账号、校验密码以及更新密码的接口方法，具体代码实现如下。

```
package com.zyy.controller;

import com.zyy.domain.Role;
import com.zyy.domain.User;
import com.zyy.service.UserService;
import com.zyy.utils.JsonModel;
import com.zyy.utils.RemoteModel;
import org.springframework.beans.factory.annotation.Autowired;
import org.springframework.stereotype.Controller;
import org.springframework.web.bind.annotation.RequestMapping;
import org.springframework.web.bind.annotation.RequestMethod;
import org.springframework.web.bind.annotation.ResponseBody;
import javax.servlet.http.HttpServletRequest;
import javax.servlet.http.HttpSession;
import java.io.IOException;
```

```
import java.util.List;

@Controller
@RequestMapping("users")
public class UserController {

    @Autowired
    UserService userService;

    /**
     * 校验账号
     * @param username
     * @return
     */
    @RequestMapping(value = "/validate/username", method = RequestMethod.GET)
    @ResponseBody
    public RemoteModel validateUsername(String username){
        int count = userService.findCountByUsername(username);
        return new RemoteModel(count==0);
    }

    /**
     * 校验密码
     * @return
     */
    @RequestMapping(value = "/validate/password", method = RequestMethod.GET)
    @ResponseBody
    public RemoteModel validatePassword(int userId, String curPassword){
        User user = userService.findById(userId);
        return new RemoteModel(curPassword.equals(user.getPassword()));
    }

    /**
     * 更新密码
     * @return
```

```
    */
    @RequestMapping(value="pwdUpdate",method=RequestMethod.POST)
    @ResponseBody
    public JsonModel pwdUpdate(int userId, String newPassword, HttpSession session) {
        //封装user对象属性
        User user = new User();
        user.setId(userId);
        user.setPassword(newPassword);

        //调用service
        int update = userService.update(user);

        if (update == 1) {
            session.invalidate();
        }

        return new JsonModel(true,update==1?"更新成功":"更新失败");
    }

}
```

（四）实现修改密码页面

修改密码主要使用到Bootstrap中的模态框技术，当点击修改密码时弹出修改密码的模态框并进行编辑，页面如图6-16所示。

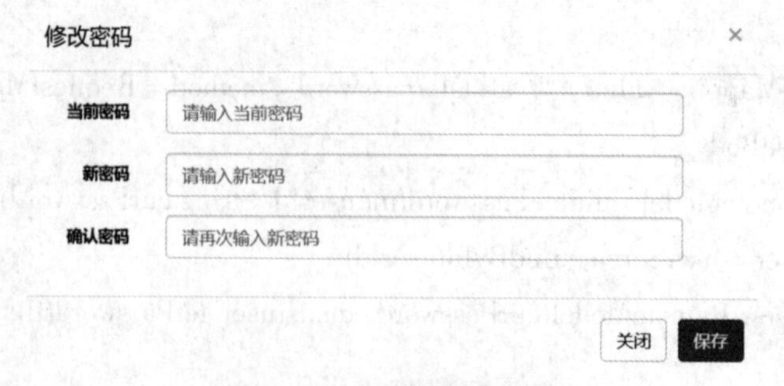

图6-16 修改密码弹出框

模态框的核心代码只需要放在index.html中，具体如下。

```
<!-- 修改密码 -->
<div id="modal-password" class="modal fade" tabindex="-1" role="dialog" >
```

```
<div class="modal-dialog" role="document">
  <div class="modal-content">
<div class="modal-header">
   <button type="button" class="close" data-dismiss="modal" aria-label="Close"><span
aria-hidden="true">&times;</span></button>
   <h4 class="modal-title">修改密码</h4>
  </div>
  <div class="modal-body">
   <form id="password-form" class="form-horizontal" action="#" method="post">
    <input id="userId" type="hidden"/>
    <div class="form-group">
     <label for="curPassword" class="col-sm-2 control-label">当前密码</label>
     <div class="col-sm-9">
      <input type="text" class="form-control" id="curPassword" name="curPassword"
placeholder="请输入当前密码" />
     </div>
    </div>
    <div class="form-group">
     <label for="newPassword" class="col-sm-2 control-label">新密码</label>
     <div class="col-sm-9">
      <input type="text" class="form-control" id="newPassword" name="newPassword"
placeholder="请输入新密码" />
     </div>
    </div>
    <div class="form-group">
     <label for="repeatPassword" class="col-sm-2 control-label">确认密码</label>
     <div class="col-sm-9">
      <input type="text" class="form-control" id="repeatPassword" name="repeatPassword"
placeholder="请再次输入新密码" />
     </div>
    </div>
   </form>
  </div>
  <div class="modal-footer">
   <button type="button" class="btn btn-default" data-dismiss="modal">关闭</button>
```

```
            <button type="button" id="passwordSave" class="btn btn-primary">保存</button>
          </div>
        </div>
      </div>
    </div>
```

当点击修改密码选项时候需要调用js代码，弹出模态框。

```
$(".update-password").on("click", function () {
  $('#modal-password').modal('show');
})
```

注意：这里的update-password就是修改密码选择按钮的class属性值。

需要在提交用户输入的新旧密码到后端进行处理的时候，先进行相关的校验，这里主要以js代码进行比对和请求后端的校验账号、密码接口，具体代码如下。

```
//表单校验
$('#modal-password').bootstrapValidator({
  fields: {
    curPassword: {
     validators: {
      notEmpty: { message: '账号不能为空' },
      remote: {
       url: '/users/validate/password',
       message: '当前密码错误',
       delay: 500,
       data: {
        userId: function () {
         return user.id
        }
       }
      }
     }
    },
    newPassword: {
     validators: {
      notEmpty: { message: '新密码不能为空' },
      identical: {
      field: 'repeatPassword',
```

```
        message: '两次输入的新密码不一致'
       }
      }
     },
     repeatPassword: {
      validators: {
       notEmpty: { message: '请再次输入新密码' },
       identical: {
        field: 'newPassword',
        message: '两次输入的新密码不一致'
       }
      }
     }
    }
})
```

在校验过程中，如果某个规则条件不一样，会进行显示提醒，如图6-17所示。

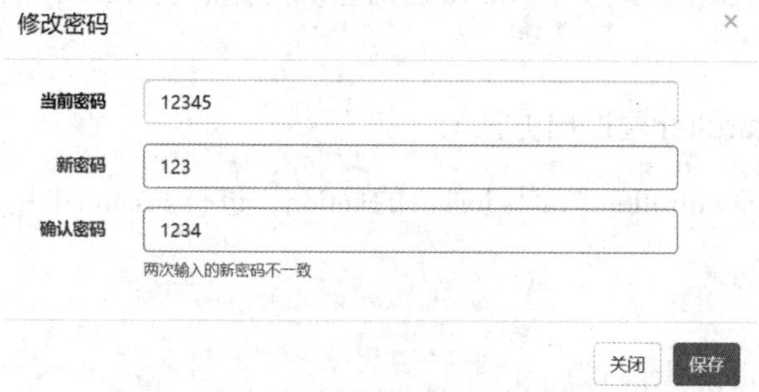

图6-17　修改密码校验界面

其次，在完成相关的校验之后，便可以把用户输入的新旧密码提交到后台的更新密码接口，同时关闭修改密码的模态框即可完成整个功能流程，具体代码如下。

```
$("#passwordSave").on('click', function() {
  $.ajax({
   type: "post",      //请求类型
   url: "/users/pwdUpdate",      //请求地址
   data: "userId=" + user.id + "&newPassword=" + $('#newPassword').val(),  //请求的参
数数据
   success: function (res) {
    if (res.success) {
     $('#modal-password').modal('hide');
```

```
layer.alert('您的密码已修改，请重新登录！',
  {icon: 6,closeBtn: 0},
  function(){
   //跳转到登录页面
   parent.location.href="/view/login.html";
   }
  );
 }
 }
 })
 })
})
```

五、退出登录

退出登录或称注销，在当前系统中操作业务时需要先登录方可就行操作或者查看，为了安全性考虑或者在切换用户登录时，可以通过退出登录功能来实现完成。

该功能的具体思路主要为，当点击退出登录时先清空session中的用户信息，并回到登录页面即可。

（一）编写controller层退出方法

首先，在HomeController中编写logout的action，进行session中用户的信息情况和回转登录页面。

```
//退出登录
@RequestMapping("/logout")
public String logout(HttpSession session) {
  session.invalidate();
  return "login";
}
```

（二）实现退出页面

需要在index.html中找到“退出登录”的按钮或链接，使其点击时，访问后端logout接口即可。

```
<a class="waves-effect" href="/logout"><i class="zmdi zmdi-run"></i> 退出登录 </a>
```

（三）测试退出功能

完成之后，重新启动Tomcat服务器，登录系统，点击退出登录返回登录页面即可（图6-18）。

图6-18　退出登录

六、首页显示

当前系统中，首页主要是用来展示可视化图表分析，主要有两块，一块是当前药材库存柱状图以及近七日订单信息折线图。不同的角色所需看到的图表是不一样的，管理员在登录之后可以看到2张图，销售看到的是订单图，仓管员看到的是库存图。

（一）库存分析

1.创建品类实体类　在com.zyy.domain包中创建久化类Category，并在Category类中定义订单相关属性及相应的getter/setter方法，具体代码如下。

```
package com.zyy.domain;

public class Category {

    private Integer id;
    private String name;
    private Integer status;

    public Integer getId() {
        return id;
    }

    public void setId(Integer id) {
        this.id = id;
    }

    public String getName() {
```

```
        return name;
    }

    public void setName(String name) {
        this.name = name;
    }

    public Integer getStatus() {
        return status;
    }

    public void setStatus(Integer status) {
        this.status = status;
    }
}
```

接着，再创建所需要的主要实体类Medicine，具体代码如下。

```
package com.zyy.domain;

public class Medicine {

    private Integer id;
    private String name;
    private Integer costPrice;
    private Integer salePrice;
    private String standard;
    private Integer storeCount;
    private String production;
    private String description;

    private Category category;

    public Integer getId() {
        return id;
    }

    public void setId(Integer id) {
```

```
    this.id = id;
}

public Category getCategory() {
    return category;
}

public void setCategory(Category category) {
    this.category = category;
}

public String getName() {
    return name;
}

public void setName(String name) {
    this.name = name;
}

public String getCostPrice() {
    return costPrice;
}

public void setCostPrice(Integer costPrice) {
    this.costPrice = costPrice;
}

public Integer getSalePrice() {
    return salePrice;
}

public void setSalePrice(Integer salePrice) {
    this.salePrice = salePrice;
}

public String getStandard() {
```

```
        return standard;
    }

    public void setStandard(String standard) {
        this.standard = standard;
    }

    public Integer getStoreCount() {
        return storeCount;
    }

    public void setStoreCount(Integer storeCount) {
        this.storeCount = storeCount;
    }

    public String getProduction() {
        return production;
    }

    public void setProduction(String production) {
        this.production = production;
    }

    public String getDescription() {
        return description;
    }

    public void setDescription(String description) {
        this.description = description;
    }
}
```

2.编写库存分析mapper层接口 在药材接口MedicineMapper编写查询药材库存量的接口，具体代码如下。

```
package com.zyy.mapper;

import com.zyy.domain.Medicine;
```

```
import com.zyy.mapper.base.BaseMapper;
import java.util.List;

public interface MedicineMapper extends BaseMapper<Medicine> {
  List<Medicine> storeAnalyst();
}
```

在MedicineMapper.xml映射文件中编写查询药材库存量的执行语句。

```
<!-- 库存分析 -->
<select id="storeAnalyst" resultMap="baseResultMap">
  select m.*, c.id c_id, c.name c_name, c.status c_    status from medicine m, category c
 where m.cate_id = c.id
</select>
```

3.编写库存分析service层接口　创建药材service层接口。在药材接口MedicineService中编写查询药材库存量的接口，具体代码如下。

```
package com.zyy.service;

import com.zyy.domain.Medicine;
import com.zyy.service.base.BaseService;
import java.util.List;

public interface MedicineService extends BaseService<Medicine> {

  List<Medicine> storeAnalyst();
}
```

接着，在com.zyy.service.impl包中，创建MedicineService接口的实现类MedicineServiceImpl，在类中实现接口的查询药材库存量的方法。

```
@Override
public List<Medicine> storeAnalyst() {

  return medicineMapper.storeAnalyst();
}
```

4.编写库存分析controller层接口　在MedicineController文件编写查询药材库存量接口。

```
/**
 * 库存分析
```

```
 * @return
 */
@RequestMapping(value = "/store/analyst", method = RequestMethod.GET)
@ResponseBody
public JsonModel storeAnalyst(){
    List<Medicine> medicines = medicineService.storeAnalyst();
    return new JsonModel(medicines);
}
```

5.实现库存分析页面 在webapp/view目录下，创建index.html首页页面，在该页面中编写查询药材库存量的代码。

```
<!DOCTYPE HTML>
<html lang="zh-cn">
<head>
 <meta charset="utf-8">
 <meta http-equiv="X-UA-Compatible" content="IE=edge">
 <meta name="viewport" content="width=device-width, initial-scale=1">
 <title>中药进销存管理系统</title>

 <link href="/static/plugins/bootstrap-3.3.0/css/bootstrap.min.css" rel="stylesheet"/>
 <link href="/static/plugins/material-design-iconic-font-2.2.0/css/material-design-iconic-font.min.css" rel="stylesheet"/>
 <link href="/static/plugins/waves-0.7.5/waves.min.css" rel="stylesheet"/>
 <link href="/static/plugins/malihu-custom-scrollbar-plugin/jquery.mCustomScrollbar.min.css" rel="stylesheet"/>
 <link href="/static/plugins/validate/css/bootstrapValidator.min.css" rel="stylesheet">
 <link href="/static/plugins/jquery-confirm/jquery-confirm.min.css" rel="stylesheet"/>
 <link href="/static/css/admin.css" rel="stylesheet"/>
 <style>
 /** skins **/
 #zheng-upms-server #header {background: #29A176;}
 #zheng-upms-server .content_tab{background: #29A176;}
 #zheng-upms-server .s-profile>a{background: url(/static/images/zheng-upms.png) left top no-repeat;}

 #zheng-cms-admin #header {background: #455EC5;}
```

```
#zheng-cms-admin .content_tab{background: #455EC5;}
#zheng-cms-admin .s-profile>a{background: url(/static/images/zheng-cms.png) left top no-repeat;}

#zheng-pay-admin #header {background: #F06292;}
#zheng-pay-admin .content_tab{background: #F06292;}
#zheng-pay-admin .s-profile>a{background: url(/static/images/zheng-pay.png) left top no-repeat;}

#zheng-ucenter-home #header {background: #6539B4;}
#zheng-ucenter-home .content_tab{background: #6539B4;}
#zheng-ucenter-home .s-profile>a{background: url(/static/images/zheng-ucenter.png) left top no-repeat;}

#zheng-oss-web #header {background: #0B8DE5;}
#zheng-oss-web .content_tab{background: #0B8DE5;}
#zheng-oss-web .s-profile>a{background: url(/static/images/zheng-oss.png) left top no-repeat;}
</style>
</head>
<body>
<header id="header">
 <ul id="menu">
  <li id="guide" class="line-trigger">
   <div class="line-wrap">
    <div class="line top"></div>
    <div class="line center"></div>
    <div class="line bottom"></div>
   </div>
  </li>
  <li id="logo" class="hidden-xs">
   <a href="index.html">
    <img src="/static/images/logo.png"/>
   </a>
   <span id="system_title">中药进销存管理系统</span>
  </li>
```

```
<li class="pull-right">
 <ul class="hi-menu">
  <li class="dropdown">
   <a class="waves-effect waves-light" data-toggle="dropdown" href="javascript:;">
    <i class="him-icon zmdi zmdi-more-vert"></i>
   </a>
   <ul class="dropdown-menu dm-icon pull-right">
    <li>
      <a class="waves-effect update-password" href="javascript:;"><i class="zmdi zmdi-
settings"></i> 修改密码 </a>
    </li>
    <li>
     <a class="waves-effect" href="/logout"><i class="zmdi zmdi-run"></i> 退出登录 </a>
    </li>
   </ul>
  </li>
 </ul>
</li>
</ul>
</header>
<section id="main">
 <!-- 左侧导航区 -->
 <aside id="sidebar">
  <!-- 个人资料区 -->
  <div class="s-profile">
   <a class="waves-effect waves-light" href="javascript:;">
    <div class="sp-pic">
     <img src="/static/images/avatar.jpg"/>
    </div>
    <div class="sp-info">
     <span id="user-hello"></span>
    </div>
   </a>
  </div>
  <!-- /个人资料区 -->
  <!-- 菜单区 -->
```

```
<ul class="main-menu menu-list">

</ul>
<!-- /菜单区 -->
</aside>
<!-- /左侧导航区 -->
<section id="content">
 <div class="content_main">
  <div id="iframe_home" class="iframe cur">
   <!-- 图表 -->
   <div id="adminChart"  style="display: none;">
    <div class="row">
     <div class="col-sm-6">
      <div id="adminStore" style="height:430px;"></div>
     </div>
     <div class="col-sm-6">
      <div id="adminOrder" style="height:430px;"></div>
     </div>
    </div>
   </div>
   <div id="storeChart" style="height:430px; padding: 30px 30px 30px 60px; display: none;">
</div>
  </div>
 </div>
</section>
</section>
<footer id="footer"></footer>

<script src="/static/plugins/jquery.1.12.4.min.js"></script>
<script src="/static/plugins/bootstrap-3.3.0/js/bootstrap.min.js"></script>
<script src="/static/plugins/waves-0.7.5/waves.min.js"></script>
<script src="/static/plugins/malihu-custom-scrollbar-plugin/jquery.mCustomScrollbar.
concat.min.js"></script>
<script src="/static/plugins/BootstrapMenu.min.js"></script>
<script src="/static/plugins/device.min.js"></script>
<script src="/static/plugins/validate/js/bootstrapValidator.min.js"></script>
```

```
<script src="/static/plugins/validate/js/language/zh_CN.js"></script>
<script src="/static/plugins/jquery.cookie.js"></script>
<script src="/static/plugins/layer/layer.js" charset="utf-8"></script>
<!-- echarts -->
<script src="/static/plugins/echarts/echarts.min.js"></script>
<script src="/static/js/admin.js"></script>

<script type="text/javascript">
 //显示图表
 function setChart(roleId) {
  if (roleId === 1) {
   $("#adminChart").show()
   storeChart('adminStore',20)
   orderChart('adminOrder',20)
  }else if (roleId === 2) {
   $("#storeChart").show()
   storeChart('storeChart',50)
  }else if (roleId === 3) {
   $("#orderChart").show()
   orderChart('orderChart',100)
  }
 }

//库存图表
function storeChart(divId,zoomEnd) {
 let myChart = echarts.init(document.getElementById(divId));
 let option = {
  title: {
   text: '药材库存',
   left: 'center'
  },
  tooltip: {
   trigger: 'axis',
   axisPointer: {
    type: 'shadow'
   }
```

```
},
dataZoom: [
 {
  type: 'slider',
  height: 10,
  filterMode: 'empty',
  bottom: 10,
  start:0,
  end:zoomEnd,
  show: true
 }
],
xAxis: {
 type: 'category',
 data: []
},
yAxis: {
 name: "库存量(g)",
 type: 'value'
},
series: [
 {
  data: [],
  type: 'bar'
 }
]
};
// Ajax异步加载
var names = []
var storeCounts = []
$.ajax({
 url: "/medicines/store/analyst",  //请求的接口名
 type: 'get',
 async: true,
 success: function(res){
  let data = res.data
```

```
    for(var i in data) {
     names.push(data[i].name);
     storeCounts.push(data[i].storeCount);
    }
    myChart.setOption({
     xAxis: { data: names },
     series: [
      { data: storeCounts }
     ]
    })
   }
  })

  option && myChart.setOption(option);
 }
</script>
</body>
</html>
```

6.测试库存分析功能 将项目发布到Tomcat服务器并启动，点击菜单中的首页，即可查询出药材库存量结果，如图6-19所示。

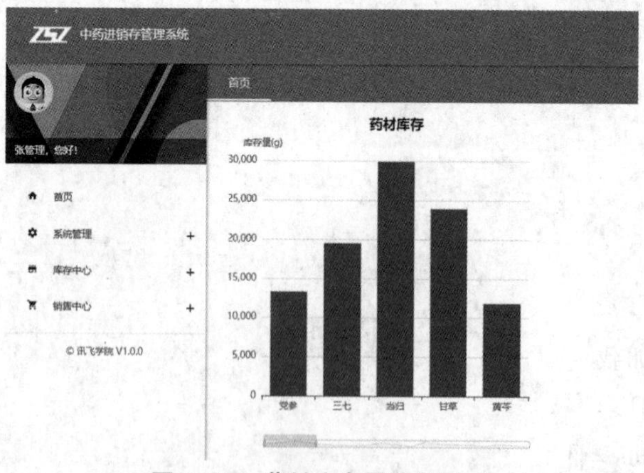

图6-19 药材库存量信息显示

（二）订单分析

订单分析模块主要是对近七天订单总额进行统计分析，可以及时地了解到近七天订单总额变化趋势。

1.创建订单实体类 在com.zyy.domain包中创建订单持久化类Order，并在Order类中定义订单相关属性及相应的getter/setter方法，具体代码如下。

```
package com.zyy.domain;

import com.fasterxml.jackson.annotation.JsonFormat;
import org.springframework.format.annotation.DateTimeFormat;
import java.util.Date;

public class Order {

    private Integer id;
    private String name;
    private String address;
    private String receiver;
    private String phone;
    private Integer amount;

    @JsonFormat(locale="zh", timezone="GMT+8", pattern="yyyy-MM-dd HH:mm:ss")
    @DateTimeFormat(pattern = "yyyy-MM-dd HH:mm:ss")
    private Date createTime;

    @JsonFormat(locale="zh", timezone="GMT+8", pattern="yyyy-MM-dd HH:mm:ss")
    @DateTimeFormat(pattern = "yyyy-MM-dd HH:mm:ss")
    private Date startDate;

    @JsonFormat(locale="zh", timezone="GMT+8", pattern="yyyy-MM-dd HH:mm:ss")
    @DateTimeFormat(pattern = "yyyy-MM-dd HH:mm:ss")
    private Date endDate;

    private Integer status;

    public Integer getId() {
        return id;
    }

    public void setId(Integer id) {
```

```
        this.id = id;
    }

    public String getName() {
        return name;
    }

    public void setName(String name) {
        this.name = name;
    }

    public String getAddress() {
        return address;
    }

    public void setAddress(String address) {
        this.address = address;
    }

    public String getReceiver() {
        return receiver;
    }

    public void setReceiver(String receiver) {
        this.receiver = receiver;
    }

    public String getPhone() {
        return phone;
    }

    public void setPhone(String phone) {
        this.phone = phone;
    }

    public Integer getAmount() {
```

```
    return amount;
}

public void setAmount(Integeramount) {
    this.amount = amount;
}

public Date getCreateTime() {
    return createTime;
}

public void setCreateTime(Date createTime) {
    this.createTime = createTime;
}

public Date getStartDate() {
    return startDate;
}

public void setStartDate(Date startDate) {
    this.startDate = startDate;
}

public Date getEndDate() {
    return endDate;
}

public void setEndDate(Date endDate) {
    this.endDate = endDate;
}

public Integer getStatus() {
    return status;
}

public void setStatus(Integer status) {
```

```
        this.status = status;
    }
}
```

2.编写订单分析mapper层接口　在订单接口OrderMapper编写查询订单总数和订单总额两个接口方法，具体代码如下。

```
package com.zyy.mapper;

import com.zyy.domain.Order;
import com.zyy.mapper.base.BaseMapper;

public interface OrderMapper extends BaseMapper<Order> {
    int findTotal(int diffDay);
    int findAmount(int diffDay);
}
```

在OrderMapper.xml映射文件中编写查询订单总数和订单总额的执行语句。

```
<!-- 库存分析 -->
<select id="storeAnalyst" resultMap="baseResultMap">
    select m.*, c.id c_id, c.name c_name, c.status c_status from medicine m, category c
        where m.cate_id = c.id
</select>
```

3.编写订单分析service层接口　在订单接口OrderService中编写查询订单总数和订单总额的方法，具体代码如下。

```
package com.zyy.service;

import com.zyy.domain.Order;
import com.zyy.service.base.BaseService;

public interface OrderService extends BaseService<Order> {

    int findTotal(int diffDay);

    int findAmount(int diffDay);
}
```

在OrderServiceImpl.java文件中实现接口的查询订单总数和订单总额的方法。

```
@Override
public int findTotal(int diffDay) {
```

```
        return orderMapper.findTotal(diffDay);
    }

    @Override
    public int findAmount(int diffDay) {
        return orderMapper.findAmount(diffDay);
    }
```

4.编写订单分析controller层接口　在OrderController.java文件中编写查询订单总数和订单总额接口，具体代码如下。

```
/**
 * 近7日订单信息
 * @return
 */
@RequestMapping(value = "/seven/analyst", method = RequestMethod.GET)
@ResponseBody
public JsonModel sevenAnalyst(){
    //获取当前日期
    LocalDate now = LocalDate.now();
    //日期数组
    String[] dateArray = {
            now.minusDays(6).toString(),
            now.minusDays(5).toString(),
            now.minusDays(4).toString(),
            now.minusDays(3).toString(),
            now.minusDays(2).toString(),
            now.minusDays(1).toString(),
            now.minusDays(0).toString()
    };

    //总订单数数组
    int[] totalArray = {
            orderService.findTotal(6),
            orderService.findTotal(5),
            orderService.findTotal(4),
            orderService.findTotal(3),
            orderService.findTotal(2),
```

```
        orderService.findTotal(1),
        orderService.findTotal(0)
    };

    //订单总额数组
    int[] amountArray = {
        orderService.findAmount(6),
        orderService.findAmount(5),
        orderService.findAmount(4),
        orderService.findAmount(3),
        orderService.findAmount(2),
        orderService.findAmount(1),
        orderService.findAmount(0)
    };

    HashMap<String, Object> map = new HashMap<>();
    map.put("dateArray",dateArray);
    map.put("totalArray",totalArray);
    map.put("amountArray",amountArray);

    return new JsonModel(map);
}
```

5.实现订单分析页面

在index.html首页页面中编写查询订单总数和订单总额的代码。

```
<body>
<header id="header">
 <ul id="menu">
  <li id="guide" class="line-trigger">
   <div class="line-wrap">
    <div class="line top"></div>
    <div class="line center"></div>
    <div class="line bottom"></div>
   </div>
  </li>
  <li id="logo" class="hidden-xs">
   <a href="index.html">
```

```
    <img src="/static/images/logo.png"/>
   </a>
   <span id="system_title">中药进销存管理系统</span>
  </li>
  <li class="pull-right">
   <ul class="hi-menu">
    <li class="dropdown">
     <a class="waves-effect waves-light" data-toggle="dropdown" href="javascript:;">
      <i class="him-icon zmdi zmdi-more-vert"></i>
     </a>
     <ul class="dropdown-menu dm-icon pull-right">
      <li>
       <a class="waves-effect update-password" href="javascript:;"><i class="zmdi zmdi-settings">
</i> 修改密码</a>
      </li>
      <li>
       <a class="waves-effect" href="/logout"><i class="zmdi zmdi-run"></i> 退出登录</a>
      </li>
     </ul>
    </li>
   </ul>
  </li>
 </ul>
</header>
<section id="main">
 <!-- 左侧导航区 -->
 <aside id="sidebar">
  <!-- 个人资料区 -->
  <div class="s-profile">
   <a class="waves-effect waves-light" href="javascript:;">
    <div class="sp-pic">
     <img src="/static/images/avatar.jpg"/>
    </div>
    <div class="sp-info">
     <span id="user-hello"></span>
```

```
</div>
</a>
</div>
<ul class="main-menu menu-list">
</ul>
<!-- /菜单区 -->
</aside>
<!-- /左侧导航区 -->
<section id="content">
<div class="content_tab">
<div class="tab_left">
<a class="waves-effect waves-light" href="javascript:;"><i class="zmdi zmdi-chevron-left"></i></a>
</div>
<div class="tab_right">
<a class="waves-effect waves-light" href="javascript:;"><i class="zmdi zmdi-chevron-right"></i></a>
</div>
<ul id="tabs" class="tabs">
<li id="tab_home" data-index="home" data-closeable="false" class="cur">
<span class="waves-effect waves-light">首页</span>
</li>
</ul>
</div>
<div class="content_main">
<div id="iframe_home" class="iframe cur">
<!-- 图表 -->
<div id="adminChart"  style="display: none;">
<div class="row">
<div class="col-sm-6">
<div id="adminStore" style="height:430px;"></div>
</div>
<div class="col-sm-6">
<div id="adminOrder" style="height:430px;"></div>
</div>
```

```
        </div>
       </div>
       <div id="orderChart" style="height:430px; padding: 30px 30px 30px 60px; display: none;">
</div>
      </div>
     </div>
    </section>
    <script type="text/javascript">
    //订单图表
    function orderChart(divId) {
     let myChart = echarts.init(document.getElementById(divId));
     let option = {
      title: {
       text: '近7日订单信息'
      },
      tooltip: {
       trigger: 'axis'
      },
      legend: {
       data: ['订单总额']
      },
      grid: {
       left: '3%',
       right: '4%',
       bottom: '3%',
       containLabel: true
      },
      xAxis: {
       type: 'category',
       boundaryGap: false,
       axisLabel: {
        show:true,
        interval:0,
        rotate:60 ,
       },
```

```
    data: []
   },
   yAxis: {
    type: 'value'
   },
   series: [
    {
     name: '订单总额',
     type: 'line',
     smooth: true,
     data: []
    }
   ]
  };
  $.ajax({
   url: "/orders/seven/analyst",   //请求的接口名
   type: 'get',
   async: true,
   success: function(res){
    let data = res.data
    myChart.setOption({
     xAxis: { data: data.dateArray },
     series: [
      { data: data.amountArray }
     ]
    })
   }
  })
  option && myChart.setOption(option);
 }
</script>
</body>
```

6.测试订单分析功能 将项目发布到Tomcat服务器并启动，点击菜单中的首页，即可查询出近七天的订单总数和订单总额结果，如图6-20所示。

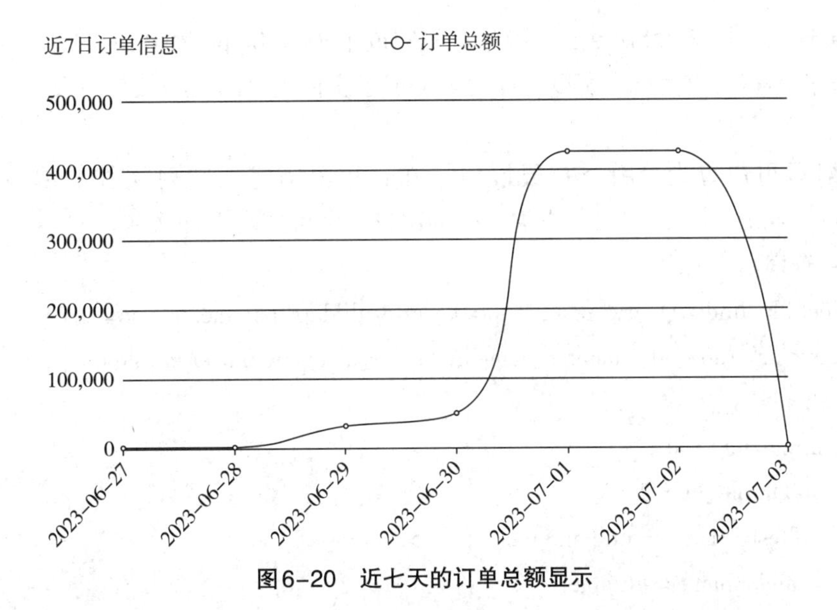

图6-20　近七天的订单总额显示

最后，登录管理员账号，便可看到首页同时展示两个分析可视化图，如图6-21所示。

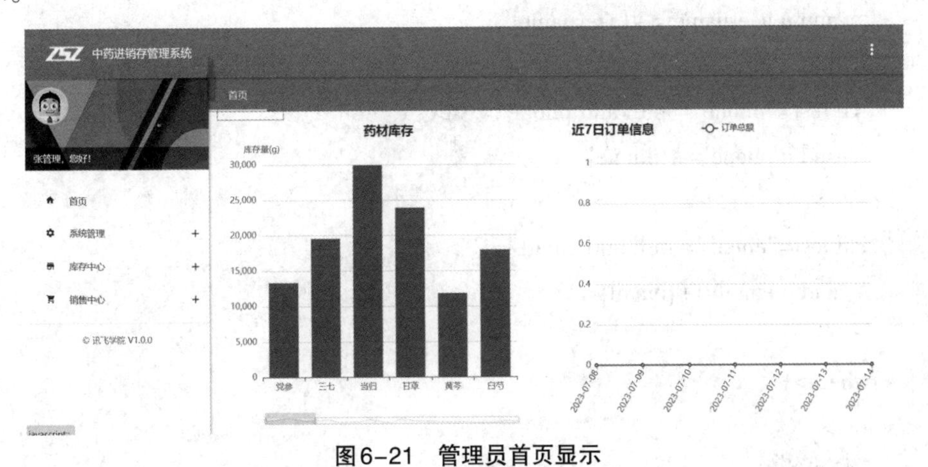

图6-21　管理员首页显示

第八节　系统管理模块

用户管理模块是系统的基本功能模块之一，该模块主要是对系统的用户信息进行管理维护，包含用户的分页显示、用户名查询、删除、添加、修改用户信息等功能。

一、用户列表显示

当登录进入系统之后，管理员角色可以对用户信息进行管理维护，点击用户管理菜单的时候，右侧显示用户信息列表，考虑到系统性能和页面的展示效果，该功能通过分页查询的方式进行显示。

1.实现实体类与service层 因为事先完成了BaseMapper和BaseService的编写实现，且操作的是用户信息，所以在此之前完成了实体类、mapper接口以及用户实现类的编写。

2.编写用户查询mapper层接口 在这里只需完成映射文件的编写，找到UserMapper.xml映射文件，在其中加入查询用户列表和行数的sql配置。

```
<!-- 查询用户列表 -->
<select id="findByQuery" resultMap="baseResultMap" parameterType="user">
  select u.*, r.id r_id, r.name r_name, r.status r_status from user u, role r
  <where>
    u.role_id = r.id
    and u.role_id != 1
    <if test="name != null and name != ''">
      and u.name = #{name}
    </if>
    <if test="username != null and username != ''">
      and u.username = #{username}
    </if>
    <if test="phone != null and phone != ''">
      and u.phone = #{phone}
    </if>
    <if test="email != null and email != ''">
      and u.email = #{email}
    </if>
  </where>
</select>
<!-- 查询条数 -->
<select id="findCount" resultType="long" parameterType="user">
  select count(*) from user u, role r
  <where>
    u.role_id = r.id
    and u.role_id != 1
    <if test="name != null and name != ''">
      and u.name = #{name}
    </if>
    <if test="username != null and username != ''">
      and u.username = #{username}
```

```
        </if>
        <if test="phone != null and phone != ''">
            and u.phone = #{phone}
        </if>
        <if test="email != null and email != ''">
            and u.email = #{email}
        </if>
    </where>
</select>
```

3.编写用户查询controller层接口　需要在UserController中编写用户列表查询的action，用来调用service层的查询行数以及查询用户集合数据，返回给页面，具体代码如下。

```
/**
 * 用户列表查询
 * @param user
 * @return
 */
@RequestMapping(value = "list",method = RequestMethod.GET)
@ResponseBody
public JsonModel list(User user){

    long count = userService.findCount(user);
    List<User> users = userService.findByQuery(user);

    return new JsonModel(true,"用户列表查询成功",count,users);
}
```

4.实现用户查询页面功能　页面编写时最重要的，首先在views目录下新建一个html为user.html，然后再编码实现，具体代码如下。

```
<!DOCTYPE HTML>
<html lang="zh-cn">
<head>
<meta charset="utf-8">
<meta http-equiv="X-UA-Compatible" content="IE=edge">
<meta name="viewport" content="width=device-width, initial-scale=1">
<title>用户管理</title>
```

```
<link href="/static/plugins/bootstrap-3.3.0/css/bootstrap.min.css" rel="stylesheet"/>
<link href="/static/plugins/material-design-iconic-font-2.2.0/css/material-design-iconic-font.min.css" rel="stylesheet"/>
<link href="/static/plugins/bootstrap-table-1.11.0/bootstrap-table.min.css" rel="stylesheet"/>
<link href="/static/plugins/validate/css/bootstrapValidator.min.css" rel="stylesheet">
<link href="/static/plugins/waves-0.7.5/waves.min.css" rel="stylesheet"/>
<link href="/static/css/common.css" rel="stylesheet"/>
</head>
<body>
<div id="main">
 <div id="content">
  <div id="toolbar">

   <form id="searchForm" class="form-inline">
     <a class="waves-effect waves-button" href="javascript:;" onclick="createAction()"><i class="zmdi zmdi-plus"></i> 新增 </a>
     <input type="text" name="keyWords" class="form-control" placeholder="请输入姓名">
     <button type="submit" class="btn btn-default btn-flat">查询</button>
   </form>
  </div>
  <table id="table"></table>
 </div>
</div>

<script src="/static/plugins/jquery.1.12.4.min.js"></script>
<script src="/static/plugins/bootstrap-3.3.0/js/bootstrap.min.js"></script>
<script src="/static/plugins/bootstrap-table-1.11.0/bootstrap-table.min.js"></script>
<script src="/static/plugins/bootstrap-table-1.11.0/locale/bootstrap-table-zh-CN.min.js"></script>
<script src="/static/plugins/validate/js/bootstrapValidator.min.js"></script>
<script src="/static/plugins/validate/js/language/zh_CN.js"></script>
<script src="/static/plugins/waves-0.7.5/waves.min.js"></script>
<script src="/static/plugins/layer/layer.js" charset="utf-8"></script>
<script src="/static/js/common.js"></script>
<script>
```

```
var $table = $('#table');
$(function() {

 // bootstrap table初始化
 $table.bootstrapTable({
  url: '/users/list',
  method: 'GET',
  height: getHeight(),
  striped: true,
  cache: false,  //是否使用缓存，默认为true
  minimumCountColumns: 2,
  clickToSelect: true,
  paginationLoop: false,
  classes: 'table table-hover table-no-bordered',
  //sidePagination: 'server',
  //silentSort: false,
  smartDisplay: false,
  idField: 'id',
  sortName: 'id',
  sortOrder: 'desc',
  escape: true,
  maintainSelected: true,
  toolbar: '#toolbar',
  pagination: true,        //是否显示分页 false：#设置是否显示分页
  pageNumber: 1,           //初始化加载第一页，默认第一页，并记录
  pageSize: 6,             //每页显示的数量
  pageList: [10, 20, 50, 100],      //设置每页显示的数量
  queryParams: function (params) {
   params.name = $("#searchForm input[name='keyWords']").val();
   return params;
  },
  columns: [
   {field: 'name', title: '姓名', align: 'center'},
   {field: 'username', title: '账号', align: 'center'},
   {field: 'phone', title: '手机', align: 'center'},
   {field: 'email', title: '邮箱', align: 'center'},
```

```
        {field: 'role.name', title: '角色', align: 'center'},
        {field: 'action', title: '操作', align: 'center', formatter: 'actionFormatter', events: 'actionEvents', clickToSelect: false}
        ]
      }).on('all.bs.table', function (e, name, args) {
       $('[data-toggle="tooltip"]').tooltip();
       $('[data-toggle="popover"]').popover();
      });
    });

    function actionFormatter(value, row, index) {
     return [
        '<a class="edit" href="javascript:void(0)" data-toggle="tooltip" title="编辑"><i class="glyphicon glyphicon-edit"></i></a>',
        '<a class="remove" href="javascript:void(0)" data-toggle="tooltip" title="删除"><i class="glyphicon glyphicon-remove"></i></a>'
     ].join('');
    }
    </script>
    </body>
    </html>
```

5.测试用户查询功能 编码工作完成之后，启动Tomcat服务器，打开浏览器访问系统，登录之后，通过点击用户管理即可查看用户列表，展示效果如图6-22所示。

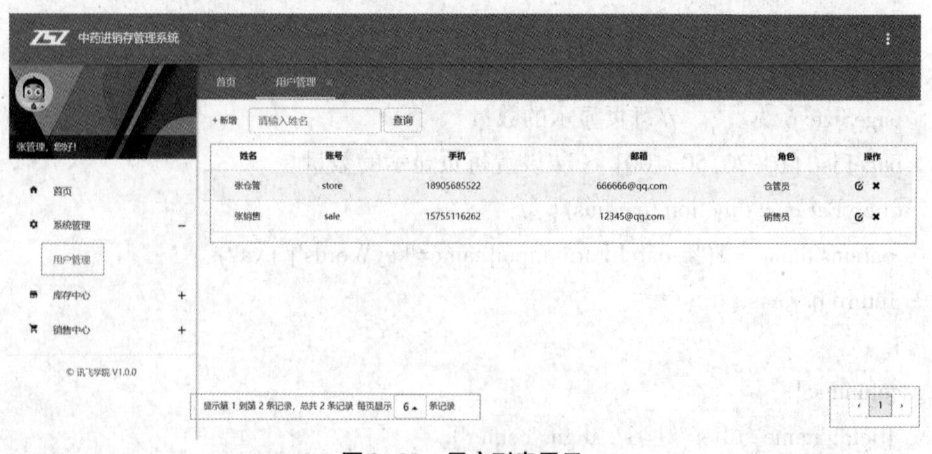

图6-22 用户列表展示

二、添加用户

管理在进行用户信息维护的时候，可以进行新用户信息的添加操作，需要在用户列表页面，点击添加按钮，弹出添加用户模态框，输入新用户信息保存提交即可，如图6-23所示。

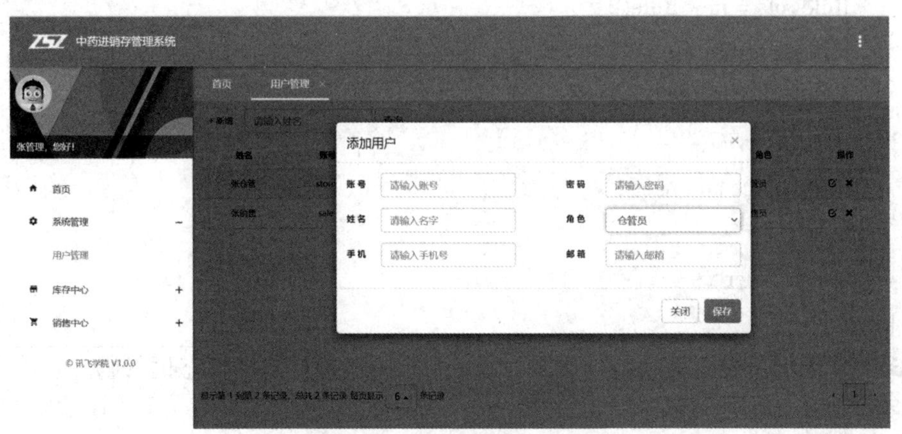

图6-23　添加用户弹出框

1.编写添加用户mapper层接口　在这里，主要是针对UserMapper映射文件作处理，找到该文件，在文件中编写添加用户的sql配置代码。

```
<!-- 添加用户 -->
<insert id="add" parameterType="user">
    insert into user
    <trim prefix="(" suffix=")" suffixOverrides=",">
        name,username,password,phone,email,role_id
    </trim>
    <trim prefix="values(" suffix=")" suffixOverrides=",">
        #{name},#{username},#{password},#{phone},#{email},#{role.id}
    </trim>
</insert>
```

2.编写添加用户controller层接口　先找到UserController，在中添加关于新增用户的action，具体代码如下。

```
/**
 * 添加表单提交
 * @param request
 * @return
 */
@RequestMapping(value = "add",method = RequestMethod.POST)
public String add(User user, HttpServletRequest request) {
```

```
        //接受表单角色字段
        Integer roleId = Integer.parseInt(request.getParameter("roleId"));

        //封装user对象属性
        Role role = new Role();
        role.setId(roleId);
        user.setRole(role);
        //调用service
        userService.add(user);

        return "user";
    }
```

3.实现添加用户页面功能 在user.html中加入添加用户的模态框代码。

```
<!-- 新增 -->
<div id="modal-add" class="modal fade" tabindex="-1" role="dialog" >
 <div class="modal-dialog" role="document">
  <div class="modal-content">
   <div class="modal-header">
    <button type="button" class="close" data-dismiss="modal" aria-label="Close"><span
aria-hidden="true">&times;</span></button>
    <h4 class="modal-title">添加用户</h4>
   </div>
   <form id="add-form" class="form-horizontal" action="/users/add" method="post">
    <div class="modal-body">
     <div class="row">
      <div class="col-sm-6">
       <div class="form-group">
         <label for="username" class="col-sm-3 control-label text-align-left">账 号</
label>
        <div class="col-sm-9 col-sm-pull-1">
         <input type="text" class="form-control" name="username" id="username" placeholder=
"请输入账号" />
        </div>
       </div>
      </div>
      <div class="col-sm-6">
```

```
<div class="form-group">
 <label for="password" class="col-sm-3 control-label">密码</label>
 <div class="col-sm-9">
  <input type="text" class="form-control" name="password" id="password" placeholder=
"请输入密码" />
 </div>
</div>
</div>
</div>
<div class="row">
 <div class="col-sm-6">
  <div class="form-group">
   <label for="name" class="col-sm-3 control-label text-align-left">姓 名</label>
   <div class="col-sm-9 col-sm-pull-1">
    <input type="text" class="form-control" name="name" id="name" placeholder="请
输入名字" />
   </div>
  </div>
 </div>
 <div class="col-sm-6">
  <div class="form-group">
   <label for="roleId" class="col-sm-3 control-label">角色</label>
   <div class="col-sm-9">
    <select class="form-control" id="roleId" name="roleId">
     <option value="2" selected = "selected">仓管员</option>
     <option value="3">销售员</option>
    </select>
   </div>
  </div>
 </div>
</div>
<div class="row">
 <div class="col-sm-6">
  <div class="form-group">
   <label for="phone" class="col-sm-3 control-label text-align-left">手机</label>
   <div class="col-sm-9 col-sm-pull-1">
```

```
            <input type="text" class="form-control" name="phone" id="phone" placeholder="
请输入手机号" />
          </div>
        </div>
      </div>
      <div class="col-sm-6">
        <div class="form-group">
          <label for="email" class="col-sm-3 control-label">邮箱</label>
          <div class="col-sm-9">
            <input type="text" class="form-control" name="email" id="email" placeholder="请
输入邮箱" />
          </div>
        </div>
      </div>
    </div>
   </div>
   <div class="modal-footer">
    <button type="button" class="btn btn-default" data-dismiss="modal">关闭</button>
    <button type="submit" id="save" class="btn btn-primary">保存</button>
   </div>
  </form>
 </div>
</div>
</div>
```

然后，使用js代码进行模态框的弹出显示调用。

```
//新增弹窗
function createAction() {
 $('#modal-add').modal('show');
}
```

最后，在点击保存时，先进行表单输入的验证，然后进行form表单提交到后端即可，具体代码如下。

```
$('#add-form').bootstrapValidator({
 fields: {
  username: {
  validators: {
   notEmpty: { message: '账号不能为空' },
```

```
remote: {
  url: '/users/validate/username',
  message: '此账号已存在',
  delay: 500
 }
}
},
password: {
 validators: {
  notEmpty: { message: '密码不能为空' }
 }
},
name: {
 validators: {
  notEmpty: { message: '姓名不能为空' }
 }
},
roleId: {
 validators: {
  notEmpty: { message: '角色不能为空' }
 }
},
phone: {
 validators: {
  notEmpty: { message: '手机不能为空' }
 }
},
email: {
 validators: {
  notEmpty: { message: '邮箱不能为空' }
 }
}
}
})
```

注意：在进行用户新增的时候，无法进行管理员的新增选择，只能进行仓管员和销售员的选择。

三、删除用户

删除用户操作指的是删除单个用户信息，在这里主要实现的思路是当用户点击删除按钮时，把当前用户的id传递到后端进行删除操作。

1.编写删除用户mapper层接口 只需要在UserMapper映射文件中编写删除的sql即可。

```
<!-- 删除 -->
<delete id="delete">
  delete from user where id = #{id}
</delete>
```

2.编写删除用户controller层接口 在UserController中编写删除用户的action。

```
/**
 * 删除
 * @param id
 * @return
 */
@RequestMapping(value = "delete", method = RequestMethod.POST)
@ResponseBody
public JsonModel delete(int id){

  userService.delete(id);
  return new JsonModel(true,"删除成功");
}
```

3.实现删除用户页面功能 在user.html中使用js编写删除的事件。

```
window.actionEvents = {
  'click .remove': function (e, value, row, index) {
 layer.confirm('您确认要删除吗?', {icon: 3, title:'提示',offset: '100px'}, function(index){
  $.ajax({
  type: "post",     //请求类型
  url: "/users/delete",     //请求地址(删除接口)
  data: "id=" + row.id, //请求的参数数据
  success: function (res) {
   if (res.success) {
   //刷新table
   $table.bootstrapTable('refresh');
   layer.msg(res.msg, {icon: 1,time: 500,offset: '100px'});
   } else {
```

```
            layer.msg(res.msg, {icon: 2,offset: '100px'});
          }
        }
      })
      layer.close(index);
    });
  }
};
```

4.**删除用户功能测试**　启动服务器，点击删除，弹出确认删除框，点击确认即可删除成功，如图6-24所示。

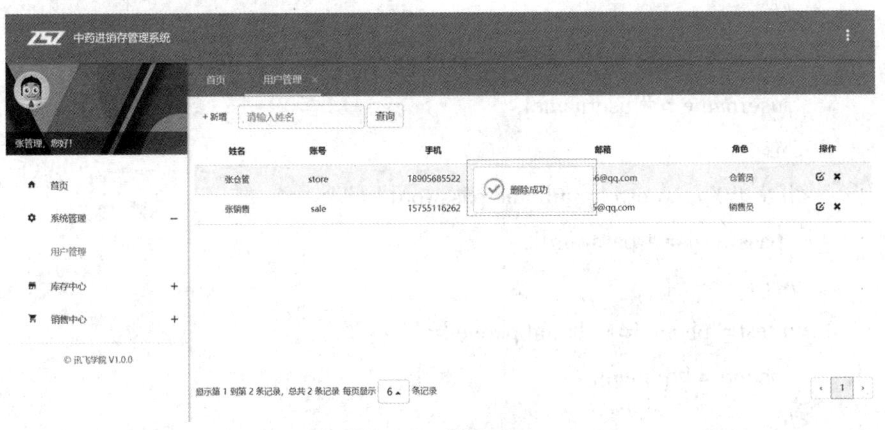

图6-24　删除成功

四、修改用户

当用户信息有误，或者需要更新时，一般管理员可以对用户列表中的任何用户信息做编辑修改操作。

点击编辑时，会弹出一个修改用户信息的模块框，如图6-25所示。

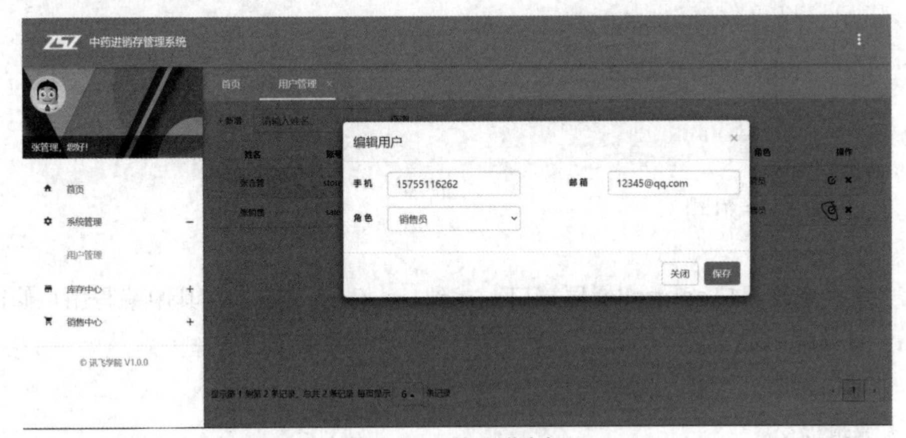

图6-25　修改弹出框

具体实现的代码，主要是关于控制层和页面的代码填充编写，因为该功能本质上是用户信息的修改操作，在mapper和service层已经完成了封装。

1.编写修改用户mapper层接口 修改用户对应的sql是update语句，在映射文件中需要加入如下代码。

```
<!-- 用户更新 -->
<update id="update" parameterType="user">
    update user
   <set>
       <if test="name != null and name != ''">
          name = #{name},
       </if>
       <if test="username != null and username != ''">
          username = #{username},
       </if>
       <if test="password != null and password != ''">
          password = #{password},
       </if>
       <if test="phone != null and phone != ''">
          phone = #{phone},
       </if>
       <if test="email != null and email != ''">
          email = #{email},
       </if>
       <if test="status != null">
          status = #{status},
       </if>
       <if test="role != null">
          role_id = #{role.id}
       </if>
   </set>
   where id = #{id}
   </update>
```

2.编写修改用户controller层接口 找到UserController，在其中编写用户修改的action，具体代码如下。

```
/**
 * 编辑提交
```

```
 * @param
 * @return
 */
@RequestMapping(value="edit",method=RequestMethod.POST)
public String edit(User user, HttpServletRequest request) throws IOException {
  //接受表单角色字段
  Integer roleId = Integer.parseInt(request.getParameter("roleId"));
  //封装user对象属性
  Role role = new Role();
  role.setId(roleId);
  user.setRole(role);
  //调service
  userService.update(user);

  return "user";
}
```

3.实现修改用户页面功能　需要在user.html先加入关于修改用户信息的模态框代码。

```
<div id="modal-edit" class="modal fade" tabindex="-1" role="dialog" >
 <div class="modal-dialog" role="document">
  <div class="modal-content">
   <div class="modal-header">
    <button type="button" class="close" data-dismiss="modal" aria-label="Close"><span
aria-hidden="true">&times;</span></button>
    <h4 class="modal-title">编辑用户 </h4>
   </div>
   <form id="edit-form" class="form-horizontal" action="/users/edit" method="post">
    <input type="hidden" name="id"/>
    <div class="modal-body">
     <div class="row">
      <div class="col-sm-6">
       <div class="form-group">
        <label for="phone" class="col-sm-3 control-label text-align-left">手 机</label>
        <div class="col-sm-9 col-sm-pull-1">
         <input type="text" class="form-control" name="phone" placeholder="请输入手机号" />
        </div>
```

```
</div>
</div>
<div class="col-sm-6">
 <div class="form-group">
  <label for="email" class="col-sm-3 control-label">邮箱</label>
  <div class="col-sm-9">
   <input type="text" class="form-control" name="email" placeholder="请输入邮箱" />
  </div>
 </div>
</div>
</div>
<div class="row">
 <div class="col-sm-6">
  <div class="form-group">
   <label for="roleId" class="col-sm-3 control-label text-align-left">角 色</label>
   <div class="col-sm-9 col-sm-pull-1">
    <select class="form-control" name="roleId">
     <option value="2">仓管员</option>
     <option value="3">销售员</option>
    </select>
   </div>
  </div>
 </div>
</div>
</div>
<div class="modal-footer">
 <button type="button" class="btn btn-default" data-dismiss="modal">关闭</button>
 <button type="submit" id="updateSave" class="btn btn-primary">保存</button>
</div>
</form>

</div>
</div>
</div>
```

最后，在js中补充关于模态框弹出及对应文本框的内容显示代码。

```
window.actionEvents = {
```

```
  'click .edit': function (e, value, row, index) {
 $('#modal-edit').modal('show');
 $("#modal-edit input[name='id']").val(row.id);
 $("#modal-edit input[name='phone']").val(row.phone);
 $("#modal-edit input[name='email']").val(row.email);
 $("#modal-edit select[name='roleId']").val(row.role.id);
  },
  'click .remove': function (e, value, row, index) {
 layer.confirm('您确认要删除吗?', {icon: 3, title:'提示',offset: '100px'}, function(index){
  $.ajax({
   type: "post",    //请求类型
   url: "/users/delete",     //请求地址（删除接口）
   data: "id=" + row.id,  //请求的参数数据
   success: function (res) {
    if (res.success) {
     //刷新table
     $table.bootstrapTable('refresh');
     layer.msg(res.msg, {icon: 1,time: 500,offset: '100px'});
    } else {
     layer.msg(res.msg, {icon: 2,offset: '100px'});
    }
   }
  })
  layer.close(index);
 });
  }
};
```

注意：在做类似修改功能时，要设计清楚，考虑周全，不是所有的信息都是可以随便修改的。

五、用户查询

当系统中数据量比较多时，从大批量的数据中筛选出想要的数据信息是非常必要的功能。

该功能主要是通过输入用户姓名的方式进行匹配查询筛选，能够帮用户准确地找到所需要的信息数据。

1.实现用户查询页面功能 在做用户数据列表展示时，已经完成了动态sql的编写，当前功能模块只需要接收用户名进行查询即可，所以mapper层、service层以及控制层在这里不再改变，只需要针对user.html作出调整即可。添加查询表单html代码如下。

```
<form id="searchForm" class="form-inline">
    <a class="waves-effect waves-button" href="javascript:;" onclick="createAction()">
<i class="zmdi zmdi-plus"></i> 新增</a>
    <input type="text" name="keyWords" class="form-control" placeholder="请输入姓名">
    <button type="submit" class="btn btn-default btn-flat">查询</button>
</form>
```

使用添加js代码，监听查询按钮的动作，让bootstrap table重新加载数据。

```
    // 监听查询按钮的动作
$("#searchForm").on("submit", function () {
        $table.bootstrapTable('refresh');
        return false;
})
```

这里的searchForm就是查询form表单的id属性值。

2.用户查询功能测试 代码编写完毕之后，只需要重新启动Tomcat服务器，通过浏览器访问系统，在用户列表页面的查询框中输入用户名点击查询即可，如图6-26所示。

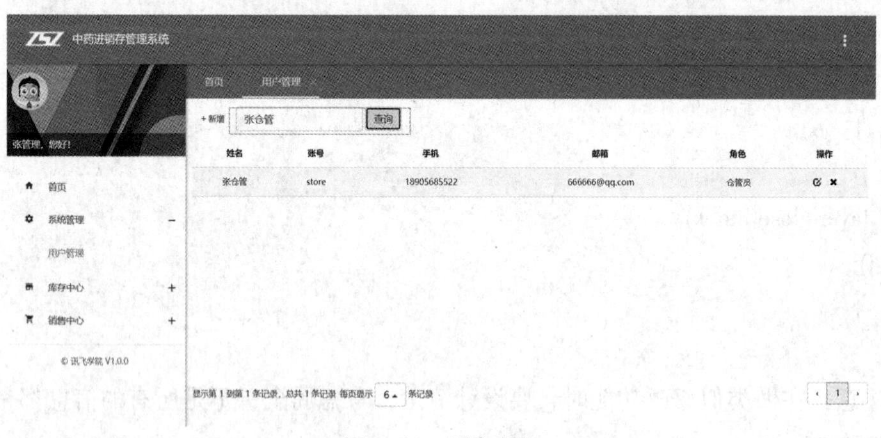

图6-26 用户查询

第九节 库存中心模块

一、品类管理

药材品类繁多，为方便查看或满足统计需要，可对其进行品类管理（一个品类中可以包含多种药材）。品类管理模块主要是对品类信息进行统一管理，其中包含查询、新增、删除、修改等操作。

（一）查询品类

1.编写查询品类mapper层接口　创建品类Category层接口。在项目的src/main/java目录下，创建一个com.zyy.mapper包，在包中创建一个品类接口CategoryMapper并继承BaseMapper。

```
package com.zyy.mapper;

import com.zyy.domain.Category;
import com.zyy.mapper.base.BaseMapper;
import java.util.List;

public interface CategoryMapper extends BaseMapper<Category> {
}
```

创建映射文件。在com.zyy.mapper包中，创建一个MyBatis映射文件CategoryMapper.xml，并在映射文件中编写查询品类信息和条数的执行语句。

```
<?xml version="1.0" encoding="UTF-8" ?>
<!DOCTYPE mapper
    PUBLIC "-//mybatis.org//DTD Config 3.0//EN"
    "http://mybatis.org/dtd/mybatis-3-mapper.dtd">
<mapper namespace="com.zyy.mapper.CategoryMapper">
  <resultMap id="baseResultMap" type="category">
    <id column="id" property="id" />
    <result column="name" property="name" />
    <result column="status" property="status" />
  </resultMap>
  <!-- 查询列表 -->
  <select id="findByQuery" resultMap="baseResultMap" parameterType="category">
    select * from category
    <where>
      <if test="name != null and name != ''">
        name = #{name}
      </if>
    </where>
  </select>
  <!-- 查询条数 -->
```

```
    <select id="findCount" resultType="long" parameterType="category">
        select count(*) from category
        <where>
            <if test="name != null and name != ''">
                name = #{name}
            </if>
        </where>
    </select>
</mapper>
```

2.编写查询品类service层接口 创建品类service层接口。在项目的src/main/java目录下，创建一个com.zyy.service包，在包中创建一个品类接口CategoryService并继承BaseService。

```
package com.zyy.service;

import com.zyy.domain.Category;
import com.zyy.service.base.BaseService;
import java.util.List;

public interface CategoryService extends BaseService<Category> {
}
```

创建品类serivce层接口的实现类。在com.zyy.service.impl包中创建CategoryService接口的实现类CategoryServiceImpl，在该类中实现接口的查询列表方法和查询条数的方法，具体代码如下。

```
package com.zyy.service.impl;

import com.zyy.domain.Category;
import com.zyy.mapper.CategoryMapper;
import com.zyy.service.CategoryService;
import org.springframework.beans.factory.annotation.Autowired;
import org.springframework.stereotype.Service;
import java.util.List;

@Service
public class CategoryServiceImpl implements CategoryService {

    @Autowired
```

```
    CategoryMapper categoryMapper;

    @Override
    public long findCount(Category obj) {
        return categoryMapper.findCount(obj);
    }

    @Override
    public List<Category> findByQuery(Category obj) {
        return categoryMapper.findByQuery(obj);
    }
}
```

3.编写查询品类controller层接口 在项目的src/main/java目录下，创建一个com.zyy.controller包，在包中创建一个品类控制器类CategoryController，编写查询品类列表和数量的接口代码。

```
package com.zyy.controller;

import com.zyy.domain.Category;
import com.zyy.service.CategoryService;
import com.zyy.utils.JsonModel;
import org.springframework.beans.factory.annotation.Autowired;
import org.springframework.stereotype.Controller;
import org.springframework.web.bind.annotation.RequestMapping;
import org.springframework.web.bind.annotation.RequestMethod;
import org.springframework.web.bind.annotation.ResponseBody;

@Controller
@RequestMapping("categorys")
public class CategoryController {

    @Autowired
    CategoryService categoryService;

    /**
```

```
     * 列表查询
     * @param category
     * @return
     */
    @RequestMapping(value = "list",method = RequestMethod.GET)
    @ResponseBody
    public JsonModel list(Category category){
        //调用service层查询数量方法
        long count = categoryService.findCount(category);
        //调用service层查询列表方法
        List<Category> categorys = categoryService.findByQuery(category);
        return new JsonModel(true,"列表查询成功",count,categorys);
    }
}
```

4.实现查询品类页面功能 在webapp/view目录下，创建一个品类页面category.html，在该页面中编写条件查询和显示分页查询的代码。

```
<!DOCTYPE HTML>
<html lang="zh-cn">
<head>
 <meta charset="utf-8">
 <meta http-equiv="X-UA-Compatible" content="IE=edge">
 <meta name="viewport" content="width=device-width, initial-scale=1">
 <title>品类管理</title>
 <link href="/static/plugins/bootstrap-3.3.0/css/bootstrap.min.css" rel="stylesheet"/>
 <link href="/static/plugins/material-design-iconic-font-2.2.0/css/material-design-iconic-font.min.css" rel="stylesheet"/>
 <link href="/static/plugins/bootstrap-table-1.11.0/bootstrap-table.min.css" rel="stylesheet"/>
 <link href="/static/plugins/validate/css/bootstrapValidator.min.css" rel="stylesheet">
 <link href="/static/plugins/waves-0.7.5/waves.min.css" rel="stylesheet"/>
 <link href="/static/css/common.css" rel="stylesheet"/>
</head>
<body>
<div id="main">
```

```
<div id="toolbar">
 <form id="searchForm" class="form-inline">
  <input type="text" name="keyWords" class="form-control" placeholder="请输入品类名称">
  <button type="submit" class="btn btn-default btn-flat">查询</button>
 </form>
</div>
<table id="table"></table>
</div>

<script src="/static/plugins/jquery.1.12.4.min.js"></script>
<script src="/static/plugins/bootstrap-3.3.0/js/bootstrap.min.js"></script>
<script src="/static/plugins/bootstrap-table-1.11.0/bootstrap-table.min.js"></script>
<script src="/static/plugins/bootstrap-table-1.11.0/locale/bootstrap-table-zh-CN.min.
js"></script>
<script src="/static/plugins/validate/js/bootstrapValidator.min.js"></script>
<script src="/static/plugins/validate/js/language/zh_CN.js"></script>
<script src="/static/plugins/waves-0.7.5/waves.min.js"></script>
<script src="/static/plugins/layer/layer.js" charset="utf-8"></script>
<script src="/static/js/common.js"></script>

<script>
 //监听查询按钮的动作
 $("#searchForm").on("submit", function () {
  $table.bootstrapTable('refresh');
  return false;
 })
 $table.bootstrapTable({
  url: '/categorys/list',
  method: 'GET',
  height: getHeight(),
  striped: true,
  cache: false, //是否使用缓存，默认为true
  minimumCountColumns: 2,
  clickToSelect: true,
  paginationLoop: false,
```

```
classes: 'table table-hover table-no-bordered',
smartDisplay: false,
idField: 'id',
sortName: 'id',
sortOrder: 'desc',
escape: true,
maintainSelected: true,
toolbar: '#toolbar',
pagination: true,        //是否显示分页false：#设置是否显示分页
pageNumber: 1,           //初始化加载第一页，默认第一页，并记录
pageSize: 6,       //每页显示的数量
pageList: [10, 20, 50, 100],     //设置每页显示的数量
queryParams: function (params) {
 params.name = $("#searchForm input[name='keyWords']").val();
 return params;
},
columns: [
 {field: 'name', title: '名称', align: 'center'},
 {field: 'status', title: '状态', align: 'center', formatter: statusFormatter},
 {field: 'action', title: '操作', align: 'center', formatter: 'actionFormatter', events: 'actionEv
ents', clickToSelect: false}
]
}).on('all.bs.table', function (e, name, args) {
$('[data-toggle="tooltip"]').tooltip();
$('[data-toggle="popover"]').popover();
});
});
</script>
</body>
</html>
```

5.查询品类功能测试 将项目发布到Tomcat服务器并启动，输入查询的品类名称如根茎类，点击查询按钮，即可查询出结果，如图6-27所示。

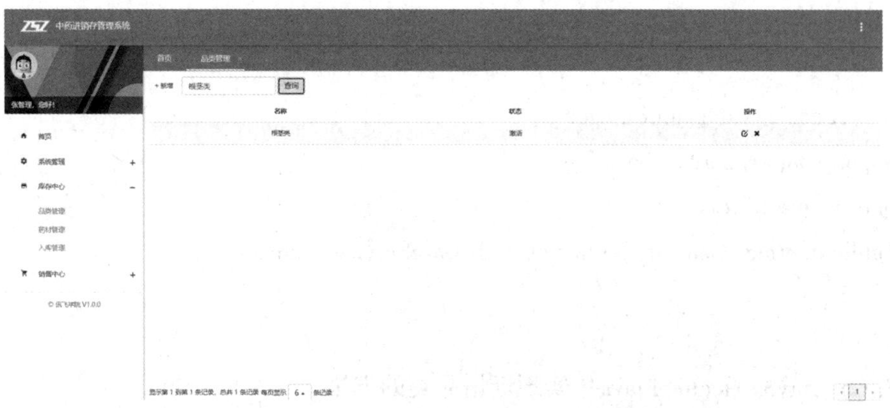

图6-27　分页查询后的品类信息列表显示

（二）新增品类

1.编写新增品类mapper层接口　在CategoryMapper.java接口文件中编写新增品类的方法，具体代码如下。

```
package com.zyy.mapper;

import com.zyy.domain.Category;
import com.zyy.mapper.base.BaseMapper;
import java.util.List;

public interface CategoryMapper extends BaseMapper<Category> {

}
```

在CategoryMapper.xml文件中，编写新增品类数据的映射语句。

```
<!-- 添加 -->
<insert id="add" parameterType="category">
  insert into category
  <trim prefix="(" suffix=")" suffixOverrides=",">
    name
  </trim>
  <trim prefix="values(" suffix=")" suffixOverrides=",">
    #{name}
  </trim>
</insert>
```

2.编写新增品类service层接口　在CategoryService.java接口文件中，创建新增品类接口方法，具体代码如下。

```
package com.zyy.service;

import com.zyy.domain.Category;
import com.zyy.service.base.BaseService;
import java.util.List;
public interface CategoryService extends BaseService<Category> {

}
```

在CategoryServiceImpl.java中实现新增品类的方法。

```
package com.zyy.service.impl;

import com.zyy.domain.Category;
import com.zyy.mapper.CategoryMapper;
import com.zyy.service.CategoryService;
import org.springframework.beans.factory.annotation.Autowired;
import org.springframework.stereotype.Service;
import java.util.List;

@Service
public class CategoryServiceImpl implements CategoryService {

    @Autowired
    CategoryMapper categoryMapper;

    @Override
    public int add(Category obj) {
        return categoryMapper.add(obj);
    }
}
```

3.编写新增品类controller层接口 在品类控制类CategoryController中编写新增品类的action代码。

```
package com.zyy.controller;

import com.zyy.domain.Category;
import com.zyy.service.CategoryService;
import org.springframework.beans.factory.annotation.Autowired;
```

```
import org.springframework.stereotype.Controller;
import org.springframework.web.bind.annotation.RequestMapping;
import org.springframework.web.bind.annotation.RequestMethod;
import org.springframework.web.bind.annotation.ResponseBody;

@Controller
@RequestMapping("categorys")
public class CategoryController {

    @Autowired
    CategoryService categoryService;

    /**
     * 添加表单提交
     * @param category
     * @return
     */
    @RequestMapping(value = "add",method = RequestMethod.POST)
    public String add(Category category) {

        //调用service层添加方法
        categoryService.add(category);

        return "category";
    }
}
```

4.实现新增品类页面功能　在category.html中点击新增按钮，弹出新增品类表单。

```
<body>
<div id="main">
 <div id="toolbar">
  <form id="searchForm" class="form-inline">
   <a class="waves-effect waves-button" href="javascript:;" onclick="createAction()">
<i class="zmdi zmdi-plus"></i> 新增 </a>
  </form>
 </div>
 <table id="table"></table>
```

```
</div>
<!-- 新增 -->
<div id="modal-add" class="modal fade" tabindex="-1" role="dialog" >
 <div class="modal-dialog" role="document">
  <div class="modal-content">
   <div class="modal-header">
    <button type="button" class="close" data-dismiss="modal" aria-label="Close">
<span aria-hidden="true">&times;</span></button>
    <h4 class="modal-title">添加品类</h4>
   </div>
   <form id="add-form" class="form-horizontal" action="/categorys/add" method="post">
    <div class="modal-body">
     <div class="row">
      <div class="col-sm-6">
       <div class="form-group">
        <label for="name" class="col-sm-3 control-label text-align-left">名 称</label>
        <div class="col-sm-9 col-sm-pull-1">
         <input type="text" class="form-control" name="name" id="name" placeholder="请
输入品类名称" />
        </div>
       </div>
      </div>
     </div>
    </div>
    <div class="modal-footer">
     <button type="button" class="btn btn-default" data-dismiss="modal">关闭</button>
     <button type="submit" id="save" class="btn btn-primary">保存</button>
    </div>
   </form>
  </div>
 </div>
</div>

<script>
$(function() {
 $('#add-form').bootstrapValidator({
```

```
    fields: {
     name: {
      validators: {
       notEmpty: { message: '品类名称不能为空' },
       remote: {
        url: '/categorys/validate/name',
        message: '此品类已存在',
        delay: 500
       }
      }
     }
    }
   })

   // 新增弹窗
   function createAction() {
    $('#modal-add').modal('show');
   }

   </script>
   </body>
```

5.新增品类功能测试　将项目发布到Tomcat服务器并启动，点击新增品类按钮，在弹出新增表单内输入新增的品类名称如动植物类，点击保存按钮，可以查询到新增结果，如图6-28所示。

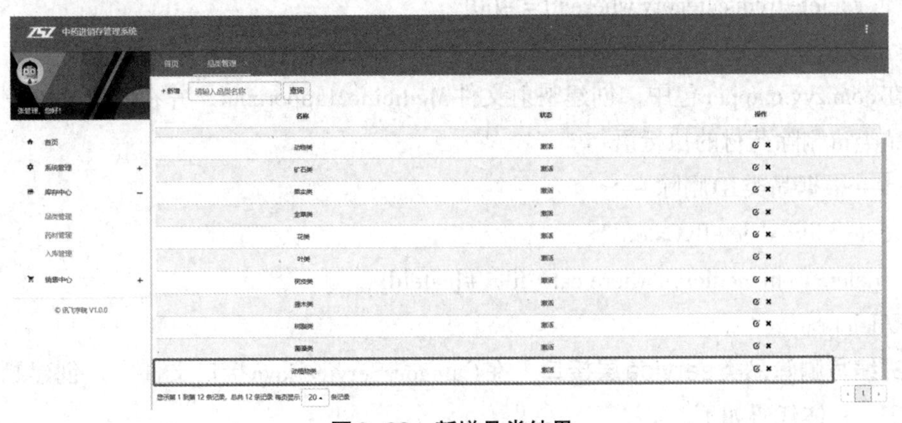

图6-28　新增品类结果

(三)删除品类

1.编写删除品类mapper层接口 在CategoryMapper.java接口文件中，编写删除品类的方法，具体代码如下。

```
package com.zyy.mapper;

import com.zyy.domain.Category;
import com.zyy.mapper.base.BaseMapper;
import java.util.List;
public interface CategoryMapper extends BaseMapper<Category> {

}
```

在项目com.zyy.mapper包中创建一个药材接口MedicineMapper继承BaseMapper，并编写根据品类id删除药材的接口，具体代码如下。

```
package com.zyy.mapper;

import com.zyy.domain.Medicine;
import com.zyy.mapper.base.BaseMapper;

public interface MedicineMapper extends BaseMapper<Medicine> {
    int deleteByCateId(Integer cateId);
}
```

在CategoryMapperx.xml文件中，编写删除品类操作的映射语句。

```
    <!-- 删除 -->
<delete id="delete">
      delete from category where id = #{id}
</delete>
```

在com.zyy.mapper包中，创建映射文件MedicineMapper.xml，并在映射文件中编写根据品类id删除药材的执行语句。

```
<!-- 根据品类ID删除 -->
<delete id="deleteByCateId">
   delete from medicine where cate_id = #{cateId}
</delete>
```

2.编写删除品类service层接口 在CategoryService.java接口文件中，创建删除品类方法，具体代码如下。

```
package com.zyy.service;
```

```
import com.zyy.domain.Category;
import com.zyy.service.base.BaseService;
import java.util.List;

public interface CategoryService extends BaseService<Category> {

}
```

在项目com.zyy.service包，在包中创建一个药材接口MedicineService并继承BaseService。

```
package com.zyy.service;

import com.zyy.domain.Medicine;
import com.zyy.service.base.BaseService;

public interface MedicineService extends BaseService<Medicine> {
    int deleteByCateId(int cateId);
}
```

在CategoryServiceImpl.java文件中，实现删除品类的方法。

```
@Override
public int delete(int id) {
    return categoryMapper.delete(id);
}
```

在com.zyy.service.impl包中创建MedicineService接口的实现类，在类中实现接口的根据分类id删除药材的方法。

```
package com.zyy.service.impl;

import com.zyy.domain.Medicine;
import com.zyy.mapper.MedicineMapper;
import com.zyy.service.MedicineService;
import org.springframework.beans.factory.annotation.Autowired;
import org.springframework.stereotype.Service;

@Service
public class MedicineServiceImpl implements MedicineService {
```

```
    @Autowired
    MedicineMapper medicineMapper;

    @Override
    public int deleteByCateId(int cateId) {
        return medicineMapper.deleteByCateId(cateId);
    }
}
```

3.编写删除品类接口 在品类控制器类CategoryController.java文件中编写删除品类的action代码。

```
/**
 * 删除
 * @param id
 * @return
 */
@RequestMapping(value = "delete", method = RequestMethod.POST)
@ResponseBody
public JsonModel delete(int id){

    //调用service层删除方法
    categoryService.delete(id);
    //删除该品类下所有药材
    medicineService.deleteByCateId(id);

    return new JsonModel(true,"删除成功");
}
```

4.实现删除品类页面功能 在category.html中编写代码实现点击删除按钮，弹出是否要删除提示框。

```
window.actionEvents = {
    'click .remove': function (e, value, row, index) {
    layer.confirm('此操作会删除该品类下所有药材，您确认要删除吗?', {icon: 3, title:'提示',offset: '100px'}, function(index){
    $.ajax({
    type: "post",     //请求类型
    url: "/categorys/delete",     //请求地址（删除接口）
```

```
    data: "id=" + row.id, //请求的参数数据
    success: function (res) {
     if (res.success) {
      //刷新table
      $table.bootstrapTable('refresh');
      layer.msg(res.msg, {icon: 1,time: 500,offset: '100px'});
     } else {
      layer.msg(res.msg, {icon: 2,offset: '100px'});
     }
    }
   })
   layer.close(index);
  });
   }
 };
```

5.删除品类功能测试　将项目发布到Tomcat服务器并启动，点击某条品类数据后的删除按钮，可以查询到数据条数减少，如图6-29所示。

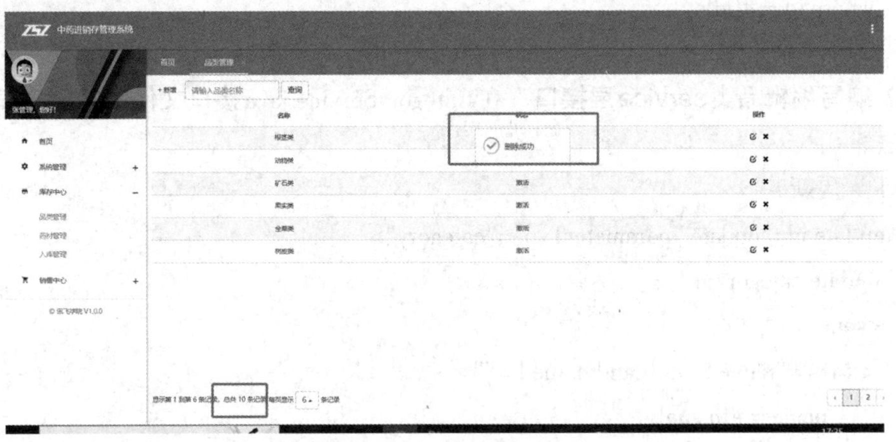

图6-29　删除品类结果

（四）编辑品类

1.编写编辑品类mapper层接口　在CategoryMapper.java接口文件中，编写编辑品类的方法，具体代码如下。

```
package com.zyy.mapper;

import com.zyy.domain.Category;
import com.zyy.mapper.base.BaseMapper;
```

```
import java.util.List;

public interface CategoryMapper extends BaseMapper<Category> {


}
```

在CategoryMapperx.xml文件中，编写更新品类操作的映射语句。

```
<!-- 更新 -->
<update id="update" parameterType="category">
  update category
  <set>
   <if test="name != null and name != ''">
       name = #{name},
   </if>
    <if test="status != null">
       status = #{status}
    </if>
   </set>
   where id = #{id}
 </update>
```

2.编写编辑品类service层接口 在CategoryService.java接口文件中，创建编辑分类方法。

```
<!-- 更新 -->
<update id="update" parameterType="category">
  update category
  <set>
   <if test="name != null and name != ''">
       name = #{name},
   </if>
    <if test="status != null">
       status = #{status}
    </if>
   </set>
   where id = #{id}
 </update>
```

在CategoryServiceImpl.java文件中，实现编辑品类的方法。

```
@Override
```

```
public int update(Category obj) {
    return categoryMapper.update(obj);
}
```

3.编写编辑品类接口　在品类控制器类CategoryController.java文件中编写编辑品类的action代码。

```
/**
 * 编辑提交
 * @param category
 * @return
 */
@RequestMapping(value="edit",method=RequestMethod.POST)
public String edit(Category category) {
    categoryService.update(category);
    return "category";
}
```

4.实现编辑品类页面功能　在category.html中编写代码实现点击编辑按钮，弹出编辑品类页面。

```
<div id="modal-edit" class="modal fade" tabindex="-1" role="dialog" >
 <div class="modal-dialog" role="document">
  <div class="modal-content">
   <div class="modal-header">
    <button type="button" class="close" data-dismiss="modal" aria-label="Close"><span aria-hidden="true">&times;</span></button>
    <h4 class="modal-title">编辑品类</h4>
   </div>
   <form id="edit-form" class="form-horizontal" action="/categorys/edit" method="post">
    <input type="hidden" name="id"/>
    <div class="modal-body">
     <div class="row">
      <div class="col-sm-6">
       <div class="form-group">
        <label for="name" class="col-sm-3 control-label text-align-left">名 称</label>
        <div class="col-sm-9 col-sm-pull-1">
         <input type="text" class="form-control" readonly="readonly" name="name" placeholder="请输入名称" />
        </div>
```

```
        </div>
        </div>
        <div class="col-sm-6">
        <div class="form-group">
         <label for="status" class="col-sm-3 control-label">状 态</label>
         <div class="col-sm-9">
          <select class="form-control" id="status" name="status">
           <option value="1">激活</option>
           <option value="0">禁用</option>
          </select>
         </div>
        </div>
       </div>
      </div>
     </div>
     <div class="modal-footer">
      <button type="button" class="btn btn-default" data-dismiss="modal">关闭</button>
      <button type="submit" id="updateSave" class="btn btn-primary">保存</button>
     </div>
    </form>
   </div>
  </div>
 </div>
 <script>
 function statusFormatter(value, row, index) {
 return value == 1 ? "激活" : "禁用";
 }
 function actionFormatter(value, row, index) {
     return [
         '<a class="edit ml10" href="javascript:void(0)" data-toggle="tooltip" title="编辑
"><i class="glyphicon glyphicon-edit"></i></a> ',
     ].join('');
 }
 window.actionEvents = {
     'click .edit': function (e, value, row, index) {
   $('#modal-edit').modal('show');
```

```
 $("#modal-edit input[name='id']").val(row.id);
 $("#modal-edit input[name='name']").val(row.name);
 $("#modal-edit select[name='status']").val(row.status);
  }
</script>
```

5.编辑品类功能测试　将项目发布到Tomcat服务器并启动，点击某条数据后的编辑按钮，修改品类的状态变成禁用状态，可以查询到更新后的数据，如图6-30所示。

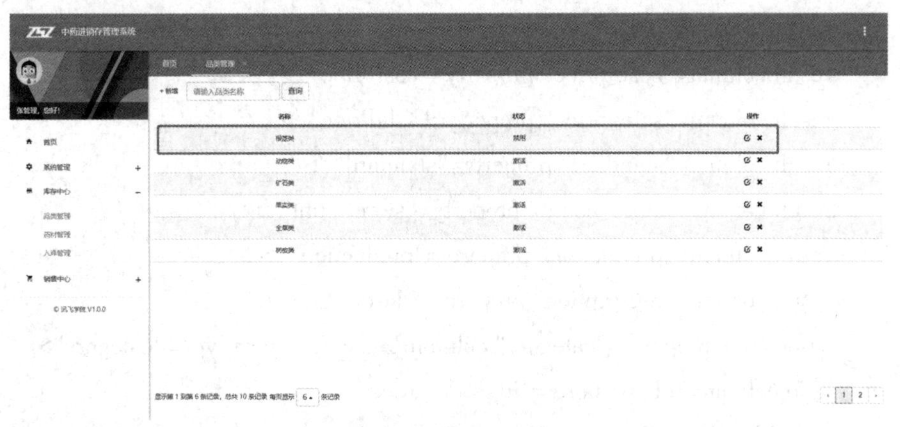

图6-30　更新品类结果

二、药材管理

药材种类繁多，为方便查看或满足统计需要，可对其进行药材管理。药材管理模块主要是对药材信息进行统一管理，其中包含查询、新增、删除、修改等操作。

（一）查询药材

1.编写查询药材mapper层接口　创建药材Medicine层接口。在项目的com.zyy.mapper包中创建一个药材接口MedicineMapper并继承BaseMapper。

```
package com.zyy.mapper;

import com.zyy.domain.Medicine;
import com.zyy.mapper.base.BaseMapper;
import java.util.List;

public interface MedicineMapper extends BaseMapper<Medicine> {


}
```

在项目中，先找到com.zyy.mapper包中，创建一个MyBatis映射文件MedicineMapper.xml，并在映射文件中编写查询药材信息和条数的执行语句。

```
<?xml version="1.0" encoding="UTF-8" ?>
<!DOCTYPE mapper
  PUBLIC "-//mybatis.org//DTD Config 3.0//EN"
  "http://mybatis.org/dtd/mybatis-3-mapper.dtd">
<mapper namespace="com.zyy.mapper.MedicineMapper">
  <resultMap id="baseResultMap" type="medicine">
    <id column="id" property="id" />
    <result column="name" property="name" />
    <result column="cost_price" property="costPrice" />
    <result column="sale_price" property="salePrice" />
    <result column="standard" property="standard" />
    <result column="store_count" property="storeCount" />
    <result column="production" property="production" />
    <result column="description" property="description" />
    <association property="category" columnPrefix="c_" javaType="category">
      <id column="id" property="id" />
      <result column="name" property="name" />
      <result column="status" property="status" />
    </association>
  </resultMap>
  <!-- 查询列表 -->
  <select id="findByQuery" resultMap="baseResultMap" parameterType="medicine">
    select m.*, c.id c_id, c.name c_name, c.status c_status from medicine m, category c
    <where>
      m.cate_id = c.id
      <if test="name != null and name != ''">
        and m.name = #{name}
      </if>
      <if test="category != null">
        and m.cate_id = #{category.id}
      </if>
    </where>
  </select>

  <!-- 查询条数 -->
  <select id="findCount" resultType="long" parameterType="medicine">
```

```
        select count(*) from medicine m, category c
        <where>
            m.cate_id = c.id
            <if test="name != null and name != ''">
                and m.name = #{name}
            </if>
            <if test="category != null">
                and m.cate_id = #{category.id}
            </if>
        </where>
    </select>
</mapper>
```

2.编写查询药材service层接口　创建药材service层接口。在项目的com.zyy.service包中创建一个药材接口MedicineService并继承BaseService。

```
package com.zyy.service;

import com.zyy.domain.Medicine;
import com.zyy.service.base.BaseService;

public interface MedicineService extends BaseService<Medicine> {

}
```

创建药材serivce层接口的实现类。在com.zyy.service.impl包中，创建MedicineService接口的实现类MedicineServiceImpl，在类中实现接口的查询列表方法和查询条数的方法。

```
package com.zyy.service.impl;

import com.zyy.domain.Medicine;
import com.zyy.mapper.MedicineMapper;
import com.zyy.service.MedicineService;
import org.springframework.beans.factory.annotation.Autowired;
import org.springframework.stereotype.Service;
import java.util.List;

@Service
public class MedicineServiceImpl implements MedicineService {
```

```
    @Autowired
    MedicineMapper medicineMapper;

    @Override
    public long findCount(Medicine obj) {

        return medicineMapper.findCount(obj);
    }
    @Override
    public List<Medicine> findByQuery(Medicine obj) {

        return medicineMapper.findByQuery(obj);
    }
}
```

3.编写查询药材controller层接口 在项目的com.zyy.controller包中创建药材控制器类MedicineController，编写查询药材列表和数量的action方法，具体代码如下。

```
package com.zyy.controller;

import com.zyy.domain.Category;
import com.zyy.domain.Medicine;
import com.zyy.service.MedicineService;
import com.zyy.utils.JsonModel;
import com.zyy.utils.RemoteModel;
import org.springframework.beans.factory.annotation.Autowired;
import org.springframework.stereotype.Controller;
import org.springframework.util.StringUtils;
import org.springframework.web.bind.annotation.RequestMapping;
import org.springframework.web.bind.annotation.RequestMethod;
import org.springframework.web.bind.annotation.ResponseBody;
import javax.servlet.http.HttpServletRequest;
import java.io.IOException;
import java.util.List;

@Controller
@RequestMapping("medicines")
public class MedicineController {
```

```
    @Autowired
    MedicineService medicineService;

    /**
     * 列表查询
     * @param medicine
     * @return
     */
    @RequestMapping(value = "list",method = RequestMethod.GET)
    @ResponseBody
    public JsonModel list(Medicine medicine, HttpServletRequest request){

        //接受表单字段
        String cateId = request.getParameter("cateId");
        if (!StringUtils.isEmpty(cateId)) {
            //封装品类对象属性
            Category category = new Category();
            category.setId(Integer.parseInt(cateId));
            medicine.setCategory(category);
        }

        long count = medicineService.findCount(medicine);
        List<Medicine> medicines = medicineService.findByQuery(medicine);
        return new JsonModel(true,"列表查询成功",count,medicines);
    }
}
```

4.实现查询药材页面功能　在webapp/view目录下，创建一个药材页面medicine.html，在该页面中编写条件查询和显示分页查询的代码。

```
<body>
<div id="main">
 <div id="toolbar">
  <form id="searchForm" class="form-inline">
   <select class="form-control" name="cateId" style="width: 185px;">
    <option value="">请选择品类</option>
   </select>
   <input type="text" name="name" class="form-control" placeholder="请输入药材名称">
```

```
<button type="submit" class="btn btn-default btn-flat">查询</button>
</form>
</div>
<table id="table" style="table-layout: fixed"></table>
</div>

<script src="/static/plugins/jquery.1.12.4.min.js"></script>
<script src="/static/plugins/bootstrap-3.3.0/js/bootstrap.min.js"></script>
<script src="/static/plugins/bootstrap-table-1.11.0/bootstrap-table.min.js"></script>
<script src="/static/plugins/bootstrap-table-1.11.0/locale/bootstrap-table-zh-CN.min.
js"></script>
<script src="/static/plugins/validate/js/bootstrapValidator.min.js"></script>
<script src="/static/plugins/validate/js/language/zh_CN.js"></script>
<script src="/static/plugins/waves-0.7.5/waves.min.js"></script>
<script src="/static/plugins/layer/layer.js" charset="utf-8"></script>
<script src="/static/js/common.js"></script>
<script>
var $table = $('#table');
$(function() {
 $('#add-form').bootstrapValidator({
  fields: {
   name: {
    validators: {
     notEmpty: { message: '药材名称不能为空' },
     remote: {
      url: '/medicines/validate/name',
      message: '此药材已存在',
      delay: 500
     }
    }
   },
   cateId: {
    validators: {
     notEmpty: { message: '请选择品类' }
    }
   },
```

```
   costPrice: {
    validators: {
     notEmpty: { message: '进价不能为空' }
    }
   },
   salePrice: {
    validators: {
     notEmpty: { message: '售价不能为空' }
    }
   }
  }
 })
 $.ajax({
  type: "get",      //请求类型
  url: "/categorys/findAll",      //请求地址（删除接口）
  success: function (res) {
   if (res.success) {
    let options = res.data
    $("select[name='cateId']").empty()
    let optionBox = '<option value="">请选择品类</option>'
    if (options && options.length > 0) {
     options.forEach((item, index) => {
      optionBox += `<option value="` + item.id + `">` + item.name + `</option>`
     })
    }
    $(optionBox).appendTo($("select[name='cateId']"))
   }
  }
 })
 $("#searchForm").on("submit", function () {
  $table.bootstrapTable('refresh');
  return false;
 })
 $table.bootstrapTable({
  url: '/medicines/list',
  method: 'GET',
```

```
height: getHeight(),
striped: true,
cache: false, //是否使用缓存，默认为true
minimumCountColumns: 2,
clickToSelect: true,
paginationLoop: false,
classes: 'table table-hover table-no-bordered',
smartDisplay: false,
idField: 'id',
sortName: 'id',
sortOrder: 'desc',
escape: true,
maintainSelected: true,
toolbar: '#toolbar',
pagination: true,       //是否显示分页false：#设置是否显示分页
pageNumber: 1,          //初始化加载第一页，默认第一页，并记录
pageSize: 6,            //每页显示的数量
pageList: [10, 20, 50, 100],
queryParams: function (params) {
 return {
  name: $("#searchForm input[name='name']").val(),
  cateId: $("#searchForm select[name='cateId']").val()
 };
},
columns: [
 {field: 'name', title: '名称', align: 'center', width: '80px'},
 {field: 'category.name', title: '品类', align: 'center', width: '80px'},
 {field: 'costPrice', title: '进价(元/g)', align: 'center', width: '80px'},
 {field: 'salePrice', title: '售价(元/g)', align: 'center', width: '80px'},
 {field: 'standard', title: '规格', align: 'center', width: '80px'},
 {field: 'production', title: '产地', align: 'center', width: '100px'},
 {field: 'storeCount', title: '库存量(g)', align: 'center', width: '80px'},
 {field: 'description', title: '描述', align: 'center', width: '300px', class: 'colStyle', formatter: c
olFormatter},
 {field: 'action', title: '操作', align: 'center', formatter: 'actionFormatter', events: 'actionEv
ents', clickToSelect: false}
```

```
    ]
  }).on('all.bs.table', function (e, name, args) {
    $('[data-toggle="tooltip"]').tooltip();
    $('[data-toggle="popover"]').popover();
  });
});
function colFormatter(value, row, index) {
  var span = document.createElement('span');
  span.setAttribute('title', value);
  span.innerHTML = value;
  return span.outerHTML;
}
</script>
</body>
```

5.查询药材功能测试　将项目发布到Tomcat服务器并启动，输入查询的药材名称如秋石，点击品类下拉框选择矿石类，点击查询按钮，即可查询出结果，如图6-31所示。

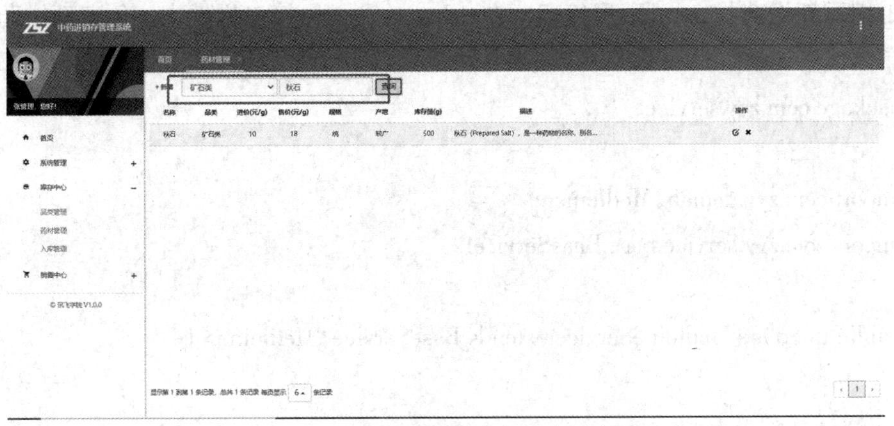

图6-31　分页查询后的药材信息列表显示

(二)新增药材

1.编写新增药材mapper层接口　在MedicineMapper接口文件中，编写新增药材的方法，具体代码如下。

```
package com.zyy.mapper;

import com.zyy.domain.Medicine;
import com.zyy.mapper.base.BaseMapper;
import java.util.List;
```

```
public interface MedicineMapper extends BaseMapper<Medicine> {

}
```

在MedicineMapper.xml文件中，编写新增药材操作的映射语句。

```
<!-- 添加 -->
<insert id="add" parameterType="medicine">
  insert into medicine
  <trim prefix="(" suffix=")" suffixOverrides=",">
    cate_id,name,cost_price,sale_price,standard,production,description
  </trim>
  <trim prefix="values(" suffix=")" suffixOverrides=",">
      #{category.id},#{name},#{costPrice},#{salePrice},#{standard},#{production},#{descript
ion}
  </trim>
</insert>
```

2. 编写新增药材service层接口 在CategoryService接口文件中，创建新增药材方法，具体代码如下。

```
package com.zyy.service;

import com.zyy.domain.Medicine;
import com.zyy.service.base.BaseService;

public interface MedicineService extends BaseService<Medicine> {

}
```

在MedicineServiceImpl.java文件中，实现新增药材的方法。

```
@Override
public int add(Medicine obj) {
  return medicineMapper.add(obj);
}
```

3. 编写新增药材接口 在药材控制器类MedicineController中，编写新增药材的接口方法，具体代码如下。

```
/**
 * 添加表单提交
```

```
    * @param request
    * @return
    */
    @RequestMapping(value = "add",method = RequestMethod.POST)
    public String add(Medicine medicine, HttpServletRequest request) {
        //接受表单字段
        String cateId = request.getParameter("cateId");
        if (!StringUtils.isEmpty(cateId)) {
            //封装品类对象属性
            Category category = new Category();
            category.setId(Integer.parseInt(cateId));
            medicine.setCategory(category);
        }

        //调用service
        medicineService.add(medicine);

        return "medicine";
    }
```

4.实现新增药材页面功能　在medicine.html中编写代码实现点击新增按钮，弹出新增药材表单。

```
<div id="main">
 <div id="toolbar">
  <form id="searchForm" class="form-inline">
    <a class="waves-effect waves-button" href="javascript:;" onclick="createAction()">
<i class="zmdi zmdi-plus"></i> 新增 </a>
  </form>
 </div>
 <table id="table" style="table-layout: fixed"></table>
</div>
<!-- 新增 -->
<div id="modal-add" class="modal fade" tabindex="-1" role="dialog" >
 <div class="modal-dialog" role="document">
  <div class="modal-content">
   <div class="modal-header">
    <button type="button" class="close" data-dismiss="modal" aria-label="Close"><span
```

```
aria-hidden="true">&times;</span></button>
        <h4 class="modal-title">添加药材</h4>
       </div>
        <form id="add-form" class="form-horizontal" action="/medicines/
add" method="post">
        <div class="modal-body">
         <div class="row">
          <div class="col-sm-6">
           <div class="form-group">
            <label for="name" class="col-sm-3 control-label text-align-left">名 称</label>
            <div class="col-sm-9 col-sm-pull-1">
             <input type="text" class="form-control" name="name" id="name" placeholder="请
输入名称" />
            </div>
           </div>
          </div>
          <div class="col-sm-6">
           <div class="form-group">
            <label for="cateId" class="col-sm-3 control-label">品类</label>
            <div class="col-sm-9">
             <select class="form-control" id="cateId" name="cateId">
              <option value="">请选择品类</option>
             </select>
            </div>
           </div>
          </div>
         </div>
         <div class="row">
          <div class="col-sm-6">
           <div class="form-group">
            <label for="costPrice" class="col-sm-3 control-label text-align-left">进 价</label>
            <div class="col-sm-9 col-sm-pull-1">
             <input type="text" class="form-control" name="costPrice" id="costPrice" placeholder=
"请输入进价(元)" />
            </div>
           </div>
```

```
</div>
<div class="col-sm-6">
 <div class="form-group">
  <label for="salePrice" class="col-sm-3 control-label">售价</label>
  <div class="col-sm-9">
    <input type="text" class="form-control" name="salePrice" id="salePrice" placeholder=
"请输入售价(元)" />
  </div>
 </div>
</div>
</div>
<div class="row">
 <div class="col-sm-6">
  <div class="form-group">
   <label for="standard" class="col-sm-3 control-label text-align-left">规格</label>
   <div class="col-sm-9 col-sm-pull-1">
     <input type="text" class="form-control" name="standard" id="standard" placeholder=
"请输入规格" />
   </div>
  </div>
 </div>
 <div class="col-sm-6">
  <div class="form-group">
   <label for="production" class="col-sm-3 control-label">产地</label>
   <div class="col-sm-9">
     <input type="text" class="form-control" name="production" id="production" placeholder=
"请输入产地" />
   </div>
  </div>
 </div>
</div>
<div class="row">
 <div class="col-sm-12">
  <div class="form-group">
    <label for="description" class="col-sm-2 control-label text-align-left">描 述</
label>
```

```
<div class="col-sm-10 col-sm-pull-1">
  <textarea class="form-control" style="width: 518px;" rows="3" name="description"
id="description" placeholder="请输入描述"></textarea>
    </div>
   </div>
  </div>
 </div>
 </div>
 <div class="modal-footer">
  <button type="button" class="btn btn-default" data-dismiss="modal">关闭</button>
  <button type="submit" id="save" class="btn btn-primary">保存</button>
 </div>
 </form>
</div>
</div>
</div>
<script>
$(function() {
 $('#add-form').bootstrapValidator({
  fields: {
   name: {
    validators: {
     notEmpty: { message: '药材名称不能为空' },
     remote: {
      url: '/medicines/validate/name',
      message:'此药材已存在',
      delay: 500
     }
    }
   },
   cateId: {
    validators: {
     notEmpty: { message: '请选择品类' }
    }
   },
   costPrice: {
```

```
    validators: {
     notEmpty: { message: '进价不能为空' }
    }
   },
   salePrice: {
    validators: {
     notEmpty: { message: '售价不能为空' }
    }
   }
  }
 })
}
function createAction() {
 $('#modal-add').modal('show');
}
</script>
```

5.新增药材功能测试　将项目发布到Tomcat服务器并启动，点击新增按钮，弹出新增药材表单，输入药材名称、品类、进价等信息，如输入黄花、树皮类、100等，点击保存按钮，可以查询到新增结果，如图6-32所示。

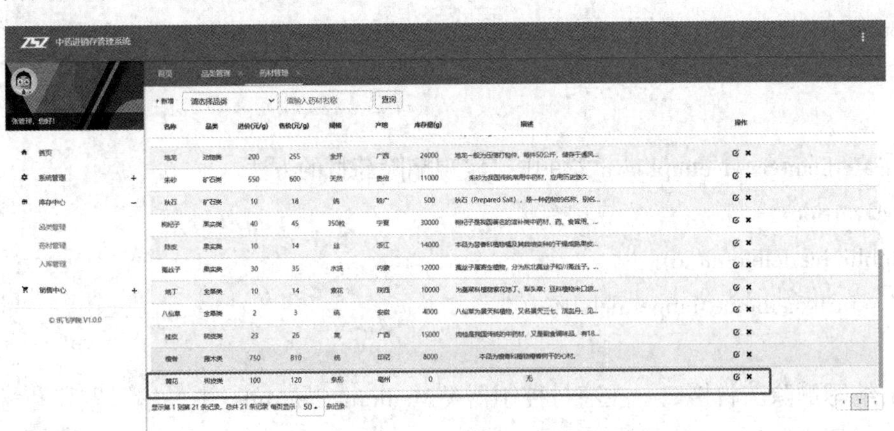

图6-32　新增药材结果

（三）删除药材

1.编写删除药材mapper层接口　在MedicineMapper接口文件中，编写删除药材的方法，具体代码如下。

```
package com.zyy.mapper;
```

```
import com.zyy.domain.Medicine;
import com.zyy.mapper.base.BaseMapper;
import java.util.List;

public interface MedicineMapper extends BaseMapper<Medicine> {

}
```

在MedicineMapper.xml中，编写删除药材操作的映射语句。

```
<!-- 删除 -->
<delete id="delete">
    delete from medicine where id = #{id}
</delete>
```

2.编写删除药材service层接口 在MedicineService接口文件中，创建删除药材方法，具体代码如下。

```
package com.zyy.service;

import com.zyy.domain.Medicine;
import com.zyy.service.base.BaseService;

public interface MedicineService extends BaseService<Medicine> {

}
```

在MedicineServiceImpl.java文件中，实现删除药材的方法。

```
@Override
public int delete(int id) {
    return medicineMapper.delete(id);
}
```

3.编写删除药材接口 在药材控制器类MedicineController中，编写删除药材的接口方法，具体代码如下。

```
/**
 * 删除
 * @param id
 * @return
 */
@RequestMapping(value = "delete", method = RequestMethod.POST)
```

```
@ResponseBody
public JsonModel delete(int id){

    medicineService.delete(id);
    return new JsonModel(true,"删除成功");
}
```

4.实现删除药材页面功能　在medicine.html页面中编写代码实现点击删除按钮，弹出是否要删除提示框。

```
<script>
window.actionEvents = {
  'click .remove': function (e, value, row, index) {
 layer.confirm('您确认要删除吗?', {icon: 3, title:'提示',offset: '100px'}, function(index){
  $.ajax({
   type: "post",    //请求类型
   url: "/medicines/delete",     //请求地址(删除接口)
   data: "id=" + row.id,  //请求的参数数据
   success: function (res) {
    if (res.success) {
     //刷新table
     $table.bootstrapTable('refresh');
     layer.msg(res.msg, {icon: 1,time: 500,offset: '100px'});
    } else {
     layer.msg(res.msg, {icon: 2,offset: '100px'});
    }
   }
  })
  layer.close(index);
 });
  }
};
</script>
```

5.删除药材功能测试　将项目发布到Tomcat服务器并启动，点击某条药材数据后的删除按钮，可以查询到数据条数减少，如图6-33所示。

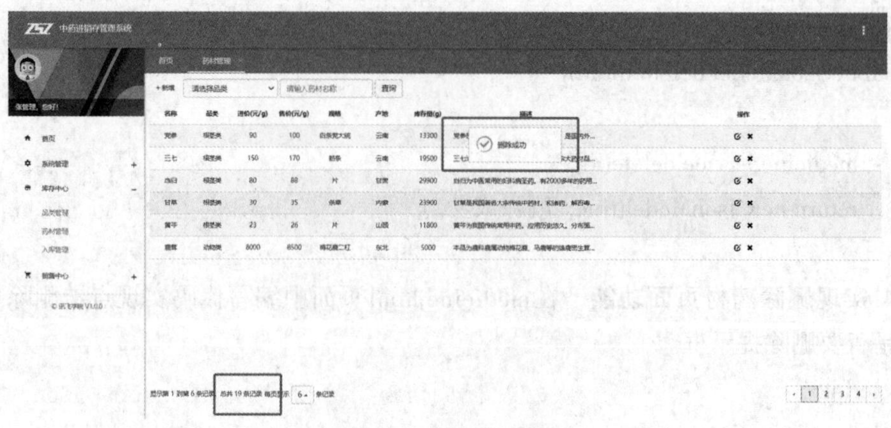

图6-33　删除药材结果

(四)编辑药材

1.编写编辑药材mapper层接口　在MedicineMapper接口文件中，编写更新药材的方法，具体代码如下。

```
package com.zyy.mapper;

import com.zyy.domain.Medicine;
import com.zyy.mapper.base.BaseMapper;
import java.util.List;

public interface MedicineMapper extends BaseMapper<Medicine> {

}
```

在MedicineMapperx.xml文件中，编写更新药材操作的映射语句。

```
<!-- 更新 -->
<update id="update" parameterType="medicine">
  update medicine
  <set>
    <if test="name != null and name != ''">
      name = #{name},
    </if>
    <if test="category != null">
      cate_id = #{category.id},
    </if>
    <if test="costPrice != null">
      cost_price = #{costPrice},
```

```
        </if>
        <if test="salePrice != null">
            sale_price = #{salePrice},
        </if>
        <if test="standard != null and standard != ''">
            standard = #{standard},
        </if>
        <if test="storeCount != null">
            store_count = #{storeCount},
        </if>
        <if test="production != null and production != ''">
            production = #{production},
        </if>
        <if test="description != null and description != ''">
            description = #{description}
        </if>
    </set>
    where id = #{id}
</update>
```

2.编写编辑药材service层接口　在MedicineService接口文件中，创建更新药材方法。

```
package com.zyy.service;

import com.zyy.domain.Medicine;
import com.zyy.service.base.BaseService;

public interface MedicineService extends BaseService<Medicine> {

}
```

在MedicineServiceImpl.java文件中，实现更新药材的方法。

```
@Override
public int update(Medicine obj) {
    return medicineMapper.update(obj);
}
```

3.编辑药材接口　在药材控制器类MedicineController中，编写更新药材的接口方法，具体代码如下。

```
/**
 * 编辑提交
 * @param
 * @return
 */
@RequestMapping(value="edit",method=RequestMethod.POST)
public String edit(Medicine medicine, HttpServletRequest request) throws IOException {

    //接受表单字段
    String cateId = request.getParameter("cateId");
    if (!StringUtils.isEmpty(cateId)) {
      //封装品类对象属性
      Category category = new Category();
      category.setId(Integer.parseInt(cateId));
      medicine.setCategory(category);
    }

    //调用service
    medicineService.update(medicine);

    return "medicine";
 }
```

4.实现编辑药材页面功能 在medicine.html中点击编辑按钮，弹出更新药材页面。

```
<!-- 编辑 -->
<div id="modal-edit" class="modal fade" tabindex="-1" role="dialog" >
 <div class="modal-dialog" role="document">
  <div class="modal-content">
   <div class="modal-header">
     <button type="button" class="close" data-dismiss="modal" aria-label="Close"><span aria-hidden="true">&times;</span></button>
    <h4 class="modal-title">编辑药材</h4>
   </div>
   <form id="edit-form" class="form-horizontal" action="/medicines/edit" method="post">
   <input type="hidden" name="id"/>
   <div class="modal-body">
```

```
<div class="row">
 <div class="col-sm-6">
  <div class="form-group">
   <label for="name" class="col-sm-3 control-label text-align-left">名称</label>
   <div class="col-sm-9 col-sm-pull-1">
    <input type="text" class="form-control" readonly="readonly" name="name" placeholder=
"请输入名称" />
   </div>
  </div>
 </div>
 <div class="col-sm-6">
  <div class="form-group">
   <label for="cateId" class="col-sm-3 control-label">品类</label>
   <div class="col-sm-9">
    <select class="form-control" name="cateId">
    </select>
   </div>
  </div>
 </div>
</div>
<div class="row">
 <div class="col-sm-6">
  <div class="form-group">
   <label for="costPrice" class="col-sm-3 control-label text-align-left">进价</label>
   <div class="col-sm-9 col-sm-pull-1">
    <input type="text" class="form-control" name="costPrice" placeholder="请输入进价" />
   </div>
  </div>
 </div>
 <div class="col-sm-6">
  <div class="form-group">
   <label for="salePrice" class="col-sm-3 control-label">售价</label>
   <div class="col-sm-9">
    <input type="text" class="form-control" name="salePrice" placeholder="请输入售价" />
   </div>
```

```
      </div>
     </div>
    </div>
    <div class="row">
     <div class="col-sm-6">
      <div class="form-group">
       <label for="standard" class="col-sm-3 control-label text-align-left">规格</label>
       <div class="col-sm-9 col-sm-pull-1">
        <input type="text" class="form-control" name="standard" placeholder="请输入规格" />
       </div>
      </div>
     </div>
     <div class="col-sm-6">
      <div class="form-group">
       <label for="production" class="col-sm-3 control-label">产地</label>
       <div class="col-sm-9">
        <input type="text" class="form-control" name="production" placeholder="请输入产地" />
       </div>
      </div>
     </div>
    </div>
    <div class="row">
     <div class="col-sm-12">
      <div class="form-group">
       <label for="description" class="col-sm-2 control-label text-align-left">描述</label>
       <div class="col-sm-10 col-sm-pull-1">
        <textarea class="form-control" style="width: 518px;" rows="3" name="description"
placeholder="请输入描述"></textarea>
       </div>
      </div>
     </div>
    </div>
   </div>
   <div class="modal-footer">
```

```
      <button type="button" class="btn btn-default" data-dismiss="modal">关闭</button>
      <button type="submit" id="updateSave" class="btn btn-primary">保存</button>
     </div>
    </form>
   </div>
  </div>
 </div>

 <script>
 function actionFormatter(value, row, index) {
    return [
      '<a class="edit ml10" href="javascript:void(0)" data-toggle="tooltip" title="编辑">
<i class="glyphicon glyphicon-edit"></i></a> ',
    ].join('');
 }
 window.actionEvents = {
    'click .edit': function (e, value, row, index) {
     console.log("row--",row)
   $('#modal-edit').modal('show');
   $("#modal-edit input[name='id']").val(row.id);
   $("#modal-edit input[name='name']").val(row.name);
   $("#modal-edit select[name='cateId']").val(row.category.id);
   $("#modal-edit input[name='costPrice']").val(row.costPrice);
   $("#modal-edit input[name='salePrice']").val(row.salePrice);
   $("#modal-edit input[name='standard']").val(row.standard);
   $("#modal-edit input[name='production']").val(row.production);
   $("#modal-edit textarea[name='description']").val(row.description);
    }
 };
 </script>
```

5.编辑药材功能测试　将项目发布到Tomcat服务器并启动，点击某条药材数据后的编辑按钮，修改药材的进价为95，产地改成亳州，可以查询到更新后的数据，如图6-34所示。

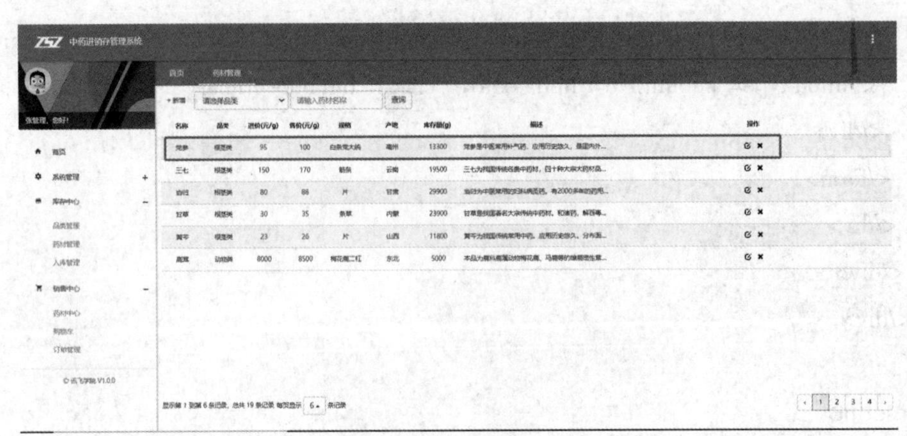

图6-34 更新药材结果

三、入库管理

入库管理模块主要是对入库的药材进行统一管理，比如查询入库药材的具体入库量、入库人等信息，具体包括查询、新增操作。

(一)查询入库

1.创建入库实体类 在com.zyy.domain包中创建入库持久化类Income，并在Income类中定义入库相关属性及相应的getter/setter方法。

```
package com.zyy.domain;

import com.fasterxml.jackson.annotation.JsonFormat;
import org.springframework.format.annotation.DateTimeFormat;
import java.util.Date;

public class Income {

    private Integer id;
    private String name;
    private Integer cateId;
    private Integer account;
    private String incomeUser;
    private Category category;

    @JsonFormat(locale="zh", timezone="GMT+8", pattern="yyyy-MM-dd HH:mm:ss")
    @DateTimeFormat(pattern = "yyyy-MM-dd HH:mm:ss")
```

```
private Date incomeDate;

@JsonFormat(locale="zh", timezone="GMT+8", pattern="yyyy-MM-dd HH:mm:ss")
@DateTimeFormat(pattern = "yyyy-MM-dd HH:mm:ss")
private Date startDate;

@JsonFormat(locale="zh", timezone="GMT+8", pattern="yyyy-MM-dd HH:mm:ss")
@DateTimeFormat(pattern = "yyyy-MM-dd HH:mm:ss")
private Date endDate;

public Integer getId() {
  return id;
}

public void setId(Integer id) {
  this.id = id;
}

public String getName() {
  return name;
}

public void setName(String name) {
  this.name = name;
}

public Integer getCateId() {
  return cateId;
}

public void setCateId(Integer cateId) {
  this.cateId = cateId;
}

public Integer getAccount() {
```

```
        return account;
    }

    public void setAccount(Integer account) {
        this.account = account;
    }

    public String getIncomeUser() {
        return incomeUser;
    }

    public void setIncomeUser(String incomeUser) {
        this.incomeUser = incomeUser;
    }

    public Date getIncomeDate() {
        return incomeDate;
    }

    public void setIncomeDate(Date incomeDate) {
        this.incomeDate = incomeDate;
    }

    public Category getCategory() {
        return category;
    }

    public void setCategory(Category category) {
        this.category = category;
    }

    public Date getStartDate() {
        return startDate;
    }

    public void setStartDate(Date startDate) {
```

```
        this.startDate = startDate;
    }

    public Date getEndDate() {
        return endDate;
    }

    public void setEndDate(Date endDate) {
        this.endDate = endDate;
    }
}
```

2.编写查询入库mapper层接口 创建药材Medicine对应的mapper层接口。在项目的com.zyy.mapper包中创建入库接口IncomeMapper并继承BaseMapper。

```
package com.zyy.mapper;

import com.zyy.domain.Income;
import com.zyy.mapper.base.BaseMapper;

public interface IncomeMapper extends BaseMapper<Income> {

}
```

创建映射文件。在com.zyy.mapper包中，创建一个MyBatis映射文件IncomeMapper.xml，并在映射文件中编写查询入库信息和条数的执行语句。

```
<?xml version="1.0" encoding="UTF-8" ?>
<!DOCTYPE mapper
  PUBLIC "-//mybatis.org//DTD Config 3.0//EN"
  "http://mybatis.org/dtd/mybatis-3-mapper.dtd">

<mapper namespace="com.zyy.mapper.IncomeMapper">
  <resultMap id="baseResultMap" type="income">
    <id column="id" property="id" />
    <result column="name" property="name" />
    <result column="cate_id" property="cateId" />
    <result column="account" property="account" />
    <result column="income_user" property="incomeUser" />
    <result column="income_date" property="incomeDate" />
```

```
        <association property="category" columnPrefix="c_" javaType="category">
            <id column="id" property="id" />
            <result column="name" property="name" />
            <result column="status" property="status" />
        </association>
    </resultMap>
    <!-- 查询列表 -->
    <select id="findByQuery" resultMap="baseResultMap" parameterType="income">
        select ic.*, c.id c_id, c.name c_name, c.status c_status from income ic, category c
        <where>
            ic.cate_id = c.id
            <if test="name != null and name != ''">
                and ic.name = #{name}
            </if>
            <if test="startDate != null">
                and ic.income_date <![CDATA[ >= ]]> #{startDate}
            </if>
            <if test="endDate != null">
                and ic.income_date <![CDATA[ <= ]]> #{endDate}
            </if>
        </where>
        order by ic.income_date desc
    </select>

    <!-- 查询条数 -->
    <select id="findCount" resultType="long" parameterType="income">
        select count(*) from income ic, category c
        <where>
            ic.cate_id = c.id
            <if test="name != null and name != ''">
                and ic.name = #{name}
            </if>
            <if test="startDate != null">
                and ic.income_date <![CDATA[ >= ]]> #{startDate}
            </if>
            <if test="endDate != null">
```

```
            and ic.income_date <![CDATA[ <= ]]> #{endDate}
        </if>
    </where>
</select>

</mapper>
```

3. 编写查询入库service层接口　在项目的com.zyy.service包中创建入库接口IncomeService并继承BaseService。

```
package com.zyy.service;

import com.zyy.domain.Income;
import com.zyy.service.base.BaseService;

public interface IncomeService extends BaseService<Income> {

}
```

创建入库serivce层接口的实现类。在com.zyy.service.impl包中创建IncomeService接口的实现类IncomeServiceImpl，在类中实现接口的查询列表方法和查询条数的方法。

```
package com.zyy.service.impl;

import com.zyy.domain.Income;
import com.zyy.mapper.IncomeMapper;
import com.zyy.service.IncomeService;
import org.springframework.beans.factory.annotation.Autowired;
import org.springframework.stereotype.Service;
import java.util.List;

@Service
public class IncomeServiceImpl implements IncomeService {

    @Autowired
    IncomeMapper incomeMapper;

    @Override
    public long findCount(Income obj) {
        return incomeMapper.findCount(obj);
```

```
    }

    @Override
    public List<Income> findByQuery(Income obj) {
        return incomeMapper.findByQuery(obj);
    }
}
```

4.编写查询入库controller层接口 在项目的com.zyy.controller包中创建入库控制器类IncomeController，编写查询入库的接口方法，具体代码如下。

```
package com.zyy.controller;

import com.zyy.domain.Income;
import com.zyy.domain.Medicine;
import com.zyy.service.IncomeService;
import com.zyy.utils.JsonModel;
import org.springframework.beans.factory.annotation.Autowired;
import org.springframework.stereotype.Controller;
import org.springframework.web.bind.annotation.RequestMapping;
import org.springframework.web.bind.annotation.RequestMethod;
import org.springframework.web.bind.annotation.ResponseBody;
import javax.servlet.http.HttpServletRequest;
import javax.servlet.http.HttpSession;
import java.util.List;

@Controller
@RequestMapping("incomes")
public class IncomeController {

    @Autowired
    IncomeService incomeService;

    /**
     * 列表查询
     * @param income
     * @return
     */
```

```
    @RequestMapping(value = "list",method = RequestMethod.GET)
    @ResponseBody
    public JsonModel list(Income income){
      //调用service层查询数量方法
      long count = incomeService.findCount(income);
      //调用service层查询列表方法
      List<Income> Incomes = incomeService.findByQuery(income);
      return new JsonModel(true,"列表查询成功",count,Incomes);
    }
}
```

5.实现查询入库页面功能　在webapp/view目录下，创建一个入库页面income.html，在该页面中编写条件查询和显示分页查询的代码。

```
<!DOCTYPE HTML>
<html lang="zh-cn">
<head>
 <meta charset="utf-8">
 <meta http-equiv="X-UA-Compatible" content="IE=edge">
 <meta name="viewport" content="width=device-width, initial-scale=1">
 <title>入库管理</title>
 <link href="/static/plugins/bootstrap-3.3.0/css/bootstrap.min.css" rel="stylesheet"/>
 <link href="/static/plugins/material-design-iconic-font-2.2.0/css/material-design-iconic-font.min.css" rel="stylesheet"/>
 <link href="/static/plugins/bootstrap-table-1.11.0/bootstrap-table.min.css" rel="stylesheet"/>
 <link href="/static/plugins/validate/css/bootstrapValidator.min.css" rel="stylesheet">
 <link href="/static/plugins/waves-0.7.5/waves.min.css" rel="stylesheet"/>
 <link href="/static/plugins/My97DatePicker/skin/WdatePicker.css" rel="stylesheet"/>
 <link href="/static/css/common.css" rel="stylesheet"/>
</head>
<body>
<div id="main">
 <div id="toolbar">
  <form id="searchForm" class="form-inline">
   <input type="text" name="name" class="form-control" placeholder="请输入药材名称">
   <input type="text" class="form-control Wdate" name="startDate" id="startDate" onclick="WdatePicker({dateFmt:'yyyy-MM-dd HH:mm:ss'});" autocomplete="off" placeholder="请
```

```
选择开始日期"/>
                -
                <input type="text" class="form-control Wdate" name="endDate" id="endDate" onclick
="WdatePicker({dateFmt:'yyyy-MM-dd HH:mm:ss'});" autocomplete="off" placeholder="请选
择结束日期"/>
               <button type="submit" class="btn btn-default btn-flat">查询</button>
            </form>
          </div>
          <table id="table"></table>
        </div>
        <script src="/static/plugins/jquery.1.12.4.min.js"></script>
        <script src="/static/plugins/bootstrap-3.3.0/js/bootstrap.min.js"></script>
        <script src="/static/plugins/bootstrap-table-1.11.0/bootstrap-table.min.js"></script>
        <script src="/static/plugins/bootstrap-table-1.11.0/locale/bootstrap-table-zh-CN.min.
js"></script>
        <script src="/static/plugins/validate/js/bootstrapValidator.min.js"></script>
        <script src="/static/plugins/validate/js/language/zh_CN.js"></script>
        <script src="/static/plugins/waves-0.7.5/waves.min.js"></script>
        <script src="/static/plugins/My97DatePicker/WdatePicker.js"></script>
        <script src="/static/plugins/My97DatePicker/lang/zh-cn.js"></script>
        <script src="/static/js/common.js"></script>
        <script>
        var $table = $('#table');
        // 监听查询按钮的动作
        $("#searchForm").on("submit", function () {
         $table.bootstrapTable('refresh');
         return false;
        })
        $table.bootstrapTable({
         url: '/incomes/list',
         method: 'GET',
         height: getHeight(),
         striped: true,
         cache: false, //是否使用缓存，默认为true
         minimumCountColumns: 2,
         clickToSelect: true,
```

```
 paginationLoop: false,
 classes: 'table table-hover table-no-bordered',
 smartDisplay: false,
 idField: 'id',
 sortName: 'id',
 sortOrder: 'desc',
 escape: true,
 maintainSelected: true,
 toolbar: '#toolbar',
 pagination: true,       //是否显示分页false：#设置是否显示分页
 pageNumber: 1,          //初始化加载第一页，默认第一页，并记录
 pageSize: 6,            //每页显示的数量
 pageList: [10, 20, 50, 100],     //设置每页显示的数量
 queryParams: function (params) {
  return {
   name: $("#searchForm input[name='name']").val(),
   startDate: $("#searchForm input[name='startDate']").val(),
   endDate: $("#searchForm input[name='endDate']").val()
  };
 },
 columns: [
  {field: 'category.name', title: '品类', align: 'center'},
  {field: 'name', title: '名称', align: 'center'},
  {field: 'account', title: '入库量(g)', align: 'center'},
  {field: 'incomeUser', title: '入库人', align: 'center'},
  {field: 'incomeDate', title: '入库日期', align: 'center'}
 ]
}).on('all.bs.table', function (e, name, args) {
 $('[data-toggle="tooltip"]').tooltip();
 $('[data-toggle="popover"]').popover();
});
});

// 新增弹窗
function createAction() {
 $('#incomeDate').val(formatDateTime(new Date()));
```

```
 $('#modal-add').modal('show');
}

//日期格式
function formatDateTime(date) {
 let year = date.getFullYear().toString().padStart(4, '0');
 let month = (date.getMonth() + 1).toString().padStart(2, '0');
 let day = date.getDate().toString().padStart(2, '0');
 let hour = date.getHours().toString().padStart(2, '0');
 let minute = date.getMinutes().toString().padStart(2, '0');
 let second = date.getSeconds().toString().padStart(2, '0');
 return `${year}-${month}-${day} ${hour}:${minute}:${second}`;
}

</script>
</body>
</html>
```

6.查询入库功能测试 将项目发布到Tomcat服务器并启动，输入查询的药材名称如陈皮，开始时间和结束时间，点击查询按钮，即可查询出结果，如图6-35所示。

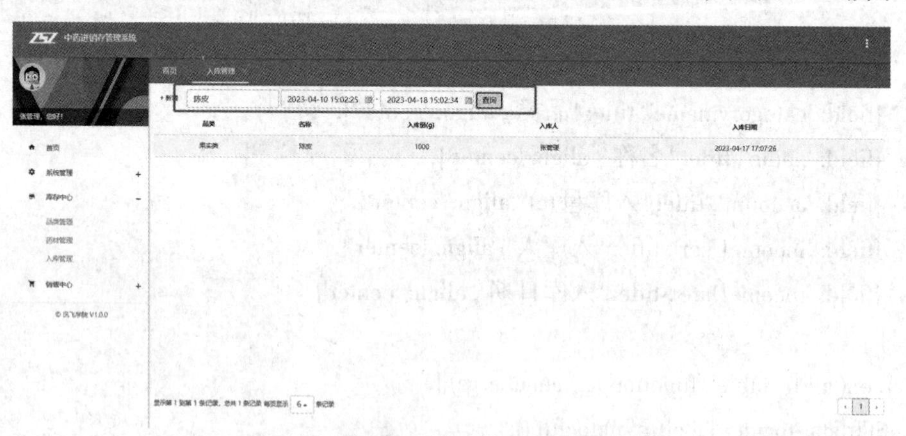

图6-35 分页查询后的入库信息列表显示

(二)新增入库

1.编写新增入库mapper层接口 在MedicineMapper接口文件中，编写根据品类id查询和名称查询药材的方法，具体代码如下。

```
package com.zyy.mapper;
```

```java
import com.zyy.domain.Medicine;
import com.zyy.mapper.base.BaseMapper;
import java.util.List;

public interface MedicineMapper extends BaseMapper<Medicine> {

    List<Medicine> findByCateId(Integer categoryId);
    Medicine findByName(String name);
}
```

在入库接口IncomeMapper.java文件中编写新增入库的接口，具体代码如下。

```java
package com.zyy.mapper;

import com.zyy.domain.Income;
import com.zyy.mapper.base.BaseMapper;

public interface IncomeMapper extends BaseMapper<Income> {

}
```

在MedicineMapper.xml文件中，编写执行根据品类id和名称查询操作的映射语句。

```xml
<!-- 根据品类ID查询 -->
<select id="findByCateId" resultMap="baseResultMap" parameterType="int">
    select m.*, c.id c_id, c.name c_name, c.status c_status from medicine m, category c
    where m.cate_id = c.id and m.cate_id = #{categoryId}
</select>

<!-- 根据名称查询 -->
<select id="findByName" resultMap="baseResultMap">
    select m.*, c.id c_id, c.name c_name, c.status c_status from medicine m, category c
    <where>
        m.cate_id = c.id
        and m.name = #{name}
    </where>
</select>
```

在IncomeMapper.xml文件中，编写新增入库操作的映射语句。

```xml
<insert id="add" parameterType="income">
    insert into income
```

```
        <trim prefix="(" suffix=")" suffixOverrides=",">
            name,cate_id,account,income_user,income_date
        </trim>
        <trim prefix="values(" suffix=")" suffixOverrides=",">
            #{name},#{cateId},#{account},#{incomeUser},#{incomeDate}
        </trim>
    </insert>
```

2.编写新增入库service层接口 在MediceService接口文件中，创建根据品类id和名称查询药材的方法，具体代码如下。

```
package com.zyy.service;

import com.zyy.domain.Medicine;
import com.zyy.service.base.BaseService;
import java.util.List;

public interface MedicineService extends BaseService<Medicine> {
    List<Medicine> findByCateId(Integer categoryId);
    Medicine findByName(String name);
}
```

在IncomeService接口文件中，创建新增入库的方法。

```
package com.zyy.service;

import com.zyy.domain.Income;
import com.zyy.service.base.BaseService;

public interface IncomeService extends BaseService<Income> {

}
```

在MedicineServiceImpl.java文件中，实现根据品类id和名称查询药材的方法。

```
@Override
public List<Medicine> findByQuery(Medicine obj) {
    return medicineMapper.findByQuery(obj);
}

@Override
public Medicine findByName(String name) {
```

```
    return medicineMapper.findByName(name);
}
```

在IncomeServiceImpl.java文件中，实现新增入库的方法。

```
@Override
public int add(Income obj) {
    return incomeMapper.add(obj);
}
```

3.编写新增入库controller层接口 在入库控制器类IncomeController文件中，编写新增入库的接口方法，具体代码如下。

```
/**
 * 添加表单提交
 * @param income
 * @return
 */
@RequestMapping(value = "add",method = RequestMethod.POST)
public String add(Income income, HttpServletRequest request) {

        HttpSession session=request.getSession();
        //获取session中用户信息
        User user = (User) session.getAttribute("user");
        //设置入库人
        income.setIncomeUser(user.getName());
        //调用service层添加方法
        incomeService.add(income);
        //叠加计算库存量
        Medicine medicine = medicineService.findByName(income.getName());
        Integer storeCount = medicine.getStoreCount() + income.getAccount();

        //更新药材库存
        medicine.setStoreCount(storeCount);
        medicineService.update(medicine);

        return "income";
}
```

4.实现新增入库页面功能 在income.html中点击新增按钮，弹出新增入库表单。

```
<div id="main">
 <div id="toolbar">
  <form id="searchForm" class="form-inline">
   <a class="waves-effect waves-button" href="javascript:;" onclick="createAction()">
<i class="zmdi zmdi-plus"></i> 新增</a>
  </form>
 </div>
 <table id="table"></table>
</div>

<!-- 新增 -->
<div id="modal-add" class="modal fade" tabindex="-1" role="dialog" >
 <div class="modal-dialog" role="document">
  <div class="modal-content">
   <div class="modal-header">
    <button type="button" class="close" data-dismiss="modal" aria-label="Close"><span
aria-hidden="true">&times;</span></button>
    <h4 class="modal-title">添加入库</h4>
   </div>
   <form id="add-form" class="form-horizontal" action="/incomes/add" method="post">
    <div class="modal-body">
     <div class="row">
      <div class="col-sm-6">
       <div class="form-group">
        <label for="cateId" class="col-sm-3 control-label text-align-left">品 类</label>
        <div class="col-sm-9 col-sm-pull-1">
         <select class="form-control" id="cateId" name="cateId">
          <option value="">请选择品类</option>
         </select>
        </div>
       </div>
      </div>
      <div class="col-sm-6">
       <div class="form-group">
        <label for="name" class="col-sm-3 control-label">药材</label>
```

```
        <div class="col-sm-9">
         <select class="form-control" id="name" name="name">
          <option value="">请选择药材</option>
         </select>
        </div>
       </div>
      </div>
     </div>
     <div class="row">
      <div class="col-sm-6">
       <div class="form-group">
        <label for="account" class="col-sm-3 control-label text-align-left">总量</label>
        <div class="col-sm-9 col-sm-pull-1">
         <input type="text" class="form-control" name="account" id="account" placeholder=
"请输入总量(g)" />
        </div>
       </div>
      </div>
      <div class="col-sm-6">
       <div class="form-group">
        <label for="incomeDate" class="col-sm-3 control-label">日期</label>
        <div class="col-sm-9">
         <input type="text" class="form-control Wdate" name="incomeDate" id="incomeDate"
onclick="WdatePicker({dateFmt:'yyyy-MM-dd HH:mm:ss',maxDate:'%y-%M-%d'});
" autocomplete="off" placeholder="请选择入库日期"/>
        </div>
       </div>
      </div>
     </div>
    </div>
    <div class="modal-footer">
     <button type="button" class="btn btn-default" data-dismiss="modal">关闭</button>
     <button type="submit" id="save" class="btn btn-primary">保存</button>
    </div>
   </form>
  </div>
```

```
</div>
</div>

$(function() {
 $('#add-form').bootstrapValidator({
  fields: {
   cateId: {
    validators: {
     notEmpty: { message: '请选择品类' }
    }
   },
   name: {
    validators: {
     notEmpty: { message: '请选择药材' }
    }
   },
   account: {
    validators: {
     notEmpty: { message: '请输入总量' }
    }
   },
   incomeDate: {
    validators: {
     notEmpty: { message: '请选择入库日期' }
    }
   }
  }
 })
 // 监听品类选择下拉
 $("#cateId").on("change", function () {
  let cateId = $("#cateId").val()
  if (cateId != null && cateId != '') {
   $.ajax({
    type:"get",
    url:"/medicines/getByCateId?cateId="+cateId,
    success:function(res){ //JSON对象
```

```
    let options = res.data
    if (res.success) {
     $('#name').empty()
     let optionBox = `<option value="">请选择药材</option>`
     if (options && options.length > 0) {
      options.forEach((item, index) => {
       optionBox += `<option value="` + item.name + `">` + item.name + `</option>`
      })
     }
     $(optionBox).appendTo($('#name'))
    }
   }
  });
 }else {
  $('#name').empty()
  $(`<option value="">请选择药材</option>`).appendTo($('#name'))
 }
})
function createAction() {
 $('#incomeDate').val(formatDateTime(new Date()));
 $('#modal-add').modal('show');
}
</script>
```

5.新增入库功能测试　将项目发布到Tomcat服务器并启动，点击新增入库按钮，在弹出新增表单内选择品类下拉菜单选择对应品类，选择药材下拉菜单如：菟丝子，总量输入16，点击保存按钮，可以查询到新增结果，如图6-36所示。

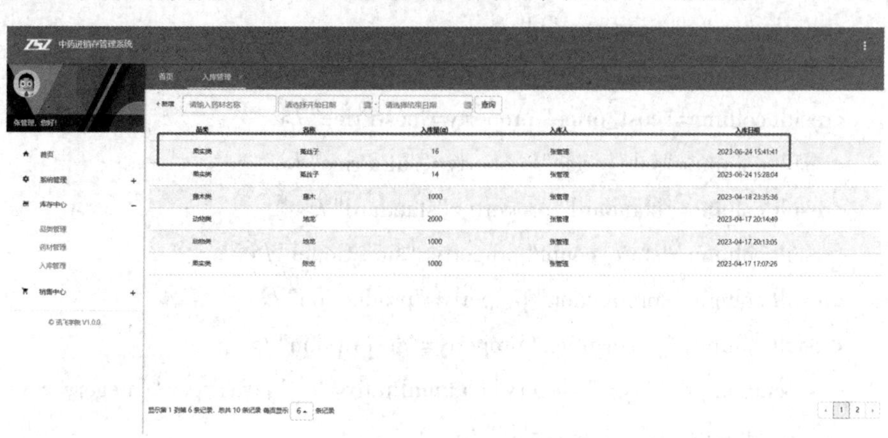

图6-36　新增入库结果

第十节 销售中心模块

一、药材中心

药材中心模块主要对药材进行查询和将某个药材加入购物车等操作。

(一)查询药材中心

1.编写查询药材mapper层接口 在项目com.zyy.mapper包中创建药材接口MedicineMapper并继承BaseMapper。

```
package com.zyy.mapper;

import com.zyy.domain.Medicine;
import com.zyy.mapper.base.BaseMapper;
import java.util.List;

public interface MedicineMapper extends BaseMapper<Medicine> {

}
```

创建映射文件。在com.zyy.mapper包中，创建一个MyBatis映射文件MedicineMapper.xml，并在映射文件中编写查询药材信息和条数的执行语句。

```
<?xml version="1.0" encoding="UTF-8" ?>
<!DOCTYPE mapper
  PUBLIC "-//mybatis.org//DTD Config 3.0//EN"
  "http://mybatis.org/dtd/mybatis-3-mapper.dtd">
<mapper namespace="com.zyy.mapper.MedicineMapper">
  <resultMap id="baseResultMap" type="medicine">
    <id column="id" property="id" />
    <result column="name" property="name" />
    <result column="cost_price" property="costPrice" />
    <result column="sale_price" property="salePrice" />
    <result column="standard" property="standard" />
    <result column="store_count" property="storeCount" />
    <result column="production" property="production" />
    <result column="description" property="description" />
    <association property="category" columnPrefix="c_" javaType="category">
      <id column="id" property="id" />
```

```
            <result column="name" property="name" />
            <result column="status" property="status" />
        </association>
    </resultMap>
    <!-- 查询列表 -->
    <select id="findByQuery" resultMap="baseResultMap" parameterType="medicine">
        select m.*, c.id c_id, c.name c_name, c.status c_status from medicine m, category c
        <where>
            m.cate_id = c.id
            <if test="name != null and name != ''">
                and m.name = #{name}
            </if>
            <if test="category != null">
                and m.cate_id = #{category.id}
            </if>
        </where>
    </select>

    <!-- 查询条数 -->
    <select id="findCount" resultType="long" parameterType="medicine">
        select count(*) from medicine m, category c
        <where>
            m.cate_id = c.id
            <if test="name != null and name != ''">
                and m.name = #{name}
            </if>
            <if test="category != null">
                and m.cate_id = #{category.id}
            </if>
        </where>
    </select>
</mapper>
```

2.编写查询药材service层接口　创建药材service层接口。在项目com.zyy.service包中创建药材接口MedicineService并继承BaseService。

```
package com.zyy.service;
```

```
import com.zyy.domain.Medicine;
import com.zyy.service.base.BaseService;

public interface MedicineService extends BaseService<Medicine> {

}
```

创建药材serivce层接口的实现类。在com.zyy.service.impl包中创建MedicineService接口的实现类MedicineServiceImpl，在类中实现接口的查询列表方法和查询条数的方法。

```
package com.zyy.service.impl;


import com.zyy.domain.Medicine;
import com.zyy.mapper.MedicineMapper;
import com.zyy.service.MedicineService;
import org.springframework.beans.factory.annotation.Autowired;
import org.springframework.stereotype.Service;
import java.util.List;

@Service
public class MedicineServiceImpl implements MedicineService {

    @Autowired
    MedicineMapper medicineMapper;

    @Override
    public long findCount(Medicine obj) {

        return medicineMapper.findCount(obj);
    }

    @Override
    public List<Medicine> findByQuery(Medicine obj) {

        return medicineMapper.findByQuery(obj);
```

```
    }
}
```

3.编写查询药材controller层接口　在项目的com.zyy.controller包中创建药材控制器类MedicineController，编写查询药材中心列表和条数的代码。

```
package com.zyy.controller;

import com.zyy.domain.Category;
import com.zyy.domain.Medicine;
import com.zyy.service.MedicineService;
import com.zyy.utils.JsonModel;
import com.zyy.utils.RemoteModel;
import org.springframework.beans.factory.annotation.Autowired;
import org.springframework.stereotype.Controller;
import org.springframework.util.StringUtils;
import org.springframework.web.bind.annotation.RequestMapping;
import org.springframework.web.bind.annotation.RequestMethod;
import org.springframework.web.bind.annotation.ResponseBody;
import javax.servlet.http.HttpServletRequest;
import java.io.IOException;
import java.util.List;

@Controller
@RequestMapping("medicines")
public class MedicineController {

    @Autowired
    MedicineService medicineService;

    /**
     * 列表查询
     * @param medicine
     * @return
     */
    @RequestMapping(value = "list",method = RequestMethod.GET)
    @ResponseBody
```

```
    public JsonModel list(Medicine medicine, HttpServletRequest request){

        //接受表单字段
        String cateId = request.getParameter("cateId");
        if (!StringUtils.isEmpty(cateId)) {
            //封装品类对象属性
            Category category = new Category();
            category.setId(Integer.parseInt(cateId));
            medicine.setCategory(category);
        }

        long count = medicineService.findCount(medicine);

        List<Medicine> medicines = medicineService.findByQuery(medicine);

        return new JsonModel(true,"列表查询成功",count,medicines);
    }
}
```

4. 实现查询药材页面功能 在webapp/view目录下，创建一个药材中心页面medicineCenter.html，在该页面中编写条件查询和显示分页查询的代码。

```
<!DOCTYPE HTML>
<html lang="zh-cn">
<head>
 <meta charset="utf-8">
 <meta http-equiv="X-UA-Compatible" content="IE=edge">
 <meta name="viewport" content="width=device-width, initial-scale=1">
 <title>药材中心</title>
 <link href="/static/plugins/bootstrap-3.3.0/css/bootstrap.min.css" rel="stylesheet"/>
 <link href="/static/plugins/material-design-iconic-font-2.2.0/css/material-design-iconic-font.min.css" rel="stylesheet"/>
 <link href="/static/plugins/bootstrap-table-1.11.0/bootstrap-table.min.css" rel="stylesheet"/>
 <link href="/static/plugins/validate/css/bootstrapValidator.min.css" rel="stylesheet">
 <link href="/static/plugins/waves-0.7.5/waves.min.css" rel="stylesheet"/>
 <link href="/static/css/common.css" rel="stylesheet"/>
```

```
<style>
 .colStyle {
  text-overflow: ellipsis;
  overflow: hidden;
  white-space: nowrap;
 }
</style>
</head>
<body>
<div id="main">
 <div id="toolbar">
  <form id="searchForm" class="form-inline">
   <select class="form-control" name="cateId" style="width: 185px;">
    <option value="">请选择品类</option>
   </select>
   <input type="text" name="name" class="form-control" placeholder="请输入药材名称">
   <button type="submit" class="btn btn-default btn-flat">查询</button>
  </form>
 </div>
 <table id="table" style="table-layout: fixed"></table>
</div>

<script src="/static/plugins/jquery.1.12.4.min.js"></script>
<script src="/static/plugins/bootstrap-3.3.0/js/bootstrap.min.js"></script>
<script src="/static/plugins/bootstrap-table-1.11.0/bootstrap-table.min.js"></script>
<script src="/static/plugins/bootstrap-table-1.11.0/locale/bootstrap-table-zh-CN.min.
js"></script>
<script src="/static/plugins/validate/js/bootstrapValidator.min.js"></script>
<script src="/static/plugins/validate/js/language/zh_CN.js"></script>
<script src="/static/plugins/waves-0.7.5/waves.min.js"></script>
<script src="/static/js/common.js"></script>

<script>
var $table = $('#table');
 // 监听查询按钮的动作
```

```
$("#searchForm").on("submit", function () {
 $table.bootstrapTable('refresh');
 return false;
})

// bootstrap table初始化
$table.bootstrapTable({
 url: '/medicines/list',
 method: 'GET',
 height: getHeight(),
 striped: true,
 cache: false, //是否使用缓存，默认为true
 minimumCountColumns: 2,
 clickToSelect: true,
 paginationLoop: false,
 classes: 'table table-hover table-no-bordered',
 //sidePagination: 'server',
 //silentSort: false,
 smartDisplay: false,
 idField: 'id',
 sortName: 'id',
 sortOrder: 'desc',
 escape: true,
 maintainSelected: true,
 toolbar: '#toolbar',
 pagination: true,       //是否显示分页false：#设置是否显示分页
 pageNumber: 1,          //初始化加载第一页，默认第一页，并记录
 pageSize: 6,          //每页显示的数量
 pageList: [10, 20, 50, 100],     //设置每页显示的数量
 queryParams: function (params) {
  return {
   name: $("#searchForm input[name='name']").val(),
   cateId: $("#searchForm select[name='cateId']").val()
  };
 },
```

```
columns: [
 {field: 'name', title: '名称', align: 'center', width: '80px'},
 {field: 'category.name', title: '品类', align: 'center', width: '80px'},
 {field: 'salePrice', title: '售价(元/g)', align: 'center', width: '80px'},
 {field: 'standard', title: '规格', align: 'center', width: '80px'},
 {field: 'production', title: '产地', align: 'center', width: '100px'},
 {field: 'storeCount', title: '库存量(g)', align: 'center', width: '80px',titleTooltip:'哈哈哈哈'},
 {field: 'description', title: '描述', align: 'center', width: '300px', class: 'colStyle', formatter: colFormatter},
 {field: 'action', title: '操作', align: 'center', formatter: 'actionFormatter', events: 'actionEvents', clickToSelect: false}
 ]
}).on('all.bs.table', function (e, name, args) {
 $('[data-toggle="tooltip"]').tooltip();
 $('[data-toggle="popover"]').popover();
});
});

//单元格内容过长处理
function colFormatter(value, row, index) {
 var span = document.createElement('span');
 span.setAttribute('title', value);
 span.innerHTML = value;
 return span.outerHTML;
}

</script>
</body>
</html>
```

5.查询药材功能测试　将项目发布到Tomcat服务器并启动，输入查询的药材名称如党参，点击查询按钮，即可查询出结果，如图6-37所示。

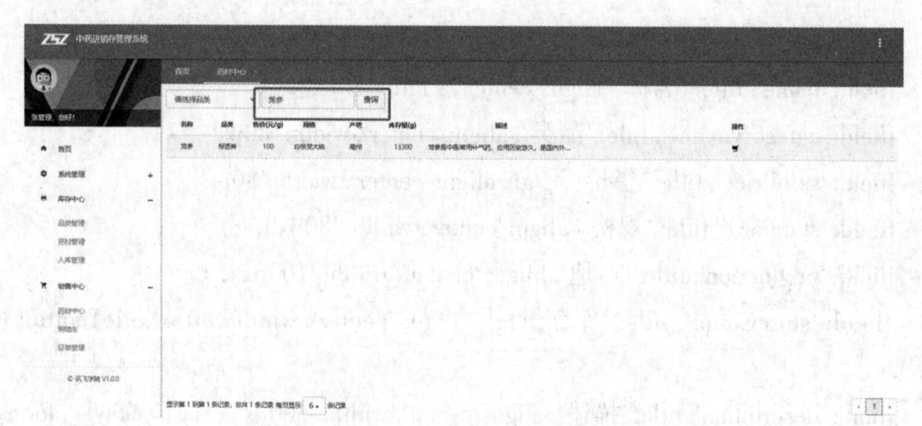

图6-37 分页查询后的药材中心信息列表显示

(二)添加购物车

1.创建购物车实体类 在com.zyy.domain包中创建购物车持久化类Shopping，并在Shopping类中定义购物车相关属性及相应的getter/setter方法。

```
package com.zyy.domain;

public class Shopping {

    private Integer id;
    private Integer medicineId;
    private Integer userId;
    private Integer buyCount;
    private Integer amount;

    private Medicine medicine;

    public Integer getId() {
        return id;
    }

    public void setId(Integer id) {
        this.id = id;
    }

    public Integer getMedicineId() {
```

```
        return medicineId;
    }

    public void setMedicineId(Integer medicineId) {
        this.medicineId = medicineId;
    }

    public Integer getUserId() {
        return userId;
    }

    public void setUserId(Integer userId) {
        this.userId = userId;
    }

    public Integer getBuyCount() {
        return buyCount;
    }

    public void setBuyCount(Integer buyCount) {
        this.buyCount = buyCount;
    }

    public Integer getAmount() {
        return amount;
    }

    public void setAmount(Integer amount) {
        this.amount = amount;
    }

    public Medicine getMedicine() {
        return medicine;
    }
```

```
    public void setMedicine(Medicine medicine) {
        this.medicine = medicine;
    }
}
```

2.编写添加购物车mapper层接口 在药材接口MedicineMapper.java文件中编写根据药材id查询药材方法，具体代码如下。

```
package com.zyy.mapper;

import com.zyy.domain.Medicine;
import com.zyy.mapper.base.BaseMapper;

public interface MedicineMapper extends BaseMapper<Medicine> {

}
```

在com.zyy.mapper包中创建一个药材接口ShoppingMapper并继承BaseMapper。

```
package com.zyy.mapper;

import com.zyy.domain.Shopping;
import com.zyy.mapper.base.BaseMapper;

public interface ShoppingMapper extends BaseMapper<Shopping> {

}
```

在MedicineMapper.xml文件中编写根据药材id查询药材的执行语句。

```
<!-- 根据ID查询 -->
<select id="findById" resultMap="baseResultMap" parameterType="int">
    select m.*, c.id c_id, c.name c_name, c.status c_status from medicine m, category c
    where m.cate_id = c.id and m.id = #{id}
</select>
```

在com.zyy.mapper包中，创建购物车映射文件shoppingMapper.xml，并在映射文件中编写新增购物车的执行语句。

```
<?xml version="1.0" encoding="UTF-8" ?>
<!DOCTYPE mapper
    PUBLIC "-//mybatis.org//DTD Config 3.0//EN"
    "http://mybatis.org/dtd/mybatis-3-mapper.dtd">
```

```
<mapper namespace="com.zyy.mapper.ShoppingMapper">
  <resultMap id="baseResultMap" type="shopping">
    <id column="id" property="id" />
    <result column="medicine_id" property="medicineId" />
    <result column="user_id" property="userId" />
    <result column="buy_count" property="buyCount" />
    <result column="amount" property="amount" />
    <association property="medicine" columnPrefix="m_" javaType="medicine">
      <id column="id" property="id" />
      <result column="name" property="name" />
      <result column="cost_price" property="costPrice" />
      <result column="sale_price" property="salePrice" />
      <result column="standard" property="standard" />
      <result column="store_count" property="storeCount" />
      <result column="production" property="production" />
      <result column="description" property="description" />
    </association>
  </resultMap>

  <!-- 添加 -->
  <insert id="add" parameterType="shopping">
    insert into shopping
    <trim prefix="(" suffix=")" suffixOverrides=",">
      medicine_id,user_id,buy_count,amount
    </trim>
    <trim prefix="values(" suffix=")" suffixOverrides=",">
      #{medicineId},#{userId},#{buyCount},#{amount}
    </trim>
  </insert>
</mapper>
```

3. 编写添加购物车service层接口　在药材接口MedicineService.java文件中编写根据药材id查询药材，具体代码如下。

```
package com.zyy.service;

import com.zyy.domain.Medicine;
```

```
import com.zyy.service.base.BaseService;

public interface MedicineService extends BaseService<Medicine> {

}
```

在com.zyy.service包中创建一个购物车接口ShoppingService并继承BaseService。

```
package com.zyy.service;

import com.zyy.domain.Shopping;
import com.zyy.service.base.BaseService;

public interface ShoppingService extends BaseService<Shopping> {

}
```

在com.zyy.service.impl包中创建MedicineService接口的实现类MedicineServiceImpl，在类中实现接口的查询药材id和查询药材的方法。

```
@Override
public Medicine findById(int id) {
    return medicineMapper.findById(id);
}
```

在com.zyy.service.impl包中创建ShoppingService接口的实现类ShoppingServiceImpl，在类中实现新增购物车的方法。

```
package com.zyy.service.impl;

import com.zyy.domain.Shopping;
import com.zyy.mapper.ShoppingMapper;
import com.zyy.service.ShoppingService;
import org.springframework.beans.factory.annotation.Autowired;
import org.springframework.stereotype.Service;

@Service
public class ShoppingServiceImpl implements ShoppingService {

    @Autowired
    ShoppingMapper shoppingMapper;
```

```
    @Override
    public int add(Shopping obj) {

        return shoppingMapper.add(obj);
    }
}
```

4.编写添加购物车controller层接口 在com.zyy.controller包中创建购物车控制器类ShoppingController，编写新增购物车接口方法，具体代码如下。

```
package com.zyy.controller;

import com.zyy.domain.Medicine;
import com.zyy.domain.Shopping;
import com.zyy.domain.User;
import com.zyy.service.MedicineService;
import com.zyy.service.ShoppingService;
import com.zyy.utils.JsonModel;
import org.springframework.beans.factory.annotation.Autowired;
import org.springframework.stereotype.Controller;
import org.springframework.web.bind.annotation.RequestMapping;
import org.springframework.web.bind.annotation.RequestMethod;
import org.springframework.web.bind.annotation.ResponseBody;
import javax.servlet.http.HttpServletRequest;
import javax.servlet.http.HttpSession;
import java.util.List;

@Controller
@RequestMapping("shopping")
public class ShoppingController {

    @Autowired
    ShoppingService shoppingService;
    @Autowired
    MedicineService medicineService;
```

```
/**
 * 添加表单提交
 * @param shopping
 * @return
 */
@RequestMapping(value = "add",method = RequestMethod.POST)
public String add(Shopping shopping, HttpServletRequest request) {
    HttpSession session=request.getSession();
    //获取session中用户信息
    User user = (User) session.getAttribute("user");
    //获取药材对象
    Medicine medicine = medicineService.findById(shopping.getMedicineId());
    //获取药材售价
    Integer salePrice = medicine.getSalePrice();
    //计算总额
    Integer amount = salePrice*shopping.getBuyCount();
    shopping.setUserId(user.getId());
    shopping.setAmount(amount);
    //调用service
    shoppingService.add(shopping);
    return "medicineCenter";
}
}
```

5.实现添加购物车页面功能　在药材中心页面medicineCenter.html中编写购物车页面代码。

```
<div id="main">
 <table id="table" style="table-layout: fixed"></table>
</div>

<!-- 添加到购物车 -->
<div id="modal-shopping" class="modal fade" tabindex="-1" role="dialog" >
 <div class="modal-dialog" role="document">
  <div class="modal-content">
   <div class="modal-header">
    <button type="button" class="close" data-dismiss="modal" aria-label="Close"><span
```

```
aria-hidden="true">&times;</span></button>
        <h4 class="modal-title">加入购物车</h4>
       </div>
        <form id="shopping-form" class="form-horizontal" action="/shopping/
add" method="post">
        <input type="hidden" id="medicineId" name="medicineId"/>
        <input type="hidden" id="storeCount" name="storeCount"/>
        <div class="modal-body">
         <div class="row">
          <div class="col-sm-6">
           <div class="form-group">
            <label for="name" class="col-sm-3 control-label text-align-left">名 称</label>
            <div class="col-sm-9 col-sm-pull-1">
             <input type="text" class="form-control" readonly="readonly" id="name" name="name" />
            </div>
           </div>
          </div>
          <div class="col-sm-6">
           <div class="form-group">
            <label for="buyCount" class="col-sm-3 control-label">数 量</label>
            <div class="col-sm-9">
             <input type="text" class="form-control" id="buyCount" name="buyCount" placeholder=
"请输入购买数量(g)" />
            </div>
           </div>
          </div>
         </div>
        </div>
        <div class="modal-footer">
         <button type="button" class="btn btn-default" data-dismiss="modal">关闭</button>
         <button type="submit" id="saveShop" class="btn btn-primary">确定</button>
        </div>
       </form>
      </div>
```

```
    </div>
    </div>

    <script>
    var $table = $('#table');
    $(function() {
     $('#shopping-form').bootstrapValidator({
      fields: {
       buyCount: {
        validators: {
         notEmpty: { message: '购买数量不能为空' },
         callback:{
          message:'库存不足',
          callback:function(value,validator){
           let storeCount = $("#storeCount").val()
             validator.updateMessage('buyCount','callback','库存不足，当前库存
量为'+storeCount+'g')
           return (parseInt(value) < parseInt(storeCount))
          }
         }
        }
       }
      }
    })

     //模态框关闭时，重置表单
     $('#modal-shopping').on('hide.bs.modal', function () {
      $('#shopping-form')[0].reset()
      $('#shopping-form').bootstrapValidator('resetForm');
     })

    //操作处理
    function actionFormatter(value, row, index) {
      return [
        '<a class="shopping ml10" href="javascript:void(0)" data-toggle="tooltip" title="加
```

```
入购物车">
    <i class="glyphicon glyphicon-shopping-cart"></i></a> '
      ].join('');
    }

    //动作事件
    window.actionEvents = {
      'click .shopping': function (e, value, row, index) {
     $('#modal-shopping').modal('show');
     $("#modal-shopping input[name='medicineId']").val(row.id);
     $("#modal-shopping input[name='storeCount']").val(row.storeCount);
     $("#modal-shopping input[name='name']").val(row.name);
      }
    };

    </script>
```

6.添加购物车功能测试　将项目发布到Tomcat服务器并启动，选择某条药材数据如：甘草，点击其后面的添加购物车按钮，在弹出的购物车表单内，例如输入数量50，点击确定按钮，即可在数据库shopping表查询出结果，如图6-38所示。

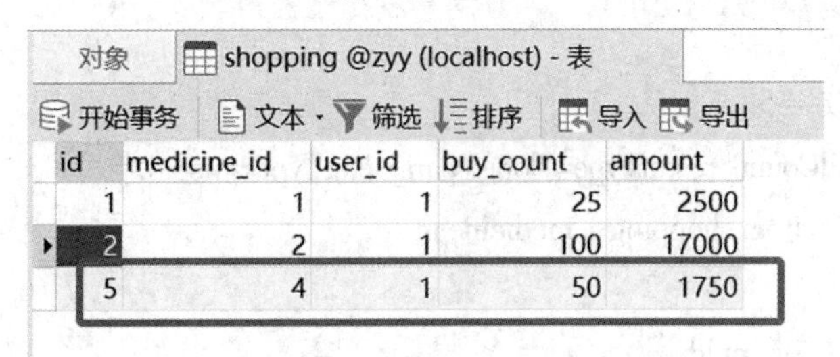

id	medicine_id	user_id	buy_count	amount
1	1	1	25	2500
2	2	1	100	17000
5	4	1	50	1750

图6-38　数据库查看加入购物车数据

二、购物车

购物车模块主要对添加到购物车中的药材列表进行查询、添加、下单以及删除购物车的操作。

（一）查询购物车

1.编写查询购物车mapper层接口　在接口ShoppingMapper编集成BaseMapper即可。

```
package com.zyy.mapper;
```

```
import com.zyy.domain.Shopping;
import com.zyy.mapper.base.BaseMapper;

public interface ShoppingMapper extends BaseMapper<Shopping> {

}
```

在ShoppingMapper.xml文件中编写查询条数和列表所有数据的映射语句。

```
<!-- 查询列表 -->
<select id="findByQuery" resultMap="baseResultMap" parameterType="shopping">
    select s.*, m.id m_id, m.name m_name, m.cost_price m_cost_price, m.sale_price m_sale_
price, m.standard m_standard,
    m.store_count m_store_count, m.production m_production, m.description m_description from
shopping s, medicine m
    <where>
        s.medicine_id = m.id
        <if test="userId != null">
          and s.user_id = #{userId}
        </if>
    </where>
</select>
<!-- 查询条数 -->
<select id="findCount" resultType="long" parameterType="user">
    select count(*) from shopping s, medicine m
    <where>
        s.medicine_id = m.id
        <if test="userId != null">
            and s.user_id = #{userId}
        </if>
    </where>
</select>
```

2.编写查询购物车service层接口 在接口ShoppingService中编集成BaseService即可。

```
package com.zyy.service;

import com.zyy.domain.Shopping;
```

```
import com.zyy.service.base.BaseService;

public interface ShoppingService extends BaseService<Shopping> {

}
```

在com.zyy.service.impl包中，创建ShoppingService接口的实现类ShoppingServiceImpl，在类中实现接口的查询列表和查询条数的方法。

```
@Override
public long findCount(Shopping obj) {
    return shoppingMapper.findCount(obj);
}

@Override
public List<Shopping> findByQuery(Shopping obj) {
    return shoppingMapper.findByQuery(obj);
}
```

3.编写查询购物车controller层接口　在购物车控制器类ShoppingController中编写查询购物车列表数据接口，具体代码如下。

```
/**
 * 列表查询
 * @param shopping
 * @return
 */
@RequestMapping(value = "list",method = RequestMethod.GET)
@ResponseBody
public JsonModel list(Shopping shopping, HttpServletRequest request){

    HttpSession session=request.getSession();
    //获取session中用户信息
    User user = (User) session.getAttribute("user");

    shopping.setUserId(user.getId());

    long count = shoppingService.findCount(shopping);
```

```
        List<Shopping> shoppings = shoppingService.findByQuery(shopping);

        return new JsonModel(true,"列表查询成功",count,shoppings);
    }
}
```

4. 实现查询购物车页面功能 在webapp/view目录下，创建一个购物车页面shopping.html，在该页面中编写条件查询和显示分页查询的代码。

```
<!DOCTYPE HTML>
<html lang="zh-cn">
<head>
 <meta charset="utf-8">
 <meta http-equiv="X-UA-Compatible" content="IE=edge">
 <meta name="viewport" content="width=device-width, initial-scale=1">
 <title>购物车管理</title>

 <link href="/static/plugins/bootstrap-3.3.0/css/bootstrap.min.css" rel="stylesheet"/>
 <link href="/static/plugins/material-design-iconic-font-2.2.0/css/material-design-iconic-font.min.css" rel="stylesheet"/>
 <link href="/static/plugins/bootstrap-table-1.11.0/bootstrap-table.min.css" rel="stylesheet"/>
 <link href="/static/plugins/bootstrap-table-1.11.0/extensions/bootstrap-editable.css" rel="stylesheet"/>
 <link href="/static/plugins/validate/css/bootstrapValidator.min.css" rel="stylesheet">
 <link href="/static/plugins/waves-0.7.5/waves.min.css" rel="stylesheet"/>
 <link href="/static/css/common.css" rel="stylesheet"/>

</head>
<body>
<div id="main">
 <div id="content">
  <table id="table"></table>
 </div>
</div>

<script src="/static/plugins/jquery.1.12.4.min.js"></script>
```

```
<script src="/static/plugins/bootstrap-3.3.0/js/bootstrap.min.js"></script>
<script src="/static/plugins/bootstrap-table-1.11.0/bootstrap-table.min.js"></script>
<script src="/static/plugins/bootstrap-table-1.11.0/locale/bootstrap-table-zh-CN.min.
js"></script>
<script src="/static/plugins/bootstrap-table-1.11.0/extensions/bootstrap-editable.js"></
script>
<script src="/static/plugins/bootstrap-table-1.11.0/extensions/bootstrap-table-editable.
js"></script>
<script src="/static/plugins/validate/js/bootstrapValidator.min.js"></script>
<script src="/static/plugins/validate/js/language/zh_CN.js"></script>
<script src="/static/plugins/waves-0.7.5/waves.min.js"></script>
<script src="/static/plugins/layer/layer.js" charset="utf-8"></script>
<script src="/static/js/common.js"></script>
<script>
var $table = $('#table');
 var curStoreCount = 0;

 // bootstrap table初始化
 $table.bootstrapTable({
  url: '/shopping/list',
  method: 'GET',
  height: getHeight(),
  striped: true,
  cache: false, //是否使用缓存，默认为true
  minimumCountColumns: 2,
  clickToSelect: true,
  paginationLoop: false,
  classes: 'table table-hover table-no-bordered',
  //sidePagination: 'server',
  //silentSort: false,
  smartDisplay: false,
  idField: 'id',
  sortName: 'id',
  sortOrder: 'desc',
  escape: true,
```

```
maintainSelected: true,
toolbar: '#toolbar',
pagination: true,       //是否显示分页 false: #设置是否显示分页
pageNumber: 1,          //初始化加载第一页，默认第一页，并记录
pageSize: 6,            //每页显示的数量
pageList: [10, 20, 50, 100],     //设置每页显示的数量
queryParams: function (params) {
 params.name = $("#searchForm input[name='keyWords']").val();
 return params;
},
columns: [
 { checkbox: true },
 {field: 'medicine.name', title: '药材名称', align: 'center'},
 {
  field: 'buyCount',
  title: '购买量(g)',
  align: 'center',
  editable: {
   type: 'text',
   title: '购买量(g)',
   validate: function (value) {
    if (value) {
     if (value > curStoreCount) return '库存不足，当前库存量为: ' + curStoreCount + 'g';
    }else {
     return '购买量不能为空';
    }
   }
  }
 },
 {field: 'amount', title: '金额(元)', align: 'center'},
 {field: 'action', title: '操作', align: 'center', formatter: 'actionFormatter', events: 'actionEv
ents', clickToSelect: false}
],
onClickRow: function (row, $element) {
 curStoreCount = row.medicine.storeCount
```

```
    },
    onEditableSave: function (field, row, oldValue, $el) {
     var buyCount = row.buyCount
     var amount = buyCount * row.medicine.salePrice
     $.ajax({
      type: "post",
      url: "/shopping/editable",
      data: "id=" + row.id + "&buyCount=" + buyCount + "&amount=" + amount,
      success: function (res) {
       if (res.success) {
        //刷新table
        $table.bootstrapTable('refresh');
       }
      },
      error: function () {

      },
      complete: function () {

      }
     });
    }
   }).on('all.bs.table', function (e, name, args) {
    $('[data-toggle="tooltip"]').tooltip();
    $('[data-toggle="popover"]').popover();
   });
  });

  function actionFormatter(value, row, index) {
   return [
    '<a class="remove" href="javascript:void(0)" data-toggle="tooltip" title="删除
"><i class="glyphicon glyphicon-remove"></i></a>'
   ].join('');
  }
  window.actionEvents = {
```

```
    'click .remove': function (e, value, row, index) {
  layer.confirm('您确认要删除吗?', {icon: 3, title:'提示',offset: '100px'}, function(index){
   $.ajax({
    type: "post",     //请求类型
    url: "/shopping/delete",
    data: "id=" + row.id,  //请求的参数数据
    success: function (res) {
     if (res.success) {
      //刷新table
      $table.bootstrapTable('refresh');
      layer.msg(res.msg, {icon: 1,time: 500,offset: '100px'});
     } else {
      layer.msg(res.msg, {icon: 2,offset: '100px'});
     }
    }
   })
   layer.close(index);
  });
    }
};
</script>
</body>
</html>
```

5.查询购物车功能测试 将项目发布到Tomcat服务器并启动，即可查询出购物车列表结果，如图6-39所示。

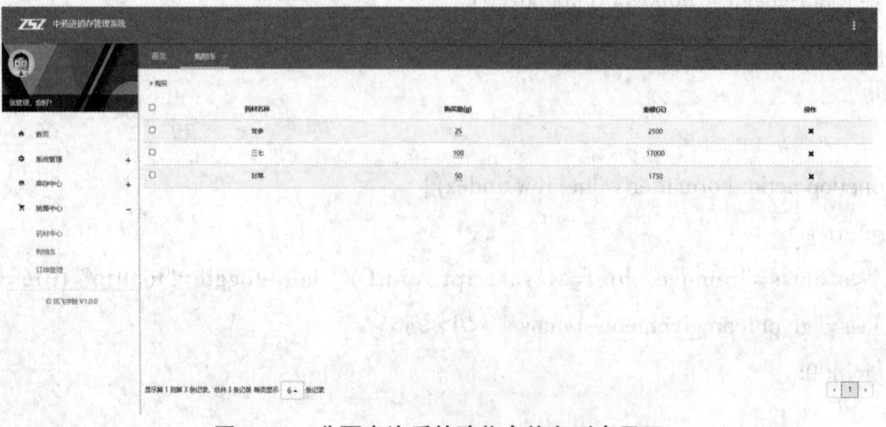

图6-39 分页查询后的购物车信息列表显示

（二）删除购物车

1.编写删除购物车mapper层接口　在购物车接口ShoppingMapper中编写删除购物车的接口，具体代码如下。

```
package com.zyy.mapper;

import com.zyy.domain.Shopping;
import com.zyy.mapper.base.BaseMapper;

public interface ShoppingMapper extends BaseMapper<Shopping> {

}
```

在ShoppingMapper.xml映射文件中编写删除购物车的执行语句。

```
<!-- 删除 -->
<delete id="delete">
        delete from shopping where id = #{id}
</delete>
```

2.编写删除购物车service层接口　在购物车接口ShoppingService中编写删除购物车的接口，具体代码如下。

```
package com.zyy.service;

import com.zyy.domain.Shopping;
import com.zyy.service.base.BaseService;

public interface ShoppingService extends BaseService<Shopping> {

}
```

在com.zyy.service.impl包中，创建ShoppingService接口的实现类ShoppingServiceImpl，在类中实现接口的删除购物车的方法。

```
@Override
public int delete(int id) {
   return shoppingMapper.delete(id);
}
```

3.编写删除购物车controller层接口　在ShoppingController.java文件编写删除购物车接口，具体代码如下。

```
/**
 * 删除
 * @param id
 * @return
 */
@RequestMapping(value = "delete", method = RequestMethod.POST)
@ResponseBody
public JsonModel delete(int id){

    shoppingService.delete(id);
    return new JsonModel(true,"删除成功");
}
```

4.实现删除购物车页面功能 在购物车页面shopping.html中编写删除购物车的代码。

```
<div id="main">
 <div id="content">
  <table id="table"></table>
 </div>
</div>

<script>
var $table = $('#table');
function actionFormatter(value, row, index) {
 return [
   '<a class="remove" href="javascript:void(0)" data-toggle="tooltip" title="删除"><i class="glyphicon glyphicon-remove"></i></a>'
 ].join('');
}

window.actionEvents = {
   'click .remove': function (e, value, row, index) {
   layer.confirm('您确认要删除吗?', {icon: 3, title:'提示',offset: '100px'}, function(index){
    $.ajax({
    type: "post",     //请求类型
```

```
      url: "/shopping/delete",      //请求地址(删除接口)
      data: "id=" + row.id,  //请求的参数数据
      success: function (res) {
       if (res.success) {
        //刷新table
        $table.bootstrapTable('refresh');
        layer.msg(res.msg, {icon: 1,time: 500,offset: '100px'});
       } else {
        layer.msg(res.msg, {icon: 2,offset: '100px'});
       }
      }
     })
     layer.close(index);
    });
   }
 };
 </script>
```

5.删除购物车功能测试　将项目发布到Tomcat服务器并启动，点击某条购物车数据后面的删除按钮，点击确认即可删除成功，如图6-40所示。

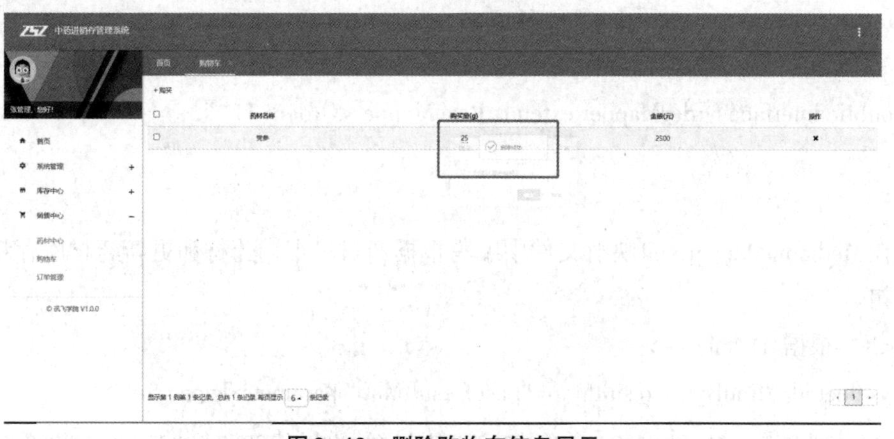

图6-40　删除购物车信息显示

(三)订单采购

1.编写订单采购mapper层接口　在药材接口MedicineMapper编写根据药材id查询药材和更新药材库存量两个接口，具体代码如下。

```
package com.zyy.mapper;
```

```
import com.zyy.domain.Medicine;
import com.zyy.mapper.base.BaseMapper;

public interface MedicineMapper extends BaseMapper<Medicine> {

}
```

在购物车接口ShoppingMapper文件中，编写删除购物车接口，具体代码如下。

```
package com.zyy.mapper;

import com.zyy.domain.Shopping;
import com.zyy.mapper.base.BaseMapper;
public interface ShoppingMapper extends BaseMapper<Shopping> {

}
```

创建订单Order层接口。在项目com.zyy.mapper包中创建一个订单接口OrderMapper并继承BaseMapper。

```
package com.zyy.mapper;

import com.zyy.domain.Order;
import com.zyy.mapper.base.BaseMapper;

public interface OrderMapper extends BaseMapper<Order> {

}
```

在MedicineMapper.xml映射文件中编写根据药材id查询药材和更新药材库存量的执行语句。

```
<!-- 根据ID查询 -->
<select id="findById" resultMap="baseResultMap" parameterType="int">
  select m.*, c.id c_id, c.name c_name, c.status c_status from medicine m, category c
    where m.cate_id = c.id and m.id = #{id}
</select>
<!-- 更新 -->
<update id="update" parameterType="medicine">
    update medicine
    <set>
```

```
        <if test="name != null and name != ''">
          name = #{name},
        </if>
         <if test="category != null">
             cate_id = #{category.id},
         </if>
         <if test="costPrice != null">
             cost_price = #{costPrice},
         </if>
         <if test="salePrice != null">
             sale_price = #{salePrice},
         </if>
         <if test="standard != null and standard != ''">
             standard = #{standard},
         </if>
        <if test="storeCount != null">
             store_count = #{storeCount},
         </if>
         <if test="production != null and production != ''">
             production = #{production},
         </if>
         <if test="description != null and description != ''">
             description = #{description}
         </if>
      </set>
     where id = #{id}
  </update>
```

在ShoppingMapper.xml映射文件中编写根据id删除购物车的执行语句。

```
<!-- 删除 -->
<delete id="delete">
   delete from shopping where id = #{id}
</delete>
```

创建OrderMapper.xml映射文件。在OrderMapper.xml映射文件中编写新增订单的执行语句。

```
<?xml version="1.0" encoding="UTF-8" ?>
```

```
<!DOCTYPE mapper
    PUBLIC "-//mybatis.org//DTD Config 3.0//EN"
    "http://mybatis.org/dtd/mybatis-3-mapper.dtd">
<mapper namespace="com.zyy.mapper.OrderMapper">
    <resultMap id="baseResultMap" type="order">
        <id column="id" property="id" />
        <result column="name" property="name" />
        <result column="address" property="address" />
        <result column="receiver" property="receiver" />
        <result column="phone" property="phone" />
        <result column="account" property="account" />
        <result column="amount" property="amount" />
        <result column="delivery_time" property="deliveryTime" />
        <result column="create_time" property="createTime" />
        <result column="status" property="status" />
    </resultMap>
    <!-- 添加 -->
    <insert id="add" parameterType="order">
        insert into `order`
        <trim prefix="(" suffix=")" suffixOverrides=",">
            name,address,receiver,phone,amount
        </trim>
        <trim prefix="values(" suffix=")" suffixOverrides=",">
            #{name},#{address},#{receiver},#{phone},#{amount}
        </trim>
    </insert>
</mapper>
```

2.编写订单采购service层接口　创建购物车service层接口。在药材接口MedicineService中编写根据药材id查询药材和更新药材库存量两个接口，具体代码如下。

```
package com.zyy.service;

import com.zyy.domain.Medicine;
import com.zyy.service.base.BaseService;
```

```
public interface MedicineService extends BaseService<Medicine> {

}
```

在购物车接口ShoppingService中编写根据购物车id删除购物车接口，具体代码如下。

```
package com.zyy.service;

import com.zyy.domain.Shopping;
import com.zyy.service.base.BaseService;

public interface ShoppingService extends BaseService<Shopping> {

}
```

创建订单service层接口。在订单接口OrderService中编写新增订单接口。

```
package com.zyy.service;

import com.zyy.domain.Order;
import com.zyy.service.base.BaseService;

public interface OrderService extends BaseService<Order> {

}
```

在com.zyy.service.impl包中，创建MedicineService接口的实现类MedicineServiceImpl，在类中实现接口的根据药材id查询药材和更新药材库存量的方法。

```
@Override
public Medicine findById(int id) {
    return medicineMapper.findById(id);
}

@Override
public int update(Medicine obj) {
    return medicineMapper.update(obj);
}
```

在impl包中，创建ShoppingService接口的实现类ShoppingServiceImpl，在类中实现接口的根据购物车id删除购物车的方法。

```
    @Override
    public int delete(int id) {
        return shoppingMapper.delete(id);
    }
```

在impl包中，创建OrderService接口的实现类OrderServiceImpl，在类中实现接口的新增订单的方法。

```
package com.zyy.service.impl;

import com.zyy.domain.Order;
import com.zyy.mapper.OrderMapper;
import com.zyy.service.OrderService;
import org.springframework.beans.factory.annotation.Autowired;
import org.springframework.stereotype.Service;

@Service
public class OrderServiceImpl implements OrderService {

    @Autowired
    OrderMapper orderMapper;

    @Override
    public int add(Order obj) {
        return orderMapper.add(obj);
    }
}
```

3. 编写订单采购controller层接口 在项目的com.zyy.controller包中创建订单控制器类OrderController，在文件中编写新增订单接口，具体代码如下。

```
package com.zyy.controller;

import com.alibaba.fastjson.JSON;
import com.alibaba.fastjson.JSONArray;
import com.alibaba.fastjson.JSONObject;
import com.zyy.domain.Medicine;
import com.zyy.domain.Order;
import com.zyy.service.MedicineService;
import com.zyy.service.OrderService;
```

```
import com.zyy.service.ShoppingService;
import com.zyy.utils.JsonModel;
import com.zyy.utils.RemoteModel;
import org.springframework.beans.factory.annotation.Autowired;
import org.springframework.stereotype.Controller;
import org.springframework.web.bind.annotation.RequestBody;
import org.springframework.web.bind.annotation.RequestMapping;
import org.springframework.web.bind.annotation.RequestMethod;
import org.springframework.web.bind.annotation.ResponseBody;
import java.time.LocalDate;

@Controller
@RequestMapping("orders")
public class OrderController {

  @Autowired
  OrderService orderService;
  @Autowired
  MedicineService medicineService;
  @Autowired
  ShoppingService shoppingService;

  /**
   * 添加表单提交
   * @return
   */
  @RequestMapping(value = "add",method = RequestMethod.POST)
  @ResponseBody
  public JsonModel add(@RequestBody String param) {
    JSONObject jsonObject =  JSON.parseObject(param);
    String address = (String)jsonObject.get("address");
    String receiver = (String)jsonObject.get("receiver");
    String phone = (String)jsonObject.get("phone");
    Integer amount = 0;
    String name = "";
    JSONArray jsonArray = (JSONArray) jsonObject.get("buyData");
```

```
        for (int i=0; i<jsonArray.size();i++) {
            JSONObject obj = jsonArray.getJSONObject(i);
            Integer id = (Integer)obj.get("id");
            Integer medicineId = (Integer)obj.get("medicineId");
            Integer buyCount = (Integer)obj.get("buyCount");
            //统计总额
            amount += (Integer)obj.get("amount");
            //获取药材对象
            Medicine medicine = medicineService.findById(medicineId);
            //获取药材库存量
            Integer storeCount = medicine.getStoreCount();
            medicine.setStoreCount(storeCount - buyCount);
            //更新药材库存
            medicineService.update(medicine);
            //删除购物车记录
            shoppingService.delete(id);
            //拼接订单药材名称
            name += medicine.getName() + "|";
        }

        Order order = new Order();
        order.setName(name);
        order.setAddress(address);
        order.setReceiver(receiver);
        order.setPhone(phone);
        order.setAmount(amount);
        //调用service层添加方法
        orderService.add(order);

        return new JsonModel(true,"购买成功");
    }
}
```

4.实现订单采购页面功能 在购物车页面shopping.html中编写代码实现点击购买按钮，弹出下单页面。

```
<!-- 购买 -->
<div id="modal-add" class="modal fade" tabindex="-1" role="dialog" >
 <div class="modal-dialog" role="document">
  <div class="modal-content">
   <div class="modal-header">
     <button type="button" class="close" data-dismiss="modal" aria-
label="Close"><span aria-hidden="true">&times;</span></button>
    <h4 class="modal-title">下单信息</h4>
   </div>
   <form id="add-form" class="form-horizontal" action="" onsubmit="return false;">
    <div class="modal-body">
     <div class="row">
      <div class="col-sm-6">
       <div class="form-group">
        <label for="receiver" class="col-sm-3 control-label text-align-left">收货人</label>
        <div class="col-sm-9 col-sm-pull-1">
         <input type="text" class="form-control" name="receiver" id="receiver" placeholder=
"请输入收货人" />
        </div>
       </div>
      </div>
      <div class="col-sm-6">
       <div class="form-group">
        <label for="phone" class="col-sm-3 control-label">手 机</label>
        <div class="col-sm-9">
         <input type="text" class="form-control" name="phone" id="phone" placeholder="
请输入手机号" />
        </div>
       </div>
      </div>
     </div>
     <div class="row">
      <div class="col-sm-12">
       <div class="form-group">
        <label for="address" class="col-sm-2 control-label text-align-left">地 址</label>
```

```
            <div class="col-sm-10 col-sm-pull-1">
              <textarea class="form-control" style="width: 518px;" rows="2" name="address" id=
"address" placeholder="请输入详细地址"></textarea>
            </div>
          </div>
        </div>
      </div>
    </div>
    <div class="modal-footer">
      <button type="button" class="btn btn-default" data-dismiss="modal">关闭</button>
      <button type="submit" id="saveOrder" class="btn btn-primary saveOrder">保存</button>
    </div>
   </form>
  </div>
 </div>
</div>

<script>
$(function() {
 $('#add-form').bootstrapValidator({
  fields: {
   address: {
    validators: {
     notEmpty: { message: '收货地址不能为空' }
    }
   },
   receiver: {
    validators: {
     notEmpty: { message: '收货人不能为空' }
    }
   },
   phone: {
    validators: {
     notEmpty: { message: '手机号不能为空' }
    }
```

```
  }
 }
})

//购买
function createAction() {
 var rowValue = $table.bootstrapTable('getAllSelections');//获取table表格选中的行
 var length = rowValue.length;
 if (length == 0) {
  layer.msg("至少选择一条记录!", {icon: 7,time: 1000,offset: '100px'});
  return;
 }

 var msg = '所选药材中有库存不足，请修改库存量：'
 var isValid = false
 //检验库存是否充足
 rowValue.forEach((item, index) => {
  if (item.buyCount > item.medicine.storeCount) {
   msg +=
'[' + item.medicine.name +'当前库存为：' + item.medicine.storeCount + ']'
   isValid = true
  }
 })
 if (isValid) {
  layer.msg(msg, {icon: 7,offset: '100px'});
  return;
 }

 $('#modal-add').modal('show');
 // 监听购买动作
 $("#saveOrder").on("click", function () {
 //表单校验通过
 if($('#add-form').data('bootstrapValidator').isValid()){
  var array = []
```

```
    rowValue.forEach((item, index) => {
      array.push({"id": item.id,"medicineId": item.medicineId, "buyCount": item.
buyCount, "amount": item.amount})
    })
    var data = {
     "buyData": array,
     "address": $("#address").val(),
     "receiver": $("#receiver").val(),
     "phone": $("#phone").val()
    }
    $.ajax({
     type: "post",     //请求类型
     url: "/orders/add",     //请求地址(删除接口)
     data: JSON.stringify(data), //请求的参数数据
     contentType:"application/json;charset=utf-8",
     dataType:"json",
     success: function (res) {
      if (res.success) {
       //刷新table
       $table.bootstrapTable('refresh');
       $('#modal-add').modal('hide');
       layer.msg(res.msg, {icon: 1,time: 500,offset: '100px'});
      } else {
       layer.msg(res.msg, {icon: 2,offset: '100px'});
      }
     }
    })
   }
  })
 }
</script>
```

5.订单采购功能测试 将项目发布到Tomcat服务器并启动，点击购买按钮，例如：输入收货人为李四，手机号为13988888888，收货地址为上海市红桥区，点击保存按钮，即可在数据库order表查看新增结果，如图6-41所示。

对象　order @zyy (localhost) - 表

开始事务　文本 · 筛选　排序　导入　导出

id	name	address	receiver	phone	create_time	amount	status
6	党参	安徽省亳州	张先生	1575511	2023-04-27 20	9000	1
7	三七	安徽省亳州	张先生	1575511	2023-04-27 20	15000	1
10	地龙	安徽省亳州	张先生	1575511	2023-04-27 20	200000	1
11	党参|三七	安徽省亳州	张先生	1575511	2023-04-27 20	24000	1
14	黄芩|	安徽省亳州	张先生	1575511	2023-04-27 20	2300	1
15	甘草|	安徽省亳州	张先生	1575511	2023-04-27 20	3000	1
16	三七|当归	安徽省亳州	张先生	1575511	2023-04-27 20	32000	1
22	党参|	安徽省亳州	张先生	1575511	2023-04-27 20	50000	1
23	党参|鹿茸	合肥市	张三	1881234	2023-06-27 14	427500	1
24	党参|鹿茸	合肥市	张三	1881234	2023-06-27 14	427500	1
25	党参|	上海市红桥	李四	1398888	2023-07-03 08	1200	1

图6-41　新增订单结果显示

三、订单管理

订单管理模块主要对订单的列表进行查询的操作，可以查询到符合条件的相关订单信息。

1.编写查询订单mapper层接口　在订单接口OrderMapper编写查询条数和列表所有数据的接口，具体代码如下。

```
package com.zyy.mapper;


import com.zyy.domain.Order;
import com.zyy.mapper.base.BaseMapper;

public interface OrderMapper extends BaseMapper<Order> {


}
```

在OrderMapper.xml映射文件中编写查询条数和列表所有数据的执行语句。

```
<!-- 查询列表 -->
<select id="findByQuery" resultMap="baseResultMap" parameterType="order">
    select * from `order`
    <where>
      <if test="phone != null and phone != ''">
        phone = #{phone}
      </if>
      <if test="startDate != null">
        and create_time <![CDATA[ >= ]]> #{startDate}
```

```
        </if>
        <if test="endDate != null">
          and create_time <![CDATA[ <= ]]> #{endDate}
        </if>
      </where>
    </select>
     <!-- 查询条数 -->
     <select id="findCount" resultType="long" parameterType="order">
       select count(*) from `order`
       <where>
         <if test="phone != null and phone != ''">
           phone = #{phone}
         </if>
         <if test="startDate != null">
           and create_time <![CDATA[ >= ]]> #{startDate}
         </if>
         <if test="endDate != null">
           and create_time <![CDATA[ <= ]]> #{endDate}
         </if>
       </where>
     </select>
```

2.编写查询订单service层接口 在订单接口OrderService.java文件中编写查询条数和列表数据的接口，具体代码如下。

```
package com.zyy.service;

import com.zyy.domain.Order;
import com.zyy.service.base.BaseService;

public interface OrderService extends BaseService<Order> {


}
```

在impl包中创建OrderService接口的实现类OrderServiceImpl，在类中实现接口的查询列表方法和查询条数的方法。

```
@Override
public long findCount(Order obj) {
```

```
        return orderMapper.findCount(obj);
    }
    @Override
    public List<Order> findByQuery(Order obj) {
        return orderMapper.findByQuery(obj);
```

3.编写查询订单controller层接口　在订单控制器类OrderController中编写查询订单列表数据接口，具体代码如下。

```
    /**
     * 列表查询
     * @param order
     * @return
     */
    @RequestMapping(value = "list",method = RequestMethod.GET)
    @ResponseBody
    public JsonModel list(Order order){

        //调用service层查询数量方法
        long count = orderService.findCount(order);

        //调用service层查询列表方法
        List<Order> orders = orderService.findByQuery(order);

        return new JsonModel(true,"列表查询成功",count,orders);
    }
```

4.实现查询订单页面功能　在webapp/view目录下，创建一个订单页面order.html，在该页面中编写条件查询和显示分页查询的代码。

```
<!DOCTYPE HTML>
<html lang="zh-cn">
<head>
 <meta charset="utf-8">
 <meta http-equiv="X-UA-Compatible" content="IE=edge">
 <meta name="viewport" content="width=device-width, initial-scale=1">
 <title>订单管理</title>

 <link href="/static/plugins/bootstrap-3.3.0/css/bootstrap.min.css" rel="stylesheet"/>
```

```
<link href="/static/plugins/material-design-iconic-font-2.2.0/css/material-design-iconic-font.min.css" rel="stylesheet"/>
<link href="/static/plugins/bootstrap-table-1.11.0/bootstrap-table.min.css" rel="stylesheet"/>
<link href="/static/plugins/validate/css/bootstrapValidator.min.css" rel="stylesheet">
<link href="/static/plugins/waves-0.7.5/waves.min.css" rel="stylesheet"/>
<link href="/static/plugins/My97DatePicker/skin/WdatePicker.css" rel="stylesheet"/>
<link href="/static/css/common.css" rel="stylesheet"/>
</head>
<body>
<div id="main">
 <div id="toolbar">

  <form id="searchForm" class="form-inline">
   <input type="text" name="phone" class="form-control" placeholder="请输入手机号">
   <input type="text" class="form-control Wdate" name="startDate" id="startDate" onclick="WdatePicker({dateFmt:'yyyy-MM-dd HH:mm:ss'});" autocomplete="off" placeholder="请选择开始日期"/>
   -
   <input type="text" class="form-control Wdate" name="endDate" id="endDate" onclick="WdatePicker({dateFmt:'yyyy-MM-dd HH:mm:ss'});" autocomplete="off" placeholder="请选择结束日期"/>
   <button type="submit" class="btn btn-default btn-flat">查询</button>
  </form>
 </div>
 <table id="table"></table>
</div>

<!--详情信息-->
<div class="modal" id="detail-modal">
 <div class="modal-dialog">
  <div class="modal-content">
   <div class="modal-header">
    <button type="button" class="close" data-dismiss="modal" aria-label="Close">
```

```
<span aria-hidden="true">&times;</span></button>
          <h4 class="modal-title" align="center">订单详情</h4>
         </div>
         <form id="edit-form" class="form-horizontal">
          <div class="modal-body">
           <div class="form-group">
            <label for="name" class="col-sm-3 control-label">药材名称：</label>
            <div class="col-sm-9" id="name" style="padding-top: 7px;"></div>
           </div>
           <div class="form-group">
            <label for="address" class="col-sm-3 control-label">收货地址：</label>
            <div class="col-sm-9" id="address" style="padding-top: 7px;"></div>
           </div>
           <div class="form-group">
            <label for="receiver" class="col-sm-3 control-label">收货人：</label>
            <div class="col-sm-9" id="receiver" style="padding-top: 7px;"></div>
           </div>
           <div class="form-group">
            <label for="phone" class="col-sm-3 control-label">手机号码：</label>
            <div class="col-sm-9" id="phone" style="padding-top: 7px;"></div>
           </div>
           <div class="form-group">
            <label for="amount" class="col-sm-3 control-label">订单金额：</label>
            <div class="col-sm-9" id="amount" style="padding-top: 7px;"></div>
           </div>
           <div class="form-group">
            <label for="createTime" class="col-sm-3 control-label">下单时间：</label>
            <div class="col-sm-9" id="createTime" style="padding-top: 7px;"></div>
           </div>
          </div>
         </form>
        </div>
       </div>
      </div>
```

```
<script src="/static/plugins/jquery.1.12.4.min.js"></script>
<script src="/static/plugins/bootstrap-3.3.0/js/bootstrap.min.js"></script>
<script src="/static/plugins/bootstrap-table-1.11.0/bootstrap-table.min.js"></script>
<script src="/static/plugins/bootstrap-table-1.11.0/locale/bootstrap-table-zh-CN.min.
js"></script>
<script src="/static/plugins/validate/js/bootstrapValidator.min.js"></script>
<script src="/static/plugins/validate/js/language/zh_CN.js"></script>
<script src="/static/plugins/waves-0.7.5/waves.min.js"></script>
<script src="/static/plugins/My97DatePicker/WdatePicker.js"></script>
<script src="/static/plugins/My97DatePicker/lang/zh-cn.js"></script>
<script src="/static/js/common.js"></script>
<script>
var $table = $('#table');
$(function() {
 $("#searchForm").on("submit", function () {
  $table.bootstrapTable('refresh');
  return false;
 })
 $table.bootstrapTable({
  url: '/orders/list',
  method: 'GET',
  height: getHeight(),
  rowStyle: rowStyle,
  striped: true,
  cache: false, //是否使用缓存，默认为true
  minimumCountColumns: 2,
  clickToSelect: true,
  paginationLoop: false,
  classes: 'table table-hover table-no-bordered',
  smartDisplay: false,
  idField: 'id',
  sortName: 'id',
  sortOrder: 'desc',
  escape: true,
```

```
maintainSelected: true,
toolbar: '#toolbar',
pagination: true,
pageNumber: 1,
pageSize: 6,          //每页显示的数量
pageList: [10, 20, 50, 100],     //设置每页显示的数量
queryParams: function (params) {
 return {
  phone: $("#searchForm input[name='phone']").val(),
  startDate: $("#searchForm input[name='startDate']").val(),
  endDate: $("#searchForm input[name='endDate']").val()
 };
},
columns: [
 {field: 'name', title: '药材名称', align: 'center'},
 {field: 'address', title: '收货地址', align: 'center'},
 {field: 'receiver', title: '收货人', align: 'center'},
 {field: 'phone', title: '手机', align: 'center'},
 {field: 'amount', title: '金额(元)', align: 'center'},
 {field: 'createTime', title: '下单时间', align: 'center'}
]
}).on('all.bs.table', function (e, name, args) {
 $('[data-toggle="tooltip"]').tooltip();
 $('[data-toggle="popover"]').popover();
});
$('#table').on('click-row.bs.table', function (e,row,$element) {
 $('#name').html(row.name)
 $('#address').html(row.address)
 $('#receiver').html(row.receiver)
 $('#phone').html(row.phone)
 $('#amount').html(row.amount + '元')
 $('#createTime').html(row.createTime)

 $("#detail-modal").modal("toggle");
});
```

```
});
function rowStyle(row, index) {
 return {css:{'cursor':'pointer'}}
}
</script>
</body>
</html>
```

5.查询订单功能测试 将项目发布到Tomcat服务器并启动，输入查询的起止时间，即可查询满足查询时间的订单列表结果，如图6-42所示。

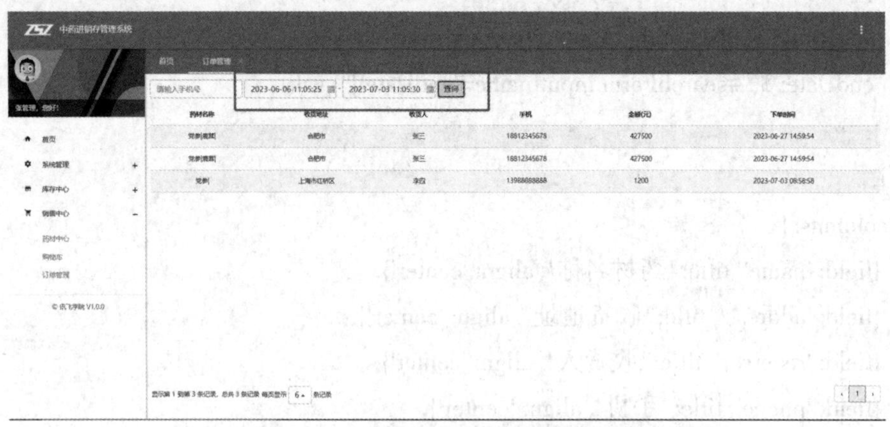

图6-42 分页查询后的订单信息列表显示

本章小结

Spring、SpringMVC和MyBatis是企业级开发项目中非常流行的框架，应用十分广泛。本章通过一个典型的中药进销存管理系统对三大技术模块整合，进行了实际的应用，详细讲解了Spring、SpringMVC与MyBatis的整合方案。介绍了如何使用SpringMVC解决请求流程控制、如何使用MyBatis解决ORM层代码与SQL的高耦合。通过整合实现MVC三层架构，使得项目代码易于维护、业务逻辑清晰。

此外，通过本章的学习，读者还可以掌握开发过程中的开发技巧、相关常用组件的使用、程序的发布与运行等。

参考文献

［1］陈浩，王小明.Java编程入门［M］. 北京：人民邮电出版社，2021.

［2］明日科技.JavaWeb从入门到精通［M］.3版. 北京：清华大学出版社，2021.

［3］黑马程序员. Java EE企业级应用开发教程(Spring+SpringMVC+MyBatis)［M］.2版. 北京：人民邮电出版社，2021.

［4］张道海. JavaEE程序设计［M］. 南京：东南大学出版社，2021.

［5］郑阿奇.JavaEE教程［M］.2版.北京：清华大学出版社，2018.

［6］陈永政.JavaEE框架技术（SpringMVC+Spring+MyBatis）［M］. 西安：西安电子科技大学出版社，2019.

［7］［美］克雷格·沃斯（Craig Walls）.Spring实战［M］.6版.北京：人民邮电出版社，2019.

［8］郝佳. Spring源码深度解析［M］.2版.北京：人民邮电出版社，2019.

［9］明日科技.Spring快速入门到精通［M］. 北京：化学工业出版社，2023.

［10］李天赐，李璟璐，于姗姗，等. 基于SpringMVC的高校学院学工助理系统的设计与实现［J］.智能计算机与应用，2018,8（04）：167-169.

［11］董成光，杨保华. 基于ssm+redis的网络问答社区的设计与实现［J］.电脑知识与技术，2018,14（14）：48-51.

［12］李永亮. 基于JavaWeb的安防监控系统服务端的设计与实现［J］.计算机与网络，2018,44（09）：68-71.

［13］汪永松. JavaWeb开发技巧之项目模板［J］.电脑编程技巧与维护，2020（02）：3-8+16.

［14］李光明，房靖力. 基于JavaWeb的推荐数据后台管理系统的设计与实现［J］.电脑知识与技术，2020,16（03）：66-68.

［15］薛茹.基于JavaWeb的图书购物网站的设计与实现研究［J］.南方农机，2020,51（02）：217.

［16］聂毓谣. 基于数据库的员工考勤系统设计与实现［J］.电脑知识与技术，2020,16（01）：56-58+87.

［17］吴若飞. 用Java Web实现OA办公系统［J］.山东工业技术，2018（23）：98-99.

［18］匡少华，丁昊，赵正平. 基于Javaweb的大学生食堂外卖平台的设计与实现［J］. 信息与电脑（理论版），2020,32（01）：91-94.

[19] 武奕含. 浅谈计算机专业学生“学习高原”现象 [J]. 数字通信世界, 2020 (02): 270.
[20] 季昆，孟丽丽，薛迁，等. 基于JavaWeb的产品质量检测预警系统的设计与实现 [J]. 数字技术与应用，2019,37 (10): 176-177.